Remerciements

Les auteurs de ce livre tiennent à exprimer leurs plus vifs remerciements à Renée Lucas, qui a assuré la coordination de cet ouvrage. Ils remercient également tous ceux qui ont bien voulu les aider à un moment ou à un autre de leur travail, et dont la liste est la suivante : N. Alamanos, Ch. Béhar, J. Bergeron, O. Bersillon, T. Bolognese, L. Boulanger, B. Boullis, F. Bugaut, G. Cohen-Tannoudji, M. Cribier, J. Cugnon, G. Damette, C. Diop, J.-L. Flament, D. Gardès, D. Goutte, F. Gunsing, D. Iracane, A. Lecocq, M. Lecomte, A. Leprêtre, F. Marie, J. Martino, V. Méot, H. Métivier, J.-P. Millot, J. Mougey, D. Paya, J.-C. Petit, J. Poirier, M. Promé, J.-L. Romet, M. Salvatores, J.-P. Schapira, M. Spiro, P. Toulhoat, M. Viala, S. Vuillier et D. Whitall.

À Robert Legrain, notre ami regretté.

Préface

Il y a quelques années, nous célébrions le premier centenaire de la découverte de la radioactivité par Henri Becquerel, puis Marie Curie. Cette commémoration fut l'occasion de montrer toutes les implications de cette extraordinaire aventure, tant pour les lois physiques qu'il fallut profondément remanier que pour notre connaissance de l'univers. La radioactivité – nous le savons maintenant – fait partie intégrante de notre environnement. Elle est, en somme, naturelle : sans elle, point d'étoiles, point de soleil, et donc pas de vie possible. On la trouve dans le noyau de la Terre, dans la croûte terrestre, dans l'atmosphère aussi bien que dans l'eau de mer, et jusque dans nos propres corps.

L'homme a apprivoisé la radioactivité et l'a même domestiquée au sens où il est devenu capable de la produire artificiellement. Celle-ci est maintenant à la base de bien des diagnostics médicaux, comme le scanner ou la scintigraphie. Elle est également utilisée dans le traitement des tumeurs par radiothérapie. Certaines de ses applications sont omniprésentes dans notre environnement, depuis le banal détecteur de fumée jusqu'au traitement des semences par irradiation en passant par la métrologie ou les méthodes de datation. En France, par le biais de la fission nucléaire, elle figure en bonne place dans la production d'énergie électrique et, bien sûr, dans les déchets qui en résultent. Enfin, elle est présente dans l'armement nucléaire avec, là aussi, tout un cortège de déchets.

Ce bref panorama montre que le problème de la radioactivité et des phénomènes d'origine nucléaire est complexe. Mais quelles que soient les opinions qu'on peut avoir sur ce sujet, il convient d'éviter les slogans réducteurs à l'effet pernicieux. On peut dire par exemple « non au nucléaire », mais certainement pas « non à la radioactivité » puisque celle-ci est naturellement présente autour de nous et en nous : un poisson pesant un kilogramme, acheté sur le marché, produira toujours au minimum une centaine de becquerels, qu'il y ait ou non des réacteurs nucléaires en activité ; de même, tout individu demeurera émetteur ambulant d'une radioactivité de sept à huit mille becquerels émanant de son propre corps ; enfin, notre soleil continuera de briller et de nous chauffer grâce à l'énergie nucléaire qu'il produit. Nous sommes donc dans l'obligation de conserver et d'accepter au moins la radioactivité naturelle, pour la simple raison que nous n'avons pas le choix. Nous avons d'ailleurs cohabité sans le savoir avec la radioactivité tout au long du développement de la vie sur Terre et de l'émergence de notre espèce. Le centenaire que nous avons célébré est celui de notre prise de conscience de l'existence de la radioactivité, non celui de son apparition.

D'accord, dira-t-on, mais ne pourrait-on en rester là et refuser toute la radioactivité que l'homme produit en surplus ? Cela impliquerait déjà de renoncer aux radiographies, aux scanners, au traitement des tumeurs cancéreuses par radiothérapie. Mais inutile de « tourner autour du pot » plus longtemps : c'est la production d'électricité dans les centrales nucléaires, et non les applications médicales de la radioactivité, qui est le plus souvent remise en cause par ce genre d'interrogation.

Il faut dire que le problème est d'actualité. Dans quelques années, les plus anciennes centrales nucléaires françaises arriveront en fin de vie et nous devons d'ores et déjà nous demander par quoi nous les remplacerons. Devrons-nous en construire de nouvelles ? Pour préparer les choix futurs, des recherches ont été entreprises au niveau européen pour mettre au point une nouvelle filière intégrant le savoir-faire acquis avec des exigences de sûreté accrues. Mais si on décidait de ne pas construire ces nouvelles centrales, que ferait-on pour compenser le déficit de production d'électricité ? Les seules possibilités réalistes de remplacement font appel aux centrales thermiques traditionnelles (charbon, fuel ou gaz), les énergies renouvelables (éolien, solaire, biomasse, géothermie) ne pouvant jouer en la matière qu'un rôle d'appoint. Aux critères de choix liés à la spécificité du nucléaire s'ajoutent toute une palette de considérations sociales ou économiques : balance entre avantages et inconvénients, coût, approvisionnement en combustible, indépendance énergétique, etc.

L'impact de nos activités sur l'environnement est aussi une question fondamentale à laquelle nos sociétés sont devenues très sensibles. Qu'il y ait ou qu'il n'y ait pas renouvellement du parc électronucléaire, cette question concerne les déchets et les rejets de toutes les sources d'énergie. Quel est leur impact sur l'effet de serre et à partir de quel seuil cet impact devient-il intolérable ? Il semble que certains scientifiques soient très pessimistes à ce sujet, estimant que l'activité humaine conduira à une modification irréversible du climat. Ensuite, comment gérer au mieux les déchets, et en particulier ceux d'origine nucléaire, sans oublier bien sûr ceux déjà produits ? Une éventuelle « sortie du nucléaire » ne les supprimera pas d'un coup de baguette magique.

Prenant conscience de l'importance de ces différentes questions, des physiciens spécialistes de recherche fondamentale en physique nucléaire ont créé un groupe, le CESEN (Cercle d'Études Sur l'Énergie Nucléaire), au sein duquel ils ont entrepris d'assimiler l'ensemble des concepts et des techniques mis en jeu par la maîtrise de l'énergie nucléaire. Leur but était d'abord de comprendre ce qui se passe dans le cycle de l'électronucléaire, depuis la mine d'uranium jusqu'au traitement et au stockage des déchets. C'est le bilan de leurs travaux qu'ils présentent aussi simplement que possible dans la première partie de ce livre.

Dans un deuxième temps plus prospectif, ces mêmes physiciens ont cherché à s'approprier les réflexions et les recherches visant à réduire sensiblement l'inconvénient majeur de l'énergie nucléaire (les déchets qu'elle produit) tout en continuant à bénéficier de ses avantages (abondance, coût, absence d'effet de serre induit). En d'autres termes, il s'agissait de savoir si le nucléaire est un problème du passé ou une solution d'avenir pour un développement durable et équitable. Ils ont pour cela examiné des scénarios possibles de production d'électricité d'origine nucléaire qui généreraient beaucoup moins de déchets radioactifs, voire qui brûleraient ou « incinéreraient » les déchets existants. Les dispositifs correspondants, parmi lesquels les réacteurs dits « hybrides », pourraient être utilisés soit en complément du parc actuel, soit en tant qu'incinérateurs en cas de sortie de l'électronucléaire. En tout état de cause, la décision de procéder à l'incinération des déchets radioactifs les plus importants permettrait de réduire de plus d'un ordre de grandeur l'inventaire des déchets nucléaires.

C'est l'état de leurs connaissances et de leurs réflexions que les auteurs ont voulu partager avec un large public, dans un style qui se veut simple mais rigoureux, partant du fait scientifique puis éclairant ses implications techniques et économiques.

Paul Bonche,
Directeur de recherches du CEA.

Première partie

Qu'est-ce l'électricité nucléaire ?

Sommaire

La radioactivité correspond à l'instabilité de certains noyaux atomiques. Elle n'est pas un phénomène récent puisque les premiers noyaux atomiques ont commencé de se former et, pour certains, de se désagréger quelques secondes seulement après le big bang, il y a environ quinze milliards d'années ! Le chapitre 1 raconte cette fascinante histoire de la formation des noyaux atomiques, dans l'univers primordial pour les plus légers d'entre eux, dans les étoiles pour les plus lourds. Il évoque ensuite la découverte de l'atome par l'homme, puis celle de la radioactivité proprement dite par Henri Becquerel en 1896. Enfin, il explique en termes simples comment nous comprenons aujourd'hui les mécanismes physiques mis en œuvre lors des processus radioactifs.

Le chapitre 2 se présente, quant à lui, non comme une histoire mais comme une pérégrination. Le lecteur est invité à se munir d'un compteur de radioactivité puis à voir ce qu'indique ce compteur lors d'une « promenade » dans l'environnement : au fond des mers, dans le sous-sol, dans le foie des poissons, sous l'écorce des arbres, dans une mine d'uranium… Il constatera que la radioactivité est partout présente autour de nous, à des niveaux plus ou moins élevés qu'il est important d'avoir en tête.

Quels sont les effets de la radioactivité sur le vivant ? La réponse à cette question essentielle fait l'objet du chapitre 3. Elle n'est pas simple, notamment parce que la « radiotoxicité », c'est-à-dire l'effet des rayonnements ionisants sur les organismes vivants, a la particularité d'être étrangère à tous nos sens : invisibles, inodores, impalpables, silencieux et sans saveur, les « rayons » peuvent nous frapper et altérer notre santé sans que nous nous en apercevions immédiatement. D'où l'importance d'établir les bases qui permettent de définir une gradation et une progressivité dans l'évaluation du risque radioactif.

La deuxième moitié de cette première partie concerne non plus la radioactivité, mais l'électronucléaire, et d'abord son histoire, qui s'est écrite à un rythme fulgurant. Qu'on en juge : moins de dix années séparent la découverte de la radioactivité artificielle et la divergence de la toute première pile atomique ; trois années de plus et la puissance destructrice des réactions en chaînes du cœur de l'atome anéantit les villes de Hiroshima et Nagasaki ; quelques années encore et c'est toute une industrie, civile cette fois, qui voit le jour. Peu de découvertes fondamentales en physique auront ouvert la voie à de tels développements en un laps de temps aussi court, et produit un bilan aussi contrasté. Le chapitre 4 nous rappelle les principaux jalons du premier demi-siècle de l'électronucléaire, en les replaçant dans leur contexte historique.

Nous terminerons cette première partie par une présentation générale des aspects économiques de la production d'énergie, notamment nucléaire. Celle-ci doit tenir compte de plusieurs facteurs (prévisions des croissances économique et sociale, estimation des réserves disponibles, prix des combustibles, contraintes environnementales…) qui dépendent fortement de la situation politique mondiale. Dans le chapitre 5, nous discuterons donc des taux de production, des évaluations des besoins futurs d'énergie dans le monde, des émissions mondiales de dioxyde de carbone (qui est un gaz à effet de serre que l'électronucléaire ne produit pas), puis nous aborderons les aspects économiques directement liés à l'énergie nucléaire. À titre de comparaison, des estimations sur le coût de référence de la production électrique en France seront présentées pour les différentes sources actuellement utilisées.

1 Les mécanismes physiques de la radioactivité

Nous ne cohabitons consciemment avec la radioactivité que depuis un peu plus d'un siècle. Nos sentiments à son égard sont passés successivement de l'émerveillement à la crainte. Mais si la radioactivité est aujourd'hui un sujet à la mode, elle n'est pas, en tant que phénomène physique, une affaire récente puisqu'elle commence avec la naissance de l'univers, il y a une quinzaine de milliards d'années ! Nous commencerons par raconter l'histoire de la formation des noyaux atomiques, qu'on appelle la nucléosynthèse, puis nous évoquerons la découverte de l'atome par l'homme, puis celle de la radioactivité.

1. La formation des noyaux atomiques

Quelques secondes après le big bang, l'univers était encore très chaud, avec une température d'environ un milliard de degrés. C'était une sorte de grand chaudron cosmique, capable d'engendrer des bribes d'édifices matériels. Il y avait là les protons, mais aussi les neutrons, les électrons et les photons, tous très agités, filant dans tous les sens et se percutant régulièrement. Les photons, dont l'énergie jusque-là brisait systématiquement l'union d'un proton avec un neutron, devinrent trop mous pour y arriver : les noyaux de deutérium, assemblages d'un proton et d'un neutron, commencèrent donc à se former (ces noyaux, comme tous les noyaux, sont d'une densité extraordinaire, de l'ordre de 2×10^{17} kg/m^3, chiffre à comparer à la densité de l'eau liquide, qui n'est que de 10^3 kg/m^3). Dès leur apparition, ces noyaux de deutérium purent agglutiner à leur tour un neutron et un proton, et ainsi former des noyaux d'hélium.

Les mariages de cette sorte allèrent alors bon train, mais ils n'étaient pas systématiques. Certains protons n'eurent pas l'occasion de rencontrer de partenaires stables. Ils restèrent donc célibataires. Plus tard, ils servirent de noyaux à l'hydrogène, l'élément chimique le plus léger. Les mariages n'étaient pas non plus toujours durables. Il y avait des passades, voire de simples rencontres sans suite : des noyaux étaient formés qui ne survivaient que pendant des durées extrêmement courtes. Très rapidement, victimes de leur instabilité, ils enclenchaient une procédure de séparation. Ils se scindaient en d'autres noyaux plus légers en émettant un rayonnement caractéristique. Bref, ils étaient « radioactifs ». La radioactivité naturelle date donc de cette période mouvementée. On peut considérer qu'elle est apparue dès la formation du premier noyau instable. Contrairement à ce qu'on croit trop souvent, ce n'est pas l'homme qui l'a inventée.

Mais pourquoi tant d'unions nucléaires furent-elles éphémères ? Un noyau d'atome est constitué de protons et de neutrons agglutinés. Qu'est-ce qui les tient ensemble ? Une force bien sûr, une force attractive très intense, qui ne joue qu'au niveau nucléaire. Sa portée est très courte, de l'ordre du fermi (10^{-15} mètre), dimension qui correspond à la taille d'un proton. Cette force s'appelle l'interaction nucléaire forte. Elle agit comme une sorte de glu qui colle deux nucléons (proton ou neutron, peu importe pour elle) en contact l'un avec l'autre, mais dont la force s'affaiblit très rapidement dès qu'on les écarte un tant soit peu l'un de l'autre. Comme son nom l'indique, elle est incroyablement puissante. Elle est par exemple capable d'arrêter, sur quelques millionièmes de milliardième de mètres, un proton lancé à cent mille kilomètres par seconde...

Mais une autre force, antagoniste de la force nucléaire, agit également au sein des noyaux. C'est la répulsion électrique, qui tend à repousser deux particules dont les charges électriques sont de même signe. Les protons sont chargés positivement. Ils se repoussent donc les uns les autres. En revanche, les neutrons, qui sont électriquement neutres, ne subissent pas la force électrique. Quand les noyaux se sont formés, au tout début de l'univers, l'agitation des nucléons était si forte que des kyrielles d'assemblages très divers ont pu facilement se former. Mais tous n'étaient pas également stables. Trois cas de figure pouvaient se rencontrer :

- Premier cas : le nombre de protons et de neutrons dans l'assemblage était tel que la force nucléaire forte et la répulsion électrique se compensaient exactement ; le noyau ainsi formé était alors stable et allait le rester.
- Deuxième cas : les forces étaient disproportionnées à cause d'un trop grand déséquilibre entre les nombres de protons et de neutrons en présence ; l'assemblage était instable et ne subsistait pas.
- Troisième cas, intermédiaire entre les deux premiers : le noyau formé était radioactif. Il n'était pas stable au sens propre du terme, mais il se maintenait pendant une durée limitée avant de se désintégrer pour former un ou plusieurs autres noyaux plus légers avec émission de rayonnement. Ce temps dépendait du déséquilibre entre les deux forces : plus celui-ci était important et plus la durée de vie du noyau était faible.

Au bout de trois minutes de ce petit jeu de chocs et d'explosions, de mariages et de ruptures, on pouvait trouver dans l'univers des noyaux d'hydrogène et de deutérium, des noyaux d'hélium 4 et d'infimes traces d'hélium 3, et également du lithium 7 et du béryllium 7. Mais rien d'autre. Il n'y avait ni carbone, ni oxygène, ni noyaux lourds. L'ascension vers la complexité s'était soudainement bloquée. Il y avait une explication à cela : après trois minutes, l'univers était déjà tellement dilué par son expansion que les particules (noyaux ou nucléons), trop éloignées les unes des autres, n'avaient plus la possibilité de se rencontrer, de s'agglutiner et de former des noyaux plus gros. Plus de rencontres, plus de mariages, donc arrêt des réactions nucléaires.

Mais les choses n'en sont pas restées là. Pour permettre la formation des éléments lourds, l'univers a employé les gros moyens : il a mis en route les étoiles.

Laissons s'écouler quelque trois milliards d'années pendant lesquels il ne s'est presque rien passé en matière de nucléosynthèse. Seul événement capital : la gravité a fait germer des semences de galaxies. Des nuages gazeux d'hydrogène et d'hélium, des centaines de milliards de fois plus massifs que le Soleil, s'effondrent alors sous l'effet de leur propre poids et se fractionnent en des centaines de milliards de petits nuages gazeux dont la masse varie d'un dixième jusqu'à une centaine de fois la masse du Soleil. Par effet de gravité, ces nuages s'effondrent à leur tour, transformant ainsi l'énergie gravitationnelle en chaleur. La densité et la température dans leur cœur augmentent furieusement. La température atteint bientôt des dizaines de millions de degrés. Au cœur de ces grosses boules gazeuses, les noyaux d'hydrogène et d'hélium s'entrechoquent. Les réactions de fusion nucléaire peuvent s'enclencher, libérant de l'énergie sous forme de rayonnements : les boules gazeuses s'allument les unes après les autres. C'est la naissance des premières étoiles. Ce sont elles qui vont fabriquer les éléments plus lourds que l'hélium ou le béryllium.

Prenons l'exemple d'une étoile vingt-cinq fois plus massive que le Soleil (seules les étoiles dont la masse est supérieure à dix fois celle du Soleil ont le cœur assez chaud pour mener à son terme la fabrication des éléments lourds). L'étoile épuise progressivement sa réserve d'hydrogène dans son cœur en la convertissant en hélium. Au bout de sept millions d'années, tout le carburant d'hydrogène est parti. Le rayonnement s'affaiblit et, sous l'effet de la gravité, l'étoile se contracte : sa température monte jusqu'à une centaine de millions de degrés. Là, les noyaux d'hélium produits par la combustion de l'hydrogène se groupent par paquets de trois pour former des noyaux de carbone 12.

Mais pourquoi donc l'étoile a-t-elle réussi à franchir la barrière de l'hélium sur laquelle l'univers primordial avait buté ? Tout simplement parce qu'il faut beaucoup de temps pour réunir, au hasard des collisions, trois noyaux d'hélium. Dès la troisième minute, comme nous l'avons dit, la dilution de la matière due à l'expansion cosmique rendait de telles rencontres tout à fait improbables. En revanche, une bonne étoile dispose de millions d'années pour faire le même travail. L'univers échappait ainsi à la stérilité. Son cheminement vers la complexité pouvait reprendre en s'accélérant. La combustion de l'hélium en carbone ne va durer que cinq cents mille ans. À la fin de cette époque, le cœur de l'étoile se contracte à nouveau, faute d'un rayonnement suffisant pour résister à la gravité. La température atteint cinq cents millions de degrés. La combustion du carbone peut commencer. Naissent alors le néon, l'oxygène, le silicium ou encore le phosphore et le soufre.

La même séquence d'événements va se répéter plusieurs fois : lorsqu'un combustible s'épuise, le cœur de l'étoile s'effondre, devient plus dense et plus chaud. Un nouveau combustible, plus lourd que le précédent, se consume, engendrant des éléments nouveaux et encore plus lourds. Les événements vont en s'accélérant, les cycles prennent de moins en moins de temps. L'étoile produit ses fournées en augmentant la

Qu'est-ce qu'un isotope ?

Tout noyau atomique est constitué de nucléons, c'est-à-dire de protons, chargés positivement, et de neutrons, de charge électrique nulle. Le nombre de protons dans un noyau s'appelle le numéro atomique et est en général noté *Z*. Quant au nombre de neutrons, il est désigné par *N*. La somme $Z + N$, appelée nombre de masse et notée *A*, représente donc le nombre total de nucléons contenus au sein d'un noyau.

Dans l'atome, électriquement neutre par nature, le nombre d'électrons autour du noyau est égal à celui des protons dans le noyau, c'est-à-dire au numéro atomique *Z*. Ce dernier doit son importance particulière au fait que tous les atomes contenant un même nombre de protons (de même *Z*) possèdent les mêmes propriétés chimiques. Ils constituent ce qu'on appelle un élément chimique. L'élément hydrogène correspond ainsi aux atomes contenant un seul proton, le soufre à ceux qui en contiennent 16, l'uranium à ceux qui en contiennent 92. Chaque élément chimique, dûment étiqueté par son numéro atomique, peut ainsi avoir sa place réservée dans le tableau périodique des éléments.

Mais tous les atomes correspondant à un même élément chimique (même *Z*) ne contiennent pas nécessairement le même nombre total de nucléons. C'est précisément cette largesse qui permet l'existence des isotopes. Prenons à nouveau l'exemple de l'hydrogène, constitué d'atomes ayant un seul proton. Ils peuvent contenir 0, 1 ou 2 neutrons. Puisqu'ils partagent la même place dans la classification périodique des éléments (celle correspondant au numéro atomique égal à l'unité), on dit qu'ils sont les isotopes de l'hydrogène (du grec *isos*, qui veut dire même, et *topos*, qui signifie lieu).

Si les isotopes d'un même élément donnent lieu aux mêmes réactions chimiques, c'est parce que celles-ci ne concernent que le cortège formé par les électrons, qui est pratiquement identique pour tous les atomes de même numéro atomique. Mais, n'ayant pas le même nombre de neutrons, ils n'ont pas tous la même masse, ni surtout les mêmes propriétés nucléaires. Certains peuvent être radioactifs, d'autres non. Lorsque l'on parle d'un noyau, il est donc essentiel de préciser son nom. La dénomination courante consiste à faire suivre son nom chimique, par exemple le carbone, du nombre total de nucléons *A* de son noyau : carbone 12 (6 protons, 6 neutrons), noté ^{12}C, carbone 14 (6 protons, 8 neutrons), noté ^{14}C. Rappelons que le carbone 12 est stable et que le carbone 14 est radioactif.

cadence. La combustion du carbone dure six cents ans, celle du néon un an, celle de l'oxygène six mois et tout le silicium brûle en une journée. Plus d'une vingtaine de nouveaux éléments chimiques voient le jour en cinq cents mille ans. L'étoile poursuit ainsi son évolution jusqu'à l'apparition du fer 56, formé de 26 protons et de 30 neutrons. Là, les choses se compliquent, car le fer 56, qui est le plus stable de tous les noyaux, ne se combine avec d'autres noyaux que si on lui fournit de l'énergie. L'énergie nécessaire à la combustion du fer n'étant pas disponible, les réactions nucléaires s'arrêtent et l'étoile meurt.

Mais ce n'est pas la fin de l'histoire. Pour faire sortir les éléments chimiques de l'intérieur d'une étoile, la nature fait carrément exploser celle-ci. À la fin des réactions nucléaires, le cœur de l'étoile s'effondre. Son rayon passe en l'espace de quelques secondes d'un rayon de mille kilomètres à quelques dizaines de kilomètres seulement. Si on se représente une étoile comme un soufflé au fromage dans un four, la supernova correspond à la retombée du soufflé qui accompagne sa sortie du four. Cette contraction subite déclenche une onde de choc très puissante qui fait éclater l'étoile. Une fulgurante explosion se produit qui atteint la brillance de cent millions de soleils. Les lambeaux d'étoiles fertilisés en éléments lourds sont projetés dans l'espace à des milliers de kilomètres par seconde. D'intenses flux de neutrons sont également émis. C'est ce qu'on appelle une supernova. En son sein, la nature va poursuivre l'alchimie nucléaire qui avait été interrompue dans le cœur des étoiles. Les noyaux de fer refusaient de s'unir à d'autres particules à moins qu'on ne leur donnât de l'énergie ? Qu'à cela ne tienne ! De l'énergie, la supernova en a à revendre ! Le fer s'embrase donc. Il capture des neutrons, passant ainsi du fer 56 au fer 57 et ainsi de suite. Lorsque le déséquilibre entre protons et neutrons devient trop grand, les neutrons excédentaires peuvent se transformer en protons, de sorte qu'on passe d'un élément chimique à son suivant dans le tableau de Mendéleiev. Un tel processus correspond à ce que l'on appelle la radioactivité β. Il s'accompagne de l'émission d'un électron et d'un neutrino. Lorsqu'il a cours au sein d'un noyau, il n'y modifie pas le nombre de nucléons. Ainsi, la radioactivité β, parce qu'elle permet de maintenir l'équilibre entre les populations de protons et de neutrons, est l'équivalent nucléaire des vases communicants. Elle convertit les membres de la population excédentaire en ceux de la population déficitaire, expulsant l'énergie gagnée dans cette transformation *via* l'électron et le neutrino.

Mais revenons à l'explosion de notre étoile. Les réactions nucléaires s'emballent en un mélange éclatant de genèses et d'agonies. Grâce à toute une succession de conversions de neutrons en protons, une soixantaine d'éléments lourds vont naître au cours de l'explosion, en un temps très court. C'est ce qu'on appelle la nucléosynthèse explosive ! Certains de ces éléments lourds, comme l'uranium ou le thorium, sont radioactifs avec de très longues périodes.

2. L'histoire de l'atome, depuis l'idée jusqu'à la chose

L'idée d'atome a mis du temps pour s'imposer. Au cours de l'Antiquité grecque, Démocrite, Épicure et, plus tard, Lucrèce, firent l'hypothèse que la matière ne pouvait être divisée à l'infini. Tout processus de division des corps, expliquaient-ils, doit avoir un terme. Cette limite au-delà de laquelle plus aucune coupure n'est possible, ils l'appelèrent l'atome. L'atome, selon l'étymologie grecque, c'est en effet l'élément insécable, indivisible (*a-tomos*), celui qui ne peut être morcelé en objets plus petits que lui-même, même par la pensée.

Selon la conception de ces brillants pionniers, les atomes étaient en nombre illimité et séparés les uns des autres par du vide. Ces petits êtres invisibles, supposés éternels, indestructibles et pleins, ne cessaient de se mouvoir. Ils étaient en quelque sorte infatigables. Aucun repos ne leur était d'ailleurs accordé. Leur inlassable agitation était source de toute chose. De la même façon que les mots se composent de lettres, les atomes formaient, par leurs chocs mutuels, les divers agrégats matériels observables. Tous les édifices qu'ils composaient, vivants ou non, étaient voués à se décomposer, à se désagréger, finalement à disparaître. Mais – point capital – rien ne pouvait altérer ou modifier la nature des atomes eux-mêmes. Présents depuis toujours, ceux-ci n'avaient pas d'âge et pas d'histoire. Inaltérables, ils ne s'érodaient d'aucune façon. Refuges de l'éternité, ils ne mouraient jamais, comme à l'abri du temps et de ses raclures.

Cette thèse atomiste n'a pas immédiatement convaincu. Pour s'en moquer, certains philosophes du XXe siècle l'appelèrent la « doctrine des chosettes » ou la « métaphysique de la poussière ». Lui furent longtemps préférées les conceptions opposées du grand Aristote et de ses zélotes. Eux défendaient l'idée que la matière était continue, c'est-à-dire indéfiniment divisible, et donc que les atomes ne pouvaient exister (étymologiquement, un atome qu'on peut diviser n'est plus un atome). Entre ceux qui croyaient à l'atome et ceux qui n'y croyaient pas, l'affrontement fut rude, ponctué toutefois de hautes envolées philosophiques. Mais la bataille fut assez rapidement tranchée. L'atome fut disqualifié par toutes sortes d'arguments, notamment parce que le vide dans lequel ils étaient censés se déplacer ne devait pas pouvoir exister.

Ce qui a définitivement convaincu les physiciens de l'existence bien réelle des atomes, c'est une expérience menée au tout début du XXe siècle, concernant un phénomène en apparence insignifiant, le mouvement brownien. C'est ainsi qu'on qualifie le mouvement de nombreuses particules qui s'agitent dans un fluide de façon aléatoire. Versant des grains de pollen, qui sont minuscules, dans une goutte d'eau, on observe au microscope que ces grains décrivent des trajectoires folles, apparemment guidées par le seul hasard. Mais en fait, la dynamique de ces grains obéit à une loi : ni leur vitesse ni leur direction ne sont de purs caprices. Elles reflètent d'autres mouvements qui se produisent au sein même de l'eau. Les grains de pollen sont comme des bouées visibles révélant le mouvement des vagues qui, lui, demeure invisible. Ce mouvement caché et désordonné n'est autre que celui des molécules d'eau qui heurtent en tous sens les grains de pollen, les obligeant sans cesse à changer de direction. La réalité des molécules, et donc des atomes, encore contestée au tout début du XXe siècle, sembla ainsi démontrée, aux alentours de 1906, grâce aux mesures faites par Jean Perrin.

La vision de l'atome était alors à peu près conforme au discours des Anciens, celle d'entités élémentaires indivisibles. Mais c'était un peu trop naïf, comme on s'en en aperçut bien vite. La véritable structure de l'atome n'est pas simple du tout.

En 1912, Ernest Rutherford bombarde de minces feuilles métalliques avec des particules α. À son grand étonnement, il constate que l'atome n'a pas de véritable consistance globale puisqu'il se comporte comme une… vulgaire passoire. Les particules α traversent la matière comme si de rien n'était, sauf les rares (une sur dix mille environ) qui ricochent sur des sortes de points durs. Rutherford finit par comprendre que l'atome est en fait constitué d'un noyau très dense, chargé positivement, entouré d'un nuage d'électrons chargés négativement. Le noyau concentre l'essentiel de la masse de l'atome en un lieu pratiquement ponctuel, en tout cas beaucoup plus petit que l'atome lui-même. Celui-ci doit sa taille à son nuage d'électrons, qui se trouve à une distance du noyau cent mille fois plus grande que le noyau lui-même. L'atome n'est donc pas une entité pleine. Plus exactement, ce prétendu « grain de matière » est plein de vide.

Sans vouloir trop nuancer leur immense mérite, ajoutons que nos brillants Anciens s'étaient également trompés à propos de l'indivisibilité de l'atome. Car si l'atome est composé de particules plus petites que lui, c'est qu'il est sécable, et s'il est sécable, c'est qu'il ne mérite pas son nom ! On peut par exemple extraire un électron d'un atome et ainsi fabriquer deux entités séparées : d'une part un ion, d'autre part un électron. Certes, il se peut fort bien que les constituants ultimes de l'atome (les quarks et les électrons) soient indivisibles, mais ce qui est sûr, c'est que l'atome lui-même ne l'est pas.

Il y a eu aussi une petite erreur à propos de la longévité des atomes. Les anciens atomistes la croyaient infinie. En fait, les atomes ne sont pas éternels. Ils n'étaient pas là au tout début de l'univers, ils ont donc eu une genèse, comme nous l'avons vu, ils ont aujourd'hui un âge et une histoire. La plupart d'entre eux ont été fabriqués dans les étoiles grâce au jeu compliqué des forces nucléaires.

Bref, l'atome, le vrai, n'a presque rien en commun avec la conception ancienne, si ce n'est le nom, qui lui-même est impropre. L'idée des premiers atomistes était globalement bonne, géniale même, mais tout à fait fausse dans les détails. Du coup, la définition de l'atome a dû être changée. On le définit aujourd'hui comme le terme ultime de la division de la matière dans lequel les éléments chimiques conservent leur individualité.

3. La découverte de la radioactivité

Les atomes ne sont pas éternels, nous venons de le dire. Certains d'entre eux, les atomes radioactifs, ne sont même pas immortels. Ils sont irrémédiablement voués à se transformer. La radioactivité fut découverte à Paris au début de l'année 1896. Un physicien français, Henri Becquerel, cherchait à savoir si la fluorescence (aussi appelée phosphorescence) de certains corps s'accompagnait d'une émission de rayons X, ces rayons invisibles à l'œil et capables de traverser des épaisseurs importantes de matière, dont l'existence venait d'être révélée en Allemagne par Wilhelm Röntgen. Henri Becquerel, lui, s'intéressait depuis longtemps à la phosphorescence, ce phénomène par lequel certains corps qu'on a éclairés se mettent à émettre de la lumière pendant une durée plus ou moins longue. Reprenant une suggestion de son ami Henri Poincaré, il se demanda si certains corps phosphorescents n'émettaient pas, *en plus* de leur lumière habituelle, quelques-uns de ces fameux rayons X. La phosphorescence et l'émission de rayons X étaient peut-être des phénomènes associés ? Pour en avoir le cœur net, il prit un sel phosphorescent dans lequel se trouvaient des composés de potassium et d'uranium, le plaça sur une plaque photographique enveloppée de deux feuilles de papier noir bien épais, puis exposa le tout au Soleil pendant plusieurs heures. C'était le 24 février 1896. Il développa la plaque et reconnut, en noir sur le cliché, la silhouette de la substance phosphorescente. Une partie des rayons émis par le sel avait bien traversé les feuilles de papier noir et impressionné la plaque photographique ! Peut-être s'agissait-il bel et bien de rayons X ?

Pourtant, le vrai coup de théâtre n'était pas là. Le 1er mars, après quelques jours de ciel couvert sur Paris, le même noircissement de la plaque photographique fut observé par Becquerel, qui eut le génie de la développer bien que le sel phosphorescent n'avait pas été exposé au Soleil. Les rayonnements invisibles étaient donc émis même sans excitation lumineuse préalable… ! S'il s'agissait de phosphorescence, celle-ci n'avait donc vraiment rien à voir avec la phosphorescence ordinaire. Par la suite, Becquerel constata avec stupeur que l'intensité des rayonnements invisibles ne semblait pas diminuer au cours du temps. Le 18 mai, il découvrit que des sels d'uranium non phosphorescents émettent également ces rayonnements. Il fit le pari que cet effet était dû à la seule présence de l'élément uranium dans ces sels, et donc que le métal donnerait des effets plus intenses que ses composés. L'expérience confirma cette prévision. C'était la matière elle-même qui était à l'origine de ces curieux rayons ! Le Soleil n'avait rien à voir dans cette affaire, ni aucune autre cause extérieure. Il ne s'agissait donc pas de phosphorescence, mais d'un phénomène *spontané*… !

En 1898, une toute jeune femme venue de Pologne, Marie Curie, commença un travail de thèse de doctorat sur les rayons émis par l'uranium. Elle croyait fermement en l'existence de l'atome, contrairement à beaucoup de physiciens français qui ne voyaient encore en lui qu'une hypothèse inutile, qu'une billevesée non prouvée par l'observation directe. Elle découvrit rapidement que les minéraux contenant de l'uranium, telle la pechblende, émettaient encore plus de rayonnements que l'uranium lui-même. Elle en déduisit que ces substances contenaient, en très petite quantité, un élément beaucoup plus actif que l'uranium. Avec l'aide de son mari, elle parvint à isoler l'élément radioactif encore inconnu, le radium, et à en déterminer les propriétés. Ce fut à cette occasion que Marie Curie inventa le mot radioactivité. À masse égale, le radium émet 1,4 million de fois plus de rayonnements que l'uranium.

La découverte de la radioactivité fut pour les physiciens un formidable coup de théâtre. Jusqu'alors, ils s'étaient persuadés que la matière était stable et immuable, et que les atomes, s'ils existaient, étaient nécessairement immortels. Ils comprirent brutalement que cela n'était pas toujours vrai. Certains atomes se transmutent spontanément, c'est-à-dire se transforment en d'autres atomes au bout d'un certain temps en émettant des rayonnements. Ces atomes-là ont donc non seulement un âge, mais aussi une fin. Pour eux, du temps passe, qui les porte irrémédiablement à disparaître, du moins à se transformer en d'autres atomes plus légers.

Les rayonnements issus de la radioactivité ne nous sont pas directement perceptibles. C'est leur côté sournois. Ils sont invisibles, inaudibles, inodores et donc difficiles à étudier de façon directe. Pourtant, très vite, grâce à de petits montages expérimentaux, on a constaté que certains des rayonnements émis par les atomes radioactifs sont très facilement absorbés par la matière. Ce sont les rayons α. D'autres, plus pénétrants, sont facilement déviés par un champ magnétique. Ce sont les rayons β. Un peu plus tard, on a découvert qu'il y avait également des rayonnements très pénétrants, impossibles à dévier par un champ magnétique. Ce sont les rayons γ.

Les choses devinrent plus limpides lorsqu'on comprit, dans les années 1930, que tout noyau d'atome est composé de protons et de neutrons très fortement soudés les uns aux autres par la force nucléaire. Prenons le cas de la radioactivité α. Elle correspond à l'émission de particules du même nom, qui sont des noyaux d'hélium 4, constitués de deux protons et de deux neutrons très solidement liés les uns aux autres. Elle permet à certains noyaux trop riches en protons et en neutrons d'évacuer leurs excédents.

Quant à la radioactivité β, elle concerne les noyaux qui, trop riches en neutrons pour être stables, finissent par augmenter leur cohésion en émettant un électron. Dans un premier temps, ce phénomène sembla inexplicable : puisque les noyaux ne contiennent pas d'électrons, comment parviennent-ils à en émettre ? Le plus simple pour un noyau trop riche en neutrons ne serait-il pas d'en perdre un spontanément ? Non, car ce processus ne serait pas rentable d'un point de vue énergétique : le nouveau noyau et le neutron émis seraient au total plus lourds que le noyau de départ. Les noyaux contenant trop de neutrons doivent donc recourir à un artifice plus indirect. Celui-ci consiste à changer l'un de leurs neutrons en un proton supplémentaire. Lors de cette transformation, un électron est créé pour conserver la charge électrique et c'est lui que l'on voit sortir du noyau. Quoi qu'en dise notre bon sens, un noyau peut donc émettre une particule qu'il ne contient pas.

Venons-en à la radioactivité γ. Elle consiste en l'émission par certains noyaux de rayons γ, c'est-à-dire d'un rayonnement électromagnétique de même nature que la lumière, mais de très haute énergie, plus grande encore que celle des rayons X. Ces rayons forment une lumière que nos yeux ne voient pas directement. En général, ils sont émis après une émission α ou β, lorsque le nouveau noyau formé est encore excité, c'est-à-dire quand la désintégration n'a pas permis l'évacuation de toute l'énergie excédentaire contenue dans le noyau instable de départ. Le trop-plein d'énergie est alors évacué sous la forme d'un rayon γ spontanément créé, sans que cela change la composition du noyau en neutrons et protons, ceux-ci ne faisant que se réorganiser au sein du noyau. Ici, contrairement à ce qui se passe pour les radioactivités α et β, l'élément chimique concerné n'est pas modifié. Il n'y a pas de transmutation proprement dite.

À quel rythme l'énergie des rayons produits par la radioactivité est-elle émise ? La réponse à cette question vint de Montréal où Ernest Rutherford et Frédérick Soddy montrèrent expérimentalement, en 1902, que la radioactivité est une transmutation spontanée d'un élément chimique en un autre avec émission de rayonnement. Ces transmutations ont lieu plus ou moins rapidement, selon un temps caractéristique appelé la période radioactive de l'atome radioactif. Imaginons une population, très nombreuse, d'atomes radioactifs, tous identiques : la période de cette population est égale, par définition, à la durée au bout de laquelle la moitié des atomes qui la constituent au départ se seront transmutés en d'autres éléments ; après une deuxième période, la population restante est à nouveau divisée par deux et vaut donc le quart du nombre initial, et ainsi de suite. La période d'un atome radioactif donné est indépendante de l'environnement physique ou chimique de celui-ci. Rien ne semble pouvoir la modifier.

Par ailleurs, la période n'a de valeur que d'un point de vue statistique : elle indique seulement comment les choses se passent « en moyenne ». En particulier, elle ne dit rien du moment exact où chaque atome radioactif va, individuellement, se désintégrer. Et pour cause : cet instant est rigoureusement aléatoire, et donc impossible à prévoir de façon certaine. Autrement dit, si chaque atome radioactif est condamné, de par sa seule nature, à se transformer en un autre atome, nul ne sait quand il le fera. La seule chose que l'on puisse dire en ce qui le concerne, c'est qu'il y a une chance sur deux qu'il ait disparu lorsqu'une durée égale à une période se sera écoulée. Cette période peut s'étendre, selon les atomes radioactifs, de quelques fractions de seconde, comme c'est le cas pour le polonium 212 dont la période est de 3×10^{-7} seconde, à plusieurs milliards d'années, comme c'est le cas pour l'uranium 238 dont la période est proche de 5 milliards d'années. Certaines périodes sont même beaucoup plus grandes encore. Ainsi, le tellure 128 a une période de $1{,}5 \times 10^{24}$ ans, soit cent mille milliards de milliards de fois l'âge de l'univers…

Comme on l'a vu, la radioactivité, sous ses divers modes, a joué un rôle essentiel dans l'organisation de la matière. Elle imprègne tout l'univers, et donc l'environnement de notre planète, aussi bien l'air qui compose son atmosphère que ses sols, et nos propres corps, qui sont tous naturellement radioactifs !

Est qualifiée de « naturelle » la radioactivité que nous rencontrons dans... la nature. Celle-ci est due à des éléments radioactifs de longue durée, formés dans les étoiles, qui n'ont pas encore trouvé leur état le plus stable : ils finiront par se transformer, engendrant des descendants de période plus courte, pour finalement aboutir à des éléments stables. Est qualifiée « d'artificielle » la radioactivité qui provient d'éléments qui n'existent plus dans la nature et que l'homme a lui-même fabriqués. Il s'agit en fait de la même radioactivité que la « naturelle », régie par les mêmes lois physiques, mais avec des périodes en général beaucoup plus courtes.

Ce sont Irène et Frédéric Joliot-Curie qui ont découvert la radioactivité artificielle en 1933. Ils ont montré que les noyaux des atomes n'étaient pas indestructibles. En les bombardant judicieusement, on peut les « transmuter », c'est-à-dire modifier leurs effectifs en protons et neutrons. Les Joliot-Curie constatèrent d'abord que de l'aluminium 27 bombardé par des particules α peut se transmuter en silicium 30, qui est stable. Une étude très fine de cette transmutation leur révéla ensuite qu'elle se déployait en fait en deux temps : l'aluminium 27 se transmutait d'abord en phosphore 30, qui est un isotope radioactif (artificiel) du phosphore 31 stable ; puis, ce phosphore 30 se transformait en silicium 30 en transformant l'un de ses protons en un neutron supplémentaire. Depuis cette époque, on utilise souvent des neutrons pour créer des éléments radioactifs artificiels. Parce qu'elles sont électriquement neutres, ces particules s'approchent facilement du noyau qui peut alors les absorber. Ce processus mène à un nouvel assemblage, qui est souvent radioactif.

La radioactivité concerne tous les éléments de la classification périodique. Elle couvre l'ensemble des phénomènes où des assemblages de particules se combinent, se dissocient, capturent ou expulsent des particules.

4. Vers un changement de temporalité ?

La radioactivité fut découverte il y a tout juste un siècle. Elle allait démontrer, contre toute attente, que la matière n'est pas fondamentalement stable ; que l'atome n'est pas systématiquement immuable, ni d'ailleurs insécable ; que chaque noyau atomique a été créé au terme d'une succession d'événements et que certains noyaux se transmutent spontanément de façon irréversible, au bout de durées très variables. Dans un premier temps, cette radioactivité a obligé les physiciens à insérer la durée et la finitude, autrement dit la temporalité, dans le champ de leurs préoccupations. Le résultat est celui que nous connaissons : l'univers est maintenant considéré comme un processus réglé par la succession de phénomènes radioactifs ; il a un âge et son histoire est célèbre (big bang). Avec la radioactivité, c'est l'instable, l'éphémère et même le furtif qui ont trouvé place dans une physique jusqu'alors rivée à la seule permanence.

Depuis, un basculement s'est produit. Ce n'est plus seulement la temporalité de la matière que la radioactivité évoque aujourd'hui, mais aussi son « éternité » relative. C'est aux déchets nucléaires, susceptibles d'être enfouis profondément dans le sol pendant des centaines de milliers d'années, que l'on doit ce renversement. La temporalité toute neuve qu'apportait la radioactivité s'est irréversiblement dilatée. En moins d'un siècle, la radioactivité aura donc agi comme une catapulte temporelle : si sa découverte a exhibé l'instable, son usage force maintenant, sinon à envisager, du moins à évoquer le très long terme.

Bibliographie

[1] D. Blanc, *Les rayonnements ionisants*, Masson, Paris, 1990.

[2] M. Cassé, *Généalogie de la matière*, Odile Jacob, 2000.

[3] J.-M. Cavedon, *La radioactivité*, Flammarion, collection dominos, 1996.

[4] P. Radvanyi et M. Bordry, *La radioactivité artificielle et son histoire*, Seuil/CNRS, 1984.

[5] M. Tubiana et R. Dautray, *La radioactivité et ses applications*, PUF, collection Que sais-je ?, 1996.

2 La radioactivité dans l'environnement

Où trouve-t-on des rayonnements ionisants dans l'environnement ? Sont-ils tous dus à la radioactivité ? Quel est leur impact sur l'environnement et sur l'homme ? Quelle est la part des activités humaines dans la dose reçue ? Si vous envoyez de la radioactivité dans l'environnement, que devient-elle ?

Pour répondre à toutes ces questions, le mieux est probablement d'aller y voir vous-même. Prenez un compteur de radioactivité[1]. Pour compléter votre équipement, revêtez cette tenue de passe-muraille, qui vous permettra d'aller mesurer la radioactivité absolument partout, où vous voudrez : au fond des mers, dans le sous-sol, dans le foie des poissons ou sous l'écorce des arbres. Elle vous va comme un gant ! Maintenant, promenez-vous dans la nature, et laissez-vous guider par l'aiguille de votre compteur. N'oubliez pas que vous n'êtes pas immunisé contre les rayonnements, et que la promenade peut vous amener dans des situations dangereuses. Donc, soyez prudent !

1. Mesures des rayonnements dans l'air ambiant : la douche cosmique

Commencez la promenade dans ce chemin creux de la verte campagne limousine. Et tournez d'abord votre compteur vers le ciel. Vous comptez quelques coups de temps en temps : il s'agit de rayons cosmiques en provenance du Soleil, plus rarement de notre Galaxie, ou même de plus loin encore.

---

[1] Le principe de fonctionnement d'un compteur de radioactivité est simple : en traversant le corps du détecteur, les rayonnements arrachent des électrons à la matière. Ces charges électriques sont collectées puis amplifiées pour produire un signal électronique qui permet de « compter les coups ». Les détecteurs à scintillation fonctionnent légèrement différemment : ils détectent la lumière produite par le passage des rayonnements ionisants. Certains détecteurs (spectromètres γ) font mieux que compter des désintégrations : en mesurant l'énergie du rayonnement, ils sont capables de déterminer la nature de l'atome qui l'a émis.

Les caractéristiques du rayonnement cosmique :
nature, énergie, intensité en fonction de l'altitude

La première catégorie des rayonnements cosmiques est constituée des rayonnements d'origine galactique. Il s'agit de protons, de particules a, d'électrons, de positons, de noyaux d'éléments plus lourds comme le fer, le nickel. Ces particules chargées, accélérées par les champs interstellaires, acquièrent des énergies très élevées, supérieures à 100 MeV (mégaélectronvolts).

La deuxième catégorie des rayonnements cosmiques est constituée de rayonnements d'origine solaire. Les particules correspondantes varient en nombre et en énergie avec l'activité du Soleil. Leur énergie dépasse rarement 100 MeV.

Les rayonnements cosmiques, quelle que soit leur origine, interagissent avec les noyaux présents dans l'atmosphère. Les plus énergétiques forment des gerbes de particules élémentaires très variées, ainsi que de nombreux radionucléides.

Par exemple, l'azote de l'atmosphère sous l'action des rayonnements cosmiques se transforme en carbone 14, qui possède deux neutrons de plus que l'isotope du carbone le plus abondant (carbone 12). L'atmosphère terrestre comprend environ 0,1 million de TBq (térabéquerels) de carbone 14. Chaque année, sous l'effet des rayonnements cosmiques, environ 1 000 TBq de carbone 14 sont produits naturellement. La même quantité, environ, disparaît sous l'effet de la décroissance naturelle de ce radioélément dont la période est de 5 730 ans. Un équilibre s'établit de sorte que le taux de carbone 14 dans l'atmosphère est pratiquement constant. Le carbone 14, qui a bien sûr les mêmes propriétés chimiques que le carbone 12, est le plus souvent dans l'atmosphère combiné à l'oxygène pour former du gaz carbonique « *radioactif* ».

L'impact radiologique individuel du carbone 14 présent dans le milieu naturel est estimé à 12 µSv/an (microsieverts par an).

D'une manière générale, l'exposition aux rayonnements cosmiques varie selon la latitude. Elle est forte aux pôles et faible à l'équateur. Elle varie en fonction de l'altitude et double tous les 1 500 m.

En moyenne, les rayonnements cosmiques délivrent une dose efficace de 0,39 mSv/an.

2. Un radionucléide cosmogénique : le carbone 14

Si vous approchez votre compteur de cet arbre, vous détecterez la radioactivité du carbone 14 qu'il contient.

Datation au carbone 14

Le carbone 14 produit dans la haute atmosphère s'incorpore dans le cycle biogéochimique du carbone. Les êtres vivants en contiennent donc une quantité déterminée... tant qu'ils vivent ! Après leur mort, le renouvellement de ce carbone cesse, et la quantité de ^{14}C contenue dans leurs restes diminue, au rythme de la décroissance radioactive (la période radioactive du ^{14}C est de 5 730 ans). Le carbone 14 d'un objet archéologique peut servir de chronomètre et permet de le dater par comparaison entre sa radioactivité initiale (connue) et sa radioactivité actuelle (mesurée).

Ce compteur de radioactivité est un bien bel objet. Mais vous avez oublié l'expérience la plus élémentaire : tournez le compteur vers vous-même. Eh oui, vous aussi, vous êtes radioactif (8 000 Bq pour un adulte), à cause du carbone 14 de vos tissus, et surtout, du potassium 40 de vos os.

3. Les radionucléides de la croûte terrestre : uranium, thorium, potassium

Si vous approchez le compteur de ce caillou granitique, au bord du chemin, vous verrez que la radioactivité de la roche est due à l'uranium qui s'y est concentré lors de la formation de la croûte terrestre[2]. L'uranium est un gros atome, qui s'incorpore fort mal dans les cristaux de silicates qui forment la majeure partie de l'écorce terrestre. Résultat : lors de la solidification d'un magma, l'uranium se retrouve concentré « dans les coins », au voisinage des discontinuités de la croûte. On le retrouve aussi dans les zones de la croûte où les conditions chimiques sont réductrices, car sa solubilité y est notablement plus faible qu'ailleurs, ce qui facilite sa « précipitation ». Ce sont ces deux mécanismes géochimiques qui expliquent la formation de filons d'uranium, ceux-là même qui sont exploités par les mineurs.

Radioactivité, séismes, volcans et climat

Uranium et thorium chauffent la croûte terrestre. Si notre planète a encore une activité tectonique et volcanique, c'est (en partie) parce que l'uranium et le thorium qu'elle renferme continuent à la chauffer par leur radioactivité. Les conséquences sont nombreuses et inattendues : par exemple, le volcanisme envoie dans l'atmosphère de grosses quantités de gaz à effet de serre, et c'est grâce à cela qu'il fait une température acceptable sur Terre ! En l'absence de cette source de chaleur d'origine radioactive, la Terre serait depuis longtemps un astre froid et mort.

---

[2] La radioactivité du caillou peut être très variable selon son origine et les minéraux qu'il contient. Ici, nous avons choisi un morceau de granite uranifère, comme on peut en trouver couramment dans le Massif central, avec une teneur en uranium de 0,1 %. Sa radioactivité est d'environ 250 000 becquerels par kilo, soit 250 000 désintégrations par seconde.

À propos de filons, n'est-ce pas une mine d'uranium qui se dessine au coin de ce petit bois ? Glissez-vous dans ce filon uranifère qui s'enfonce dans le sous-sol. L'aiguille du compteur de radioactivité grimpe sans s'affoler : à peine dix fois plus que dans le caillou de tout à l'heure. Pas très étonnant : l'uranium est rarement très concentré dans les roches. Dans le creux à côté de la mine se trouvent les résidus d'extraction de l'uranium. Infiltrez-vous dans cette boue noirâtre, votre tenue magique vous le permet. Votre compteur vous signale l'existence de radioactivité, presque autant que dans le filon. D'après lui, vous pourriez rester près du filon ou à proximité de ces résidus pendant quelques jours sans recevoir une dose supérieure à celle que vous donne annuellement la radioactivité naturelle[3]. Cependant, si vous souhaitiez prolonger votre visite, quelques précautions s'imposeraient.

L'impact environnemental d'une mine d'uranium

Le travail d'extraction de l'uranium dans les mines laisse des déchets : le traitement chimique de la roche broyée extrait bien l'uranium, mais il laisse dans les résidus tous ses descendants, qui sont eux-mêmes radioactifs, certains pendant des temps très longs.

Même si ces résidus sont moins radioactifs que le minerai initial, ils le sont quand même un peu : après extraction de l'uranium, les résidus miniers ont encore une activité de l'ordre de quelques milliers de becquerels par kilogramme.

Et comme ces résidus représentent un tonnage important (50 millions de tonnes de résidus ont été produites dans les mines d'uranium françaises depuis les années 1950), il y a là un vrai problème de déchets.

En ce début de XXIe siècle, les mines d'uranium françaises ferment. Actuellement, elles sont toutes réaménagées ou en passe de l'être. Lors du réaménagement du site minier, les résidus sont laissés sur place et recouverts par une couche de stériles et de terre destinée à éviter leur dispersion. Cette couverture épaisse de quelques mètres sert aussi à faire écran au rayonnement qu'ils émettent et au gaz radon qu'ils exhalent. Des mesures de radioactivité dans l'environnement des sites miniers permettent de vérifier que cet arrangement est satisfaisant, au moins à court terme. L'habitant du village le plus proche de la mine reçoit une dose additionnelle inférieure à 1 mSv/an, soit une fraction de la dose due à la radioactivité naturelle. Cette solution fonctionnera probablement tant qu'on maintiendra une surveillance sur le site minier réaménagé. Pour le futur à plus long terme, les garanties sont moins fortes : malgré toutes les précautions, des phénomènes d'érosion pourraient limiter l'efficacité des couvertures[4], et entraîner une dispersion des résidus.

---

[3] Le débit de dose à proximité d'un stockage de résidus miniers à l'air libre (avant la mise en place des couvertures) est de l'ordre de la dizaine de microsieverts par heure, ce qui signifie qu'il faudrait y rester plus d'une centaine d'heures pour recevoir une dose équivalente à l'exposition annuelle naturelle moyenne.

[4] Les spécialistes en géotechnique garantissent la stabilité des couvertures sur une période d'environ 1 000 ans.

4. Les radionucléides de l'atmosphère : le radon

À présent, extrayez-vous de la mine, et faites humer à votre compteur l'air frais du Massif central. Cet air serait-il radioactif lui aussi ? Le détecteur vous indique en effet la présence de radon ! À vrai dire, vous en mesurez presque autant quand vous vous éloignez de la mine, car le sous-sol en exhale naturellement.

Mais commençons l'histoire par le début. Imaginez quelques atomes d'uranium bien planqués dans l'obscurité du sous-sol. De temps en temps[5], l'un d'eux se désintègre et devient du radium[6]. Ce radium lui-même[7] se désintègre à son tour pour donner du radon. S'il a été produit au sein même de la roche, ce radon a toutes les chances d'y rester prisonnier jusqu'à la fin de ses jours. Mais si la désintégration de son père le radium s'est faite près de la surface d'un grain de minéral, le radon peut diffuser hors du grain, et se retrouver en semi-liberté dans l'air ou l'eau du sous-sol. Dans ce cas, une course contre la montre va s'engager pour le radon évadé : par un tortueux parcours dans les anfractuosités de la roche, le radon migrera au fil de l'air et de l'eau du sous-sol. Une grande partie des candidats à l'évasion mourra en chemin, car leur durée de vie moyenne est brève : 3,7 jours seulement avant de se désintégrer. Une petite partie réussira cependant à se faufiler jusqu'à la surface du sol, et à s'échapper à l'air libre.

L'air de l'atmosphère contient donc du radon. Oh, pas beaucoup : au ras du sol, on trouve seulement 5 millions d'atomes de radon par mètre cube d'air. Cela suffit à rendre cet air radioactif, avec une radioactivité de l'ordre de 10 Bq/m^3. Encore faut-il préciser que ce chiffre peut varier considérablement selon les endroits (les régions dont le sous-sol est riche en uranium, comme la Corse, la Bretagne et le Limousin, sont les plus « gâtées »), selon qu'il y a du vent ou non, et même selon l'heure du jour.

Mais le voyage du radon n'est pas fini. Certains atomes réussissent à s'infiltrer dans les bâtiments, en passant par les interstices du sous-sol. Si l'air y est peu renouvelé, le radon peut s'accumuler. C'est là que vous le respirez, depuis que vous avez pris l'habitude de vivre plus ou moins enfermés dans des maisons (à vrai dire, vos ancêtres en respiraient encore plus, dans leurs grottes préhistoriques). Bref, comme ce radon est radioactif, voilà vos alvéoles pulmonaires irradiées[8] !

---

[5] Si on observe un atome individuel jusqu'à ce qu'il se désintègre, on peut attendre longtemps : en moyenne 700 millions d'années pour un atome d'uranium 235, et 4,5 milliards d'années pour un atome d'uranium 238.

[6] En fait, l'uranium 238 ne se désintègre pas directement en radium, il y a passage par des atomes intermédiaires. Voici la chaîne de désintégration complète : ^{238}U-^{234}Th-^{234}Pa-^{234}U-^{230}Th-^{226}Ra-^{222}Rn-^{218}Po-…^{206}Pb. Le maillon de la chaîne qui nous intéresse ici concerne la désintégration du radium 226 en radon 222.

[7] Le temps de vie du radium 226 est de 1 600 ans.

[8] Plus précisément, le radon ne se fixe pas dans les poumons, et y reste peu de temps. En revanche, il a des descendants (polonium, plomb, bismuth) qui restent piégés durablement dans les voies respiratoires. Étant eux-mêmes radioactifs, ce sont eux qui sont responsables de la plus grande part de l'irradiation des alvéoles pulmonaires.

Le radon est-il un problème sanitaire ?

Les études approfondies menées sur les populations humaines fortement exposées au radon, comme par exemple les mineurs du début du xxe siècle[9], ont permis de conclure que le radon était bel et bien un cancérigène pulmonaire, au moins quand il était présent en forte concentration dans l'air.

Alors, demanderez-vous, le radon est-il un problème sanitaire pour le public, qui respire l'air des maisons ? En général, cet air est nettement moins « radonné » que celui des mines anciennes, et les doses radioactives sont plus faibles. Si on transforme la dose radon reçue par le Français moyen en un risque de cancer en utilisant le fameux coefficient dose-risque de la Commission internationale de protection radiologique (CIPR)[10], on trouve que le radon est responsable de 2 000 à 5 000 cancers mortels par an en France. Diable ! Serions-nous en face d'un problème comparable à celui de l'amiante ? Difficile de dire : ce chiffre alarmant est à prendre avec précaution, car nous sommes ici dans le domaine des faibles doses, domaine dans lequel l'hypothèse de proportionnalité entre l'effet et la dose n'est pas prouvée scientifiquement. Pour vérifier si le risque est réel, des études épidémiologiques sur le public ont bien été tentées, mais elles n'ont pas produit de conclusion claire. Il est vrai qu'elles sont très difficiles, car le radon n'est pas le seul agent cancérigène, ni même le plus méchant. En particulier, il est bien difficile de distinguer les effets des faibles doses de radon au milieu du carnage dû au tabac. Donc, pour résumer, nous ne savons toujours pas si le radon est vraiment dangereux pour le Français moyen !

La teneur en radon de l'air des maisons est très variable. Elle dépend de la nature du sous-sol, de la façon dont la maison est construite, et même du mode de vie de ses habitants. Les études statistiques montrent qu'une petite fraction des maisons et des lieux publics est vraiment très radonnée[11], à des niveaux proches de ceux rencontrés dans les anciennes mines d'uranium. Il faut dire que la dose reçue par l'occupant d'une maison radonnée à 10 000 Bq/m^3 est voisine de 100 mSv/an[12], soit 100 fois la dose naturelle moyenne reçue par la population française. À ces niveaux de concentration, on peut affirmer que le radon présente un danger pour les habitants de la maison, puisque les doses qu'ils reçoivent sont comparables à celles des anciens mineurs d'uranium, sur lesquels les effets nocifs du radon ont été observés.

Que faire, face à ce problème ?

D'abord, dépister les maisons radonnées. Le radon est facile à mesurer : il suffit d'installer dans la maison un de ces dosimètres, qui ressemblent à un film photographique et fonctionnent à peu près selon le même principe. Le développement du

---

[9] Les mineurs du début du xxe siècle respiraient parfois de l'air « radonné » à plus de 10 000 Bq/m^3. De nos jours, les mines sont bien ventilées, et l'exposition des mineurs au radon est limitée.

[10] Le coefficient dose-risque évalué par la Commission internationale de protection radiologique est de 0,05 cancers mortels par sievert.

[11] L'Institut de Radioprotection et de Sûreté Nucléaire estime qu'il y a en France 100 000 maisons et 300 écoles dans lesquelles le niveau de radon dépasse 1 000 Bq/m^3 d'air.

[12] Le calcul est fait pour un humain qui passerait 80 % de son temps dans la maison.

film permet d'obtenir le niveau local de radioactivité dans l'air autour du détecteur, moyenné sur la durée de l'exposition, qui est de l'ordre d'un mois[13].

Après le dépistage, il est possible d'assainir les maisons radonnées. En général, l'assainissement est facile et peu coûteux : il suffit d'étanchéifier la dalle de la maison, et d'améliorer la ventilation.

Le gouvernement français a émis en 1998 une directive prescrivant le dépistage du radon, et la mise en œuvre d'actions d'assainissement si le niveau mesuré dépasse 1 000 Bq/m^3 d'air. La directive ne concerne que les établissements recevant du public (écoles, grands magasins...). Aucune structure n'est prévue actuellement pour le dépistage et l'assainissement des maisons particulières, qui restent à la charge de leurs propriétaires.

5. Migration, dilution et reconcentration des radionucléides

Plongez maintenant dans ce lac du Limousin. La radioactivité de l'eau est plutôt faible, n'est-ce pas ? Un peu de radium et d'uranium dissous... Ah, par contre, dans les sédiments du fond du lac, c'est autre chose ! Ne soyez pas étonné, ces sédiments contiennent des minéraux argileux et de la matière organique, réputés pour piéger les radionucléides comme des mouches sur une toile d'araignée.

Vous trouveriez à peu près la même chose dans les sédiments de fleuves comme le Rhône, avec cette différence que là, les sédiments bougent, charriés vers la mer par le fleuve. Votre compteur vous dirait qu'en aval de l'usine de Marcoule, ce sont les sédiments qui ont fixé l'essentiel des rejets radioactifs de l'usine.

Les rayonnements artificiels et l'environnement : les essais nucléaires militaires et l'accident de Tchernobyl

Mais demanderez-vous, pourquoi diable mon compteur ne renifle-t-il pas dans l'air ambiant la radioactivité des essais nucléaires dans le Pacifique, ou celle du nuage radioactif de Tchernobyl ? C'est que vous êtes arrivé trop tard : la radioactivité de ces nuages est retombée au sol en quelques semaines, il n'y a plus rien dans l'atmosphère[14].

[13] Des mesures plus précises donnant en temps réel le niveau radon sont possibles aussi, mais elles demandent un matériel de détection nettement plus sophistiqué.

[14] De façon générale, les mesures de radioactivité dans l'air sont très sensibles. En 1998, l'incinération accidentelle d'une source de strontium dans une aciérie espagnole à Algeciras a introduit pendant quelques jours dans l'air français une radioactivité qui a été aisément détectée malgré sa très faible valeur, de l'ordre du millième de becquerel par mètre cube d'air. On sait, en y mettant le prix, détecter dans l'air une radioactivité encore mille fois plus faible, soit une désintégration par seconde dans un volume d'air d'un million de mètre cube. Mais la mesure dure plus d'un mois !

Revenez donc au sol, s'il vous plaît, et faites un saut dans le Mercantour. Votre compteur crépite dans certains creux du relief ! Même si les taches radioactives sont ici de petite surface, quelques décimètres carrés, la concentration de radioactivité peut y être importante[15]. Et indubitablement due à Tchernobyl, en plus ! Cette contamination, votre compteur la distingue aisément de la radioactivité naturelle, puisqu'elle est due principalement à un radionucléide artificiel : le césium 137. Là, ce sont probablement des reconcentrations dues au ruissellement de l'eau de pluie qui sont à l'œuvre.

La radioactivité du nuage de Tchernobyl, c'est là qu'il faut la chercher, c'est là que la pluie l'a déposée. Elle a fait dans toute l'Europe une contamination en taches de léopard encore observable actuellement. Si vous vous enfoncez dans le sol, votre compteur vous dira que la contamination n'a pratiquement pas migré verticalement depuis 1986, date de l'accident. Quelques dizaines de centimètres en quatorze ans[16], la contamination s'infiltre plutôt lentement[17] !

6. Les transferts de radionucléides entre les différents compartiments de la biosphère

Rendez-vous maintenant dans un sous-bois des Vosges. Votre compteur indique sur le sol l'existence de taches de contamination, moins concentrées que dans le Mercantour, mais dues elles aussi aux retombées de Tchernobyl. Choisissez un endroit où le sol est bien radioactif, et glissez-vous maintenant dans le monde vivant. Puisque c'est la saison des champignons, passez sans bruit dans une girolle. Votre compteur s'affole ? Pas étonnant, le mycélium des champignons est tout près de la surface du sol, juste là où la contamination est la plus forte. Ce mycélium pompe les sels minéraux du sol, et voilà vos girolles « contaminées »[18]. Remarquez cependant qu'il vous faudrait manger plusieurs dizaines de kilos des girolles françaises les plus contaminées pour recevoir l'équivalent de votre dose naturelle annuelle.

---

[15] L'Institut de Radioprotection et de Sûreté Nucléaire (IRSN) a mesuré dans le Mercantour des taches de contamination de petite surface, avec une radioactivité de plus de 100 000 Bq par mètre carré de terrain.

[16] La vitesse d'infiltration de la pollution radioactive dépend en fait de la nature du sol, et du radionucléide que l'on considère. Les travaux de l'IRSN indiquent que le strontium 90 (un radionucléide qui voyage plutôt vite) s'est infiltré d'environ 1 m en quatorze ans dans les sols sableux. Dans les autres sols, la vitesse est encore plus lente, car les minéraux ou les composants organiques du sol tendent à retenir les radionucléides.

Cette migration très lente est à la fois une bonne et une mauvaise nouvelle : la bonne, c'est que les contaminations gardent le plus souvent un caractère local, ce qui facilite l'assainissement des sites pollués. La mauvaise, c'est qu'on ne peut pas trop compter sur Dame Nature pour nettoyer à notre place.

[17] Il faut préciser que la migration horizontale induite par le ruissellement de l'eau en surface est en général beaucoup plus rapide que la migration verticale due à l'infiltration.

[18] Encore récemment, on a trouvé en France des champignons contaminés par les retombées radioactives de Tchernobyl, avec une radioactivité de 3 000 Bq/kg.

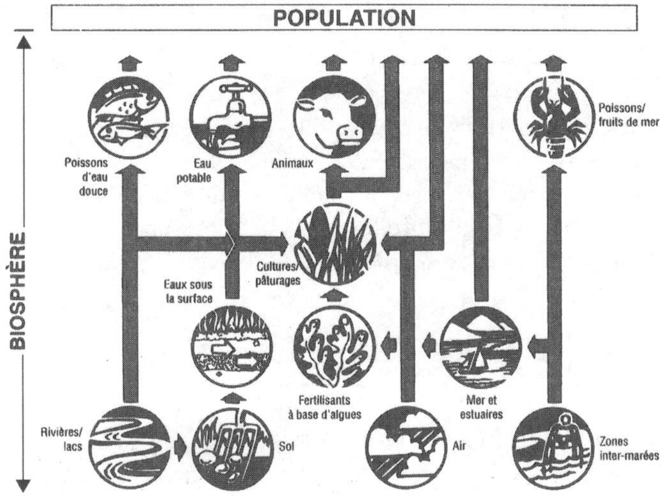

Figure 2.1. Schéma d'un modèle de biosphère « à compartiments ». La radioécologie peut intéresser les chercheurs fondamentaux, qui utilisent les radionucléides comme traceurs des cycles biogéochimiques. Elle intéresse aussi les radioprotectionnistes, puisqu'elle est un maillon indispensable pour évaluer les doses radioactives reçues par l'homme.

Poursuivez votre voyage le long de la chaîne alimentaire : bondissez incognito dans ce sanglier qui ne vous a pas vu venir. Radioactif, lui aussi ! Il affiche déjà à peu près 80 Bq/kg à cause du carbone 14 et, surtout, du potassium 40 « naturels ». Mais sur certains bestiaux, votre compteur indique aussi la présence d'autres radionucléides signés « Tchernobyl »[19]. Pas étonnant, puisque les sangliers ont coutume de labourer les couches superficielles du sol et de manger des girolles !

On modélise la biosphère en général avec des modèles qui la divisent en compartiments entre lesquels les polluants transitent selon des lois simples, le plus souvent linéaires, avec des coefficients de transfert déterminés empiriquement (figure 2.1). Il est difficile de nourrir les modèles à compartiment avec des données pertinentes, car tous les facteurs environnementaux s'influencent les uns les autres. Exemple : le coefficient de transfert sol-racines dépend bien sûr de la nature du sol et de celui de la racine. Mais pour un radionucléide donné, ce coefficient de transfert dépend de la forme chimique du radionucléide, qui dépend elle-même de la composition chimique de l'eau interstitielle, laquelle dépend elle-même de la nature du sol… Pas facile, donc, de décrire tout ça proprement !

[19] Certains sangliers chassés dans les Vosges ont récemment défrayé la chronique parce qu'on a décelé dans leur chair une radioactivité de 1 800 Bq/kg. D'après les évaluations de l'Institut de Radioprotection et de Sûreté Nucléaire, il faudrait en manger 100 kg pour recevoir l'équivalent de la dose naturelle annuelle.

7. Les rayonnements artificiels et l'environnement : les rejets de centrales

Les centrales nucléaires en fonctionnement polluent-elles l'atmosphère ? Allez-y voir, survolez le réacteur, votre compteur de radioactivité à la main. Vous détectez un peu de tritium, mais même avec votre appareil dernier cri, il est à peine décelable. Passez maintenant au-dessus des tours de refroidissement. L'air est chaud et humide, mais pas radioactif : le panache blanc n'est que de la vapeur d'eau.

8. Les rejets des usines

Vous voilà rassuré ? Pas si vite ! Si vous survolez la cheminée de l'usine de La Hague, vous trouverez dans l'air de la radioactivité due aux activités humaines, nettement plus qu'à proximité d'un réacteur nucléaire : votre compteur vous dira qu'elle vient principalement du krypton 85 et du tritium rejetés par les activités de retraitement de l'usine. Mais, dispersés par le vent, ces radionucléides se diluent rapidement dans l'atmosphère, et atteignent des niveaux de concentration qui les rendent presque indétectables à quelques kilomètres de la cheminée.

Plongez maintenant dans l'eau fraîche de l'anse des Moulinets, là où le célèbre tuyau rejette à la mer les effluents liquides de l'usine de retraitement de La Hague. Un petit bonjour aux scaphandriers de l'association Greenpeace qui palment dans le secteur, équipés du même compteur de radioactivité que le vôtre ! Cette fois, l'eau dans laquelle vous nagez est bel et bien radioactive, votre compteur est formel : iode 129, césium 137, eau tritiée sont aisément détectables[20]. Cependant, même si la radioactivité rejetée par l'usine de La Hague peut être tracée jusqu'en mer du Nord grâce à des détecteurs ultrasensibles, ces rejets sont plutôt faibles en valeur absolue[21].

[20] Les détecteurs de radioactivité actuels sont capables de déceler une radioactivité très faible. Par exemple, pour le tritium, on peut facilement détecter une activité de 1 Bq par litre d'eau par une simple mesure de scintillation liquide. Si on se donne du mal, on peut encore descendre 1 000 fois plus bas (soit 0,001 Bq/L) en mesurant l'hélium 3 associé à la décroissance radioactive du tritium. Il s'agit là de valeurs bien inférieures à la radioactivité naturelle. De telles activités correspondent à des concentrations en radionucléides extrêmement faibles, qu'on ne saurait pas mesurer par des méthodes chimiques. Moyennant quoi on peut voir de la radioactivité partout, sans que ce soit nécessairement dangereux.

[21] L'usine de retraitement de La Hague rejette annuellement environ 12 000 térabecquerels (TBq) sous forme de rejets liquides (essentiellement du tritium), et 300 000 TBq sous forme de rejets gazeux (principalement du krypton 85). Un térabecquerel correspond à un million de millions de désintégrations par seconde. Ces chiffres sont ceux de l'année 1997, considérée comme une année « moyenne ».

L'usine rejette aussi des quantités beaucoup plus faibles d'autres radionucléides. Toujours en térabecquerel, les rejets liquides de l'usine de La Hague, cumulés sur l'année 1997, ont été de : 11 900 (tritium), 1,82 (iode 129), 19,6 (ruthénium et rhénium 106), 0,016 (plutonium), 2,5 (césium 137), 1,9 (strontium 90), 10 (carbone 14).

Pour les rejets gazeux, les chiffres sont : 300 000 (krypton 85), 76 (tritium), 20 (carbone 14) et 0,018 (iode 129).

À 1 000 m au large du tuyau[22], la radioactivité de l'eau est retombée à un niveau comparable à celui de la radioactivité naturelle de l'eau de mer[23].

Tiens, ce poisson superbe qui passe majestueusement est visiblement un habitant de l'anse des Moulinets. Serait-il devenu impropre à la consommation, à force de fréquenter ce haut lieu de l'industrie nucléaire française ? Non point, d'après votre compteur. Les travaux du groupe « Radioécologie Nord Cotentin » ont d'ailleurs confirmé que les doses radioactives dues à l'usine de La Hague étaient très faibles, même pour les populations les plus exposées[24]. Votre bain dans le Cotentin ne vous aura donc pas irradié de façon significative, pas plus que le délicieux bar au four, sauce normande que vous avez dégusté juste après.

En revanche, même s'il ne s'agit pas là d'un rejet très toxique, nous devons mentionner que l'usine de La Hague rejette beaucoup de nitrates[25] dans la mer. Votre compteur de radioactivité ne vous avait pas tout dit !

Revenons si vous le voulez bien près de la centrale nucléaire de tout à l'heure. Si elle est construite au bord de l'eau, comme toutes ses consœurs, c'est qu'elle en a besoin pour ses circuits de refroidissement. Puisque vous aviez mesuré l'air, plongez donc maintenant dans l'eau du fleuve. Elle est bonne, n'est-ce pas ? Un à trois degrés au-dessus de la température en amont de la centrale, ce n'est pas négligeable. Mais que dit votre compteur ? La radioactivité qu'il détecte est presque entièrement d'origine naturelle. C'est uniquement parce que nous vous avons prêté un compteur vraiment perfectionné que vous êtes capable de détecter le peu de tritium rejeté par le réacteur. Vous pouvez vivre près de la centrale, ses rejets ne rajoutent que très peu de radioactivité à celle déjà naturellement présente dans l'environnement[26].

---

[22] Le tuyau de l'usine de La Hague rejette environ 400 000 à 500 000 m^3 d'effluents par an. Ceux-ci ont une radioactivité de 20 à 30 millions de Bq/L. La majeure partie de cette radioactivité est due à du tritium. Si on exclut ce tritium, dont la radiotoxicité est très faible malgré sa forte radioactivité, et qui mérite d'être traité à part pour cette raison, la radioactivité des effluents est d'environ 60 000 Bq/L. Grâce au brassage de l'eau dans le raz Blanchard, cette radioactivité tombe à quelques dizaines de becquerels par litre à 1 km de distance du tuyau.

[23] Il y a environ 3 parties par milliard d'uranium dans l'eau de mer. Mais c'est surtout le potassium 40 qui rend l'eau de mer légèrement radioactive, avec une activité d'environ 12 Bq/L.

[24] Selon le dernier rapport de la Commission Nord Cotentin (rapport « Sugier »), la dose induite par les rejets de l'usine de La Hague sur la population la plus exposée est de 0,06 mSv/an, soit environ 20 fois moins que la dose due à la radioactivité naturelle.

[25] Les rejets de nitrates dans les effluents liquides de l'usine de La Hague ont pour origine l'utilisation d'acide nitrique dans le procédé de retraitement de l'usine. La quantité rejetée est d'environ 3 000 à 4 000 tonnes par an, soit environ 100 fois moins que la quantité de nitrates charriée par la Loire. La teneur moyenne en nitrates dans ces effluents est de 7 à 8 g/L. À titre de comparaison, la teneur naturelle en nitrates de l'eau de mer est de 0,15 g/L.

[26] L'impact radiologique d'une centrale nucléaire est même inférieur à celui d'une centrale au charbon. En effet, la combustion du charbon libère les éléments radioactifs naturels qu'il contient : l'uranium et ses descendants, le thorium et ses descendants, et le potassium. Au total, une centrale nucléaire rejette dans l'environnement dix fois moins de radioactivité qu'une centrale à fioul ou à charbon de même puissance, et son impact radiologique est aussi dix fois plus faible : la dose collective est de 1,6 à 2,6 hommes-sieverts par gigawatt-an pour une centrale nucléaire contre 20 pour une centrale à charbon.

Par contre, ne rentrez pas dans la centrale, même si votre tenue de passe-muraille vous le permet : vous n'êtes pas immunisé contre les rayonnements ! Ne plongez pas non plus dans cette piscine d'entreposage de combustible usé. Un séjour d'une demi-heure à deux mètres près de ces combustibles suffirait pour vous tuer ! Et si vous en mangiez 10 mg, cela vous serait tout aussi fatal !

À présent, vous pouvez remiser votre tenue et votre compteur de radioactivité. Ce voyage en plongée dans la biosphère vous a laissé perplexe, je suppose ? Résumons nous : primo, vous pouvez voir de la radioactivité partout, Dame Nature n'a pas attendu les humains pour en répandre généreusement dans tout l'environnement. Secundo, vous rajoutez de la radioactivité avec votre industrie nucléaire : certes, assez peu sous forme de rejets, mais beaucoup sous forme de déchets solides. Tertio : certains de ces déchets sont réellement dangereux ! Mais cette question des déchets sera discutée beaucoup plus en détail dans la troisième partie.

3 Les effets des rayonnements sur le vivant

La radiotoxicité, c'est-à-dire l'effet des rayonnements ionisants sur les organismes vivants, a la grande particularité d'être étrangère à tous nos sens : invisibles, inodores, impalpables, silencieux et sans saveur, les « rayons » ne peuvent être anticipés et ils peuvent nous frapper et altérer notre santé sans même que nous nous en apercevions immédiatement. Il est tout aussi remarquable que ces entités si évanescentes et mystérieuses soient si faciles à détecter par des instruments spécialisés, et même beaucoup plus faciles à détecter que des toxiques chimiques. Les détecteurs très sensibles nous tirent de l'ignorance totale pour nous plonger dans l'hypersensibilité à la radioactivité qui nous entoure, même pour des niveaux de radioactivité inoffensifs pour nos organismes (car cela existe). Nous tenterons dans ce chapitre d'établir les bases qui permettent de définir une gradation et une progressivité dans notre évaluation du risque radioactif.

Si des doses massives de rayonnement radioactif sont mortelles à coup sûr, les doses modérées ont des effets bien connus et que l'on sait souvent soigner. Les faibles doses agissent avec beaucoup de retard, jusqu'à des dizaines d'années, et les très faibles doses ont des effets si ténus qu'ils sont très difficiles à distinguer de toutes les autres atteintes à nos organismes. L'unité qui mesure les effets biologiques des rayonnements, et que nous définirons plus tard, est le sievert (Sv). Le domaine de doses qui préoccupe les médecins est celui du sievert. Les radioprotectionnistes et les réglementations nous pressent par prudence de ne pas dépasser des doses de l'ordre de quelques millièmes de sievert. Celles qui échappent encore à notre connaissance précise et qui déclenchent souvent les alertes médiatiques sont de l'ordre du millionième de sievert (champignons d'Ukraine, sanglier des Vosges...). Si l'on ajoute à ces situations très différentes la nécessaire diversité des unités de mesure de la radioactivité et de ses effets, nous sommes moins surpris de la grande variété de réactions et de points de vue sur des événements où la science a du mal à se faire entendre, comme par exemple l'induction ou non d'un excès de maladies thyroïdiennes en France après le passage du nuage de Tchernobyl.

Tentons ici de donner quelques chiffres qui nous aideront à évaluer la radiotoxicité et ses effets. Nous allons d'abord décrire ce que l'on sait de la façon dont les rayonnements ionisants atteignent le vivant. Un détour sera fait ensuite du côté des unités de mesure : le passage entre les becquerels (unité de mesure physique de la radioactivité) et les sieverts (unité de mesure de la radiotoxicité) est en effet délicat et mérite quelques commentaires. Nous nous aiderons d'analogies avec l'émission et la réception de la lumière, que nos sens perçoivent. Les ordres de grandeur des doses reçues par le public seront ensuite discutés, ainsi que les critères qui permettent de dire si une dose est « acceptable » ou non. Le débat sur l'acceptabilité soulève des questions économiques et sociales, mais aussi scientifiques, car l'effet des faibles doses est actuellement mal connu. Pour finir, ou brossera un rapide portrait des effets toxiques de quelques radioéléments présents dans les déchets nucléaires ou importants en situation accidentelle.

1. Comment les rayonnements ionisants atteignent le vivant

1.1. Les effets au niveau de la cellule

Tous les rayonnements n'ont pas les mêmes effets sur les cellules. Les paramètres principaux qui déterminent les dégâts cellulaires sont la dose, l'énergie totale de la particule ionisante et sa perte d'énergie par unité de longueur.

Mais dans tous les cas, l'irradiation affecte surtout le noyau des cellules des organismes vivants. L'ADN, la molécule qui contient toutes les informations nécessaires au fonctionnement de l'organisme et à sa reproduction, est, au sein de chaque cellule, la principale cible susceptible d'être altérée ou détruite par des rayonnements. La lésion physique initiale, qui a lieu dans la microseconde qui suit le passage de la particule ionisante, est soit un choc direct sur la structure en double hélice de l'ADN, soit une attaque indirecte par radiolyse de l'eau environnant l'ADN et création de radicaux libres (le plus souvent le radical hydroxyle OH et l'atome d'hydrogène H), qui eux-mêmes attaquent chimiquement l'ADN. Les effets indirects des rayonnements ionisants sur l'ADN ne se distinguent donc pas de ceux dus à des agressions d'origine chimique, thermique ou par de la lumière ultraviolette, puisque tous passent par l'action de radicaux libres. Les lésions de l'ADN sont des cassures des chaînes (un ou deux brins de la double hélice), des dégradations ou disparitions des bases disposées le long de ces brins, des additions de molécules à ces mêmes bases, ou des pontages entre ADN et protéines. Seules les cassures double brin sont spécifiques des rayonnements ionisants.

Les cellules possèdent des mécanismes enzymatiques qui répliquent et réparent l'ADN, et qui agissent dans les minutes et les heures suivant l'apparition de lésions. La fiabilité extrême de ces mécanismes est essentielle à la vie normale des cellules, qui subissent en permanence des lésions spontanées et accidentelles. Les cassures à simple brin ou les lacunes sont fréquentes (150 000 cassures par cellule et par jour), bien reconnues et bien réparées. En revanche, en cas de cassure simultanée de deux brins, la réparation est lente, complexe et plus difficile, par manque du modèle intact que constitue le brin non lésé. L'issue de loin la plus fréquente est la réparation fidèle et la survie de la cellule. L'échec de la réparation mène le plus souvent la cellule à une mort non programmée, ou nécrose, suivie de son élimination de l'organisme. Des morts massives de cellules peuvent affecter le niveau d'organisation supérieur, les tissus, et déclencher des pathologies tissulaires.

Les réparations fautives, bien plus rares, peuvent affecter l'efficacité des mécanismes régulant le cycle de vie de la cellule, qui peut alors subir une mort programmée sans réplication (apoptose ou suicide cellulaire). Toutes les cellules mortes rejoignent les 250 milliards de cellules renouvelées chaque jour par l'organisme humain, sans aucun dommage à l'organisme. Les réparations fautives mènent parfois à des mutations qui n'empêchent pas la survie de la cellule (mutations non létales). Si le système immunitaire, qui agit dans les jours suivants, est à son tour défaillant dans la détection et l'élimination de ces cellules mutantes, il y a échec de toutes les réponses précoces, sans qu'il y ait encore d'effet notable sur l'organisme.

Mais ces mutations non létales ont le pouvoir de déclencher des réponses sous forme de désordres cellulaires graves et bien plus tardifs, dont le délai se mesure en années et dizaines d'années pour les cancers issus des mutations des cellules ordinaires (somatiques), voire des générations pour les anomalies héréditaires transmises par des cellules germinales mutantes. Ce dernier effet n'a pas encore été prouvé chez l'homme, mais seulement en laboratoire sur l'animal.

De ce survol rapide des réponses des cellules aux lésions de l'ADN, qu'elles soient ou non radio-induites, retenons qu'il y a une longue série de mécanismes réparateurs, souvent très efficaces, et qui laissent néanmoins en cas d'échec la possibilité d'atteinte précoce des tissus (en cas de destruction massive de cellules), et de mutation de cellules individuelles ayant de graves effets potentiels à long terme. Nous reviendrons plus loin sur l'effet des faibles doses sur l'organisme.

1.2. Les effets à long terme sur les organes

Une cellule somatique mutée ne mène pas systématiquement à un cancer. Au moment de la mort programmée de la cellule mutée, dont le délai varie considérablement avec la spécialisation de celle-ci, les atteintes préexistantes au système régulateur de son cycle de vie peuvent se manifester. Les cellules incapables de déclencher leur apoptose sont techniquement immortelles et proliférantes sans contrôle. Ceci constitue le premier stade de la cancérisation. Si on considère le plus souvent qu'une cellule proliférante peut être la souche d'un développement cancéreux, les études en cours indiquent l'existence d'effets cellulaires collectifs, promoteurs ou répresseurs. Il y a donc, ici aussi, des mécanismes externes à la cellule cancéreuse, qui interviennent sur sa prolifération.

On remarque par exemple que tous les organes ne sont pas également affectés par les rayonnements ionisants. Pour 100 cancers radio-induits dans une population humaine irradiée de façon homogène par des photons γ, seront observés, entre autres, 12 cancers pulmonaires, 5 cancers du sein, et 1 cancer de la peau. Ceci amène à introduire le facteur de pondération tissulaire W_T, permettant de traduire le dépôt d'énergie des rayonnements ionisants en un détriment biologique (tableau 3.1). Ce facteur W_T sera utilisé plus loin dans le texte pour le calcul de la dose.

Tableau 3.1 : Valeurs du facteur de pondération tissulaire.

Tissu ou organe	Facteurs de pondération tissulaire W_T
Gonades	0,20
Moelle rouge	0,12
Colon	0,12
Poumons	0,12
Estomac	0,12
Vessie	0,05
Seins	0,05
Foie	0,05
Œsophage	0,05
Thyroïde	0,05
Peau	0,01
Surface des os	0,01
Autres	0,05

1.3. Les différents rayonnements

À cause de leurs différentes pertes d'énergie à travers la matière, tous les rayonnements n'ont pas les mêmes effets sur les cellules, ni la même nocivité sur l'organisme. Ainsi, une même énergie déposée (exprimée en gray) par des neutrons et par des rayons γ induira un taux de cancers beaucoup plus élevé dans le premier cas que dans le second (figure 3.1). Le tableau 3.2 donne les transferts d'énergie dans les tissus pour différents types de rayonnements.

Tableau 3.2 : Énergie transférée par unité de longueur pour différents types de rayonnements ionisants.

Énergie transférée (keV/μm)	Type de rayonnement
0,20	Électron de 2 MeV
0,24	γ de désintégration du ^{60}Co
3,0	X de 250 keV
4,7	β du tritium
5,5	Électron de 0,6 MeV
6,3	X de 50 keV
10	Proton de 12 MeV
20	Neutrons thermiques
45	Proton de recul
120	Particule α (désintégration du ^{239}Pu)
1 000	Fragment de fission

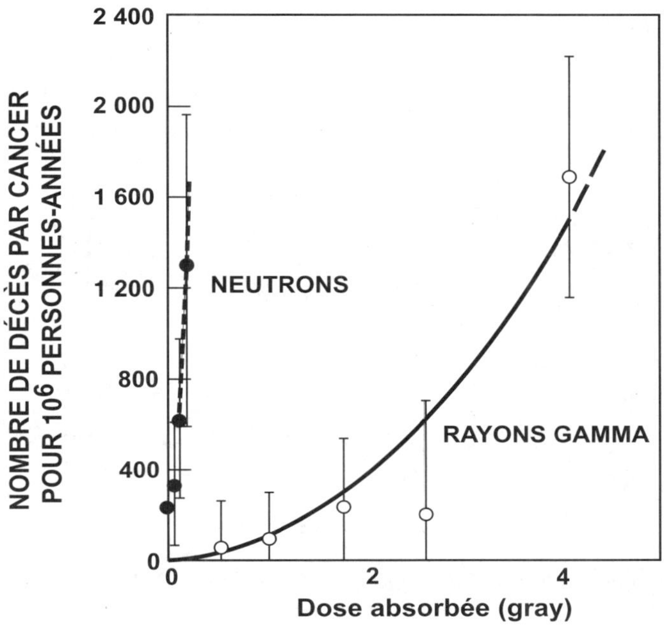

Figure 3.1. Les bombes atomiques d'Hiroshima et de Nagasaki étant de structure différente (l'une à l'uranium, l'autre au plutonium), les victimes ont été irradiées différemment. Comparaison des fréquences des décès par cancer chez les survivants des bombardements d'Hiroshima (irradiés principalement par des neutrons) et de Nagasaki (irradiés surtout par des γ*) (T. Straume et R.L. Dobson. 1981.* Health Physics ***31*** *: 666).*

Les électrons et les ions perdent beaucoup d'énergie par unité de longueur vers la fin de leur parcours : c'est le « pic de Bragg », illustré sur la figure 3.2. L'existence de ce pic est exploitée en thérapie anticancéreuse pour irradier une tumeur localisée.

Pour tenir compte de la nocivité différente des divers types de rayonnements, on introduit un facteur de pondération radiologique W_R (tableau 3.3) qui sera utilisé dans le calcul de la dose.

1.4. Les irradiations externe et interne

Les rayonnements ionisants peuvent atteindre l'homme de différentes façons : on distingue l'irradiation externe (exposition directe à une source extérieure) et l'irradiation interne (ingestion ou inhalation de particules matérielles qui sont source de radioactivité et qui émettent leurs rayonnements depuis l'intérieur de l'organisme). Dans le cas de l'irradiation interne, les dégâts seront d'autant plus importants que le radioélément séjourne plus longtemps dans l'organisme. La notion de période

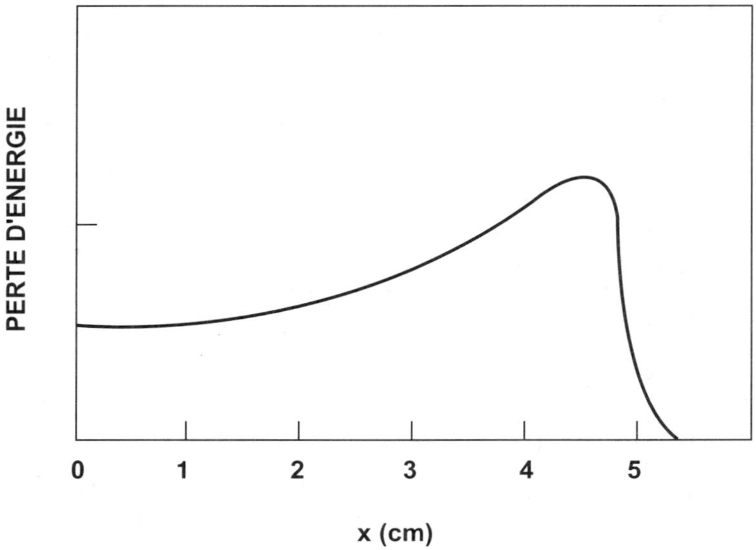

Figure 3.2. Perte d'énergie de particules α de 5 MeV dans l'air.

Tableau 3.3 : Valeurs du facteur de pondération radiologique.

Type et gamme d'énergie	Facteur de pondération radiologique W_R
Photons, toutes énergies	1
Électrons et muons, toutes énergies	1
Neutrons, énergie de moins de 10 keV	5
plus de 10 à 100 keV	10
plus de 100 keV à 2 MeV	20
plus de 2 MeV à 20 MeV	10
plus de 20 MeV	5
Protons, autres que les protons de recul, énergie supérieure à 2 MeV	5
Particules α, fragments de fission, noyaux lourds	20

biologique permet de décrire le temps d'activité du radioélément dans l'organisme. C'est le temps que met la moitié de la masse de radioélément incorporé à quitter l'organisme par les voies d'échange naturelles. Ce temps peut être limité par la période radioactive (cas de l'iode 131, de période 8 jours) ou par le temps de séjour dans l'organisme. Certains radioéléments sont éliminés rapidement (le tritium sous forme d'eau tritiée est éliminé en 10 jours), d'autres plus lentement (100 jours pour le césium). La période biologique n'est pas nécessairement la même pour tous les organes. Ainsi, le plutonium reste 30 ans dans le foie, et semble fixé définitivement par les os (on considère alors une période biologique de 50 ans).

1.5. Becquerels, grays et sieverts

Les considérations précédentes montrent qu'il est nécessaire d'introduire des grandeurs distinctes pour décrire la radioactivité, son effet sur la matière, et son effet sur les organismes vivants. Si nous faisons une analogie avec le rayonnement qui constitue la lumière visible, il s'agit de mesurer d'une part l'intensité de la source lumineuse (par exemple le nombre de photons que le Soleil émet par seconde), d'autre part l'intensité de la lumière reçue en un point donné, qui dépend de la distance à la source (été/hiver), des obstacles interposés (jour/nuit) et des écrans absorbeurs de lumière (couverture nuageuse, parasols...), et enfin de l'effet biologique sur l'organisme (par ordre de gravité et limité à la peau pour la lumière : sensation de chaleur, coup de soleil, insolation, cancer induit par les UV). Ce sont ces trois mêmes niveaux de description qu'il faut savoir décrire et mesurer dans le cas des rayonnements ionisants ; intensité de l'émission (becquerels), intensité de l'effet physique à la réception (grays), intensité de l'effet biologique sur l'organisme « éclairé » (sieverts).

1.5.1. La mesure de la radioactivité

« L'activité » représente le nombre d'atomes radioactifs qui se désintègrent pendant une unité de temps. On l'exprime en becquerels (Bq) :

1 becquerel ≡ 1 désintégration par seconde.

L'ancienne unité est le curie (Ci) :

1 Ci = 37 GBq (gigabecquerels) = 37 milliards de Bq.

1.5.2. La mesure de l'absorption d'énergie

Les rayonnements ionisants cèdent de l'énergie à la matière qu'ils traversent : ce « transfert d'énergie » ou dose absorbée s'exprime en grays (Gy) :

1 gray ≡ 1 joule par kilogramme de matière.

L'ancienne unité est le rad (1 Gy = 100 rad).

1.5.3. La mesure des dégâts sur le vivant

Lorsque la matière traversée est un organisme vivant, on évalue la nocivité « potentielle » de la dose absorbée en sieverts (Sv). On distingue plusieurs types de doses, définies ci-dessous :

- *la dose équivalente* (pour un organe ou un tissu T) :

$$H_{\mathrm{T}} = W_{\mathrm{R}} \cdot D_{\mathrm{TR}}$$

où D_{TR} est l'énergie déposée par kg de tissu par le rayonnement R (exprimée en grays) et W_R le facteur de pondération radiologique (voir tableau 3.3). Si plusieurs types de rayonnement R interviennent,

$$H_T = \Sigma\,(W_R \cdot D_{TR}).$$

On parle d'équivalent de dose pour traduire le fait que, pour une même dose absorbée, l'effet produit sur un organe donné dépend de la nature du rayonnement. Il en résulte que, pour un même équivalent de dose, les effets sur l'organe sont identiques quel que soit le radionucléide (nature du rayonnement) et qu'il s'agisse d'exposition externe ou interne.

- *la dose efficace* (pour l'organisme entier) :

$$E = \Sigma\,(W_T \cdot H_T),$$

où la sommation est cette fois étendue à tous les tissus de l'organisme. La dose efficace tient compte du fait que chaque tissu ou organe n'a pas la même sensibilité à l'irradiation, par le biais du facteur de pondération tissulaire W_T.

À titre d'exemple, un gray, déposé sur le corps entier par des photons ou des électrons (pour lesquels $W_R = 1$), correspond à une dose efficace équivalente de 1 Sv.

L'ancienne unité est le rem (1 Sv = 100 rem).

- *la dose engagée* (qui peut être équivalente ou efficace) est l'intégrale du débit de dose équivalente ou efficace sur un temps τ spécifié :

$$\text{Dose engagée sur le temps } \tau = \int_0^{\tau} \mathrm{d}E/dt\,(t) \cdot dt.$$

Les définitions ci-dessus sont exactes et générales mais demandent, pour être utilisées dans la pratique, une masse d'informations de détail rarement disponibles. Pour ce qui relève de l'irradiation externe, en cas d'irradiation accidentelle il faut procéder à une enquête pour reconstituer après irradiation (dont on rappelle que nous n'avons pas d'organes sensibles pour la détecter) quel organe a été irradié pendant quelle durée et à quel lieu, la source étant elle-même plus facilement connue.

Pour évaluer une dose à l'homme suite à une ingestion ou une inhalation instantanée d'une quantité connue d'un radioélément, l'on connaît en général le chemin biochimique suivi par le radioélément dans l'organisme. On utilise donc en général plutôt la formule suivante :

$$\text{Dose efficace engagée sur la vie entière (Sv)} = A \cdot FD$$

où A est l'activité du radioélément ingéré ou inhalé (en Bq). Le facteur de dose efficace engagée FD (en Sv/Bq) convertit cette activité en une dose à l'homme (en Sv). Ce facteur tient compte du fait que tous les radio-isotopes n'ont pas la même radiotoxicité : ils émettent des rayonnements différents, et leur chemin dans l'organisme est différent. Le facteur de dose est évalué grâce à un modèle décrivant le cheminement du radioélément dans les différents compartiments de l'organisme

Tableau 3.4 : Facteurs de dose « ingestion » pour quelques radioéléments (CIPR 30).

	FD (Sv/Bq)
Eau tritiée	$1{,}8 \times 10^{-11}$
^{14}C	$5{,}8 \times 10^{-10}$
^{40}K	$6{,}2 \times 10^{-9}$
^{90}Sr	$2{,}7 \times 10^{-9}$ à $2{,}8 \times 10^{-8}$
^{99}Tc	$7{,}8 \times 10^{-10}$
^{129}I	$1{,}1 \times 10^{-7}$
^{131}I	$2{,}2 \times 10^{-8}$
^{135}Cs	$2{,}0 \times 10^{-9}$
^{226}Ra	$2{,}8 \times 10^{-7}$
^{232}Th	$9{,}2 \times 10^{-8}$ à $2{,}2 \times 10^{-7}$
^{238}U	$7{,}6 \times 10^{-9}$ à $4{,}4 \times 10^{-8}$
^{237}Np	$1{,}1 \times 10^{-7}$
^{241}Am	$2{,}0 \times 10^{-7}$

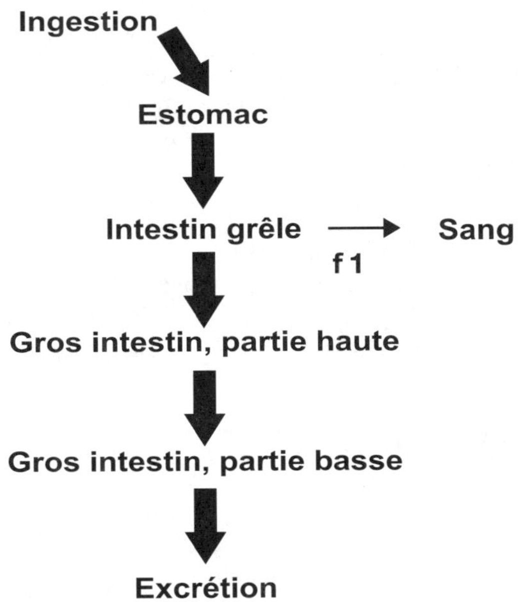

Figure 3.3. Exemple simplifié de modèle à compartiments.

(tableau 3.4). Un exemple simplifié d'un tel modèle à compartiments est donné dans la figure 3.3. Un tableau des facteurs de dose édité par la Commission internationale de protection radiologique (CIPR) est régulièrement mis à jour pour tenir compte de l'amélioration des connaissances sur la toxicité des radioéléments. On notera les très faibles valeurs numériques de *FD* (entre 10^{-11} et 10^{-7}) qu'il faut rapprocher des très grandes valeurs numériques des activités exprimées en becquerels (GBq, TBq). C'est le produit des deux termes qui donne les sieverts qui nous intéressent. Rappelons que l'enjeu pour l'homme se situe entre le microsievert (inoffensif) et le sievert (atteinte grave).

1.6. Gravité et risque des effets radiotoxiques

Les effets biologiques des rayonnements ionisants commencent toujours au niveau de la cellule. Les deux grands chemins d'évolution de la cellule (nécrose et mutation non létale, voir § 1.1) amènent à distinguer deux types d'effets fort différents sur la santé.

Les effets déterministes sont des dommages qui apparaissent rapidement, et qui se déclenchent avec certitude chez tout le monde au-dessus d'une certaine dose (élevée) appelée seuil. Plus on est au-dessus du seuil, plus ces dommages sont graves. Pour une dose donnée, les effets sont connus et certains. Le risque réside dans l'exposition à la dose, et non dans les effets de celle-ci. C'est le cas des destructions cellulaires aboutissant à la nécrose des cellules, lorsqu'un nombre assez grand de cellules d'un même tissu est touché pour que le tissu lui-même voie ses fonctions perturbées. Le phénomène est comparable à celui des « coups de soleil » qui apparaissent à partir d'un certain temps d'exposition au soleil et qui sont d'autant plus graves que l'intensité ou la durée de cette exposition sont plus importantes. De même, il existe un temps d'exposition au-dessous duquel aucun effet immédiat n'apparaît. C'est ce temps qui est allongé lors de l'interposition d'écrans minces sur la peau, par étalement de crèmes de protection solaire.

Parmi quelques effets déterministes bien connus, on peut citer la dermite du radiologiste (à partir de 3 Gy) et la cataracte (2 Gy). Les effets déterministes ont été reconnus très tôt dans l'histoire de la radioactivité ; une limite d'exposition a été introduite dès 1928. L'unité significative pour les effets déterministes est directement la quantité d'énergie laissée dans les tissus par le rayonnement, c'est-à-dire le gray (J/kg).

À titre d'exemple, la gradation des symptômes pour une irradiation uniforme par des photons γ est la suivante :

- au-dessous de 200 mGy : aucun effet mis en évidence ;
- jusqu'à 1 500 mGy : lésions cutanées, rougeurs pouvant évoluer vers la nécrose ;
- à partir de 1 500 mGy : début du syndrome d'irradiation aiguë : fatigue, anorexie, nausées, chute de numération sanguine ;
- à partir de 5 000 mGy : hospitalisation impérative – céphalées, diarrhées. Une chance sur deux de survie en l'absence de traitement ; pronostic fortement amélioré par un traitement adéquat ;
- à partir de 10 000 mGy : fièvre, prostration ; pronostic réservé.

Rappelons ici que les valeurs réglementaires en radioprotection sont imposées au niveau de quelques mGy à quelques dizaines de mGy (pour les g, 1 mGy = 1 mSv), soit dans la zone où aucun effet déterministe n'a été mis en évidence. Ces valeurs guides permettent d'écarter le risque déterministe et de borner les risques résiduels à faible dose ; ces derniers sont les effets probabilistes.

Les effets probabilistes sont associés à la transformation des cellules, plus qu'à leur destruction. Ils se traduisent par des dommages (cancers, effets génétiques) qui risquent d'autant plus d'apparaître que la dose de rayonnement a été importante ; ils ne sont en rien caractéristiques des rayonnements (le même phénomène peut être observé avec de nombreux produits chimiques, la consommation tabagique, l'exposition aux rayons ultraviolets solaires pour les cancers, ...). Ces effets sont du type « tout ou rien » : un cancer se déclenche ou ne se déclenche pas, mais il n'est pas plus ou moins grave. C'est la probabilité d'apparition du cancer qui dépend de la dose reçue, et non sa gravité. Dans une population exposée, certains cancers peuvent survenir après des délais toujours longs (de quelques années à quelques dizaines d'années, selon l'organe touché). Dans ce cas, on ne peut pas prédire qui sera atteint : on parle « d'effet probable ».

Comme on le voit, les effets déterministes et les effets probabilistes sont de nature différente. Les premiers mesurent la gravité clinique d'un effet dont l'apparition est certaine ; les seconds mesurent un risque de cancer ou d'effets génétiques, dont la gravité est toujours importante. La relation dose-effet a donc une signification différente pour les effets déterministes et pour les effets probabilistes.

1.7. La relation dose-effet

Pour les effets probabilistes, la base épidémiologique de la relation dose-effet repose sur les effets des explosions nucléaires d'Hiroshima et de Nagasaki, sur des irradiations systématiques comme celles des peintres de cadrans lumineux au radium et sur l'expérimentation animale. Les doses reçues par les populations étudiées étaient de l'ordre de quelques centaines de millisieverts. Sur cette base, le taux de cancers mortels induits par l'exposition à des rayonnements ionisants est d'environ 50 pour mille par sievert [5]. On peut remarquer que cet énoncé suppose implicitement que la relation dose-effet est linéaire. Il ne s'agit là que d'une hypothèse dont la confirmation reste largement à établir, les études épidémiologiques ci-dessus n'étant ni assez détaillées ni assez exhaustives pour la vérifier de façon convaincante. L'hypothèse de linéarité semble même inadéquate dans certains cas. Par exemple, une expérience importante réalisée par C. Sanders [3] sur près de 11 000 rats a montré que les cancers pulmonaires liés à l'inhalation de $^{239}PuO_2$ n'apparaissaient de manière significative que pour une dose absorbée supérieure à 1 Gy (figure 3.4). On a là un exemple d'effet de seuil dans la relation dose-effet. Cet effet de seuil pourrait être assez général pour les irradiations α. S'il venait à se confirmer comme une propriété systématique des émetteurs α, cela pourrait avoir des conséquences profondes sur le principe même de gestions de ceux-ci lorsqu'ils sont des déchets ultimes. Une dispersion généralisée permettrait d'assurer une dose bien au-dessous du seuil pour tous, et donc une innocuité totale. Cependant, avant de sauter à une telle conclusion, il nous faudra

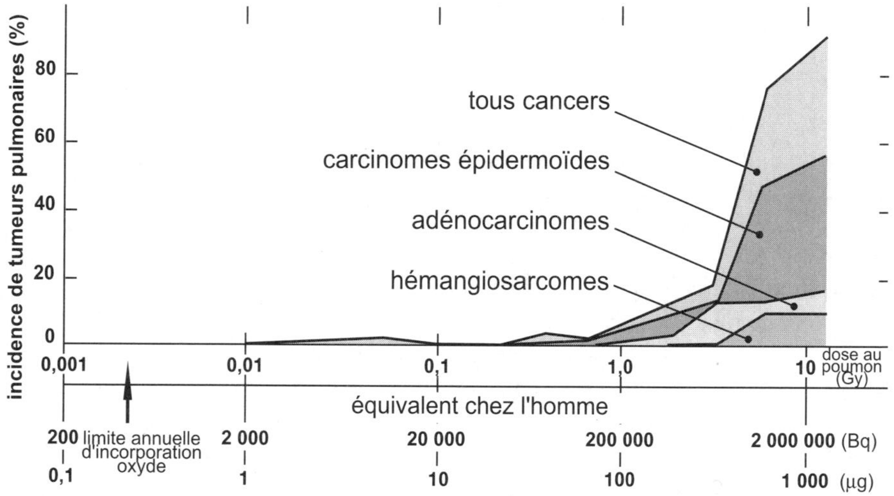

Figure 3.4. Relation dose-effet pour l'inhalation du $^{239}PuO_2$ [3], [7].

atteindre une compréhension profonde de notre écosystème et de ses mécanismes de reconcentration, notamment le long des chaînes alimentaires.

1.8. L'effet des faibles doses

C'est pour les doses inférieures à la centaine de millisieverts que l'incertitude sur la relation dose-effet est la plus grande, car les études épidémiologiques associées sont extrêmement difficiles. Pour mettre en évidence de façon significative des cancers radio-induits, il faut suivre pendant 10 à 30 ans une population d'individus exposée à un rayonnement connu, et prouver que le taux de cancers dans cette population est statistiquement plus élevé que celui d'une population témoin. À titre indicatif, on retiendra les ordres de grandeur suivants : sur une population de 1 000 individus, 200 personnes environ mourront d'un cancer (toutes causes confondues, les trois quarts de ces cancers étant liés aux habitudes de vie des personnes – tabagisme, alcool…). La théorie statistique indique que l'incertitude sur ce nombre de cancers « naturels » est de l'ordre de ± 14 cancers. L'exposition à une dose radioactive de 0,5 Sv se traduira au maximum par 25 cancers en excès dans cette population, soit pratiquement le même ordre de grandeur que l'incertitude associée aux cancers « naturels ». Un échantillon statistique d'un millier de personnes suffit donc (mais à peine) pour mettre en évidence les effets toxiques maximaux d'une dose de 0,5 Sv. Or il s'agit là d'une dose élevée ! Pour des doses plus faibles, l'effet toxique ne pourra pas être mis en évidence dans une population d'un millier de personnes, car le nombre de cancers en excès sera noyé dans l'incertitude associée aux cancers « naturels ». Si l'on suppose que la relation dose-effet est linéaire (figure 3.5), le raisonnement précédent permet d'affirmer qu'il faut une population de 3 millions d'individus pour

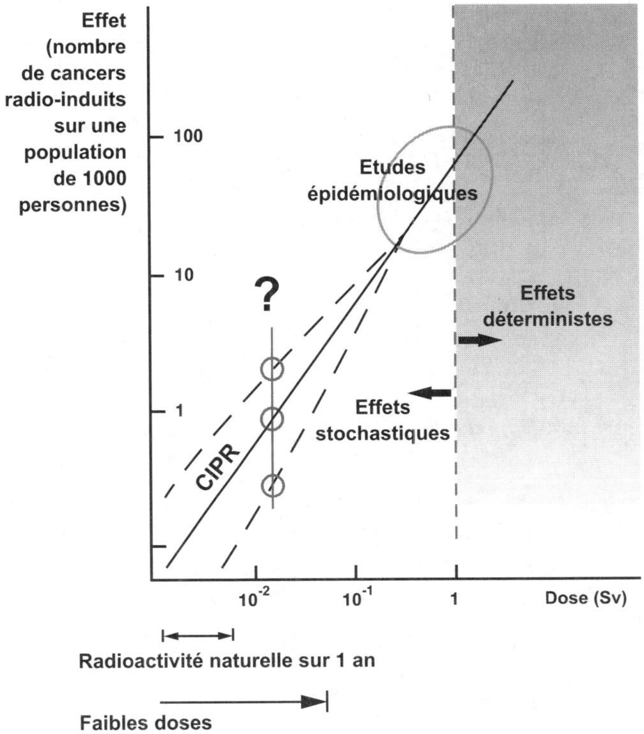

Figure 3.5. Relation dose-effet pour l'exposition due à la radioactivité. L'effet des faibles doses est évalué en interpolant linéairement les résultats d'études épidémiologiques menées avec des doses fortes.

attester de l'effet d'une dose de 10 mSv, plus proche de doses considérées comme acceptables en situation non accidentelle. Il faut donc des échantillons de très grande taille pour obtenir une précision statistique suffisante sur l'effet des faibles doses. C'est essentiellement pour cette raison que l'évaluation du risque lié à l'exposition du public aux rayonnements est si difficile.

On considère généralement que la relation linéaire dose-effet est bien établie au-delà de la centaine de millisieverts (50 à 200 selon les sources), et qu'en deçà la loi linéaire est une limite supérieure acceptée par la très grande majorité des experts. De forts indices, appuyés sur la progression de la connaissance des mécanismes réparateurs dans la cellule, plaident pour une relation linéaire-quadratique à faible dose, ce qui réduirait nettement les estimations de toxicité de ces doses. Certains, certes peu nombreux, vont jusqu'à invoquer le phénomène d'hormésis, en quelque sorte analogue à une vaccination : de très faibles doses protégeraient contre l'effet de plus fortes doses ultérieures, en anticipant l'activation des mécanismes réparateurs les plus complexes et les plus lents. Cet effet adaptatif est certes attesté au niveau de la cellule,

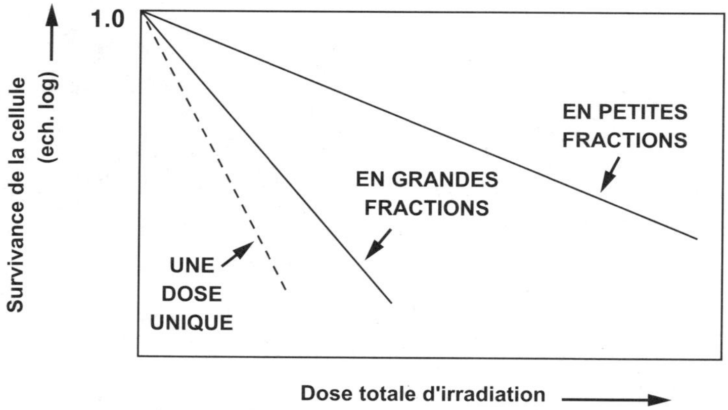

Figure 3.6. Effet du débit de dose sur la mortalité cellulaire [3].

mais la preuve d'un effet au niveau de l'organisme se heurte au manque de compréhension des mécanismes régulateurs très complexes, et probablement à réponse non linéaire. De même les tenants du « becquerel qui tue », qui extrapolent à zéro la relation linéaire pour affirmer qu'il n'y a pas de radioactivité sans risque, aussi faible soit-elle, ont un dossier scientifique surtout rempli d'incertitudes.

1.9. L'effet du débit de dose

L'effet radiotoxique sur l'organisme dépend encore d'un paramètre important : le débit de dose. Une dose reçue « d'un bloc » (en peu de temps) est en général plus nocive que la même dose étalée sur une longue période (figure 3.6). Il est probable que les mécanismes de réparation cellulaire, opérationnels aux faibles débits mais débordés aux forts débits, expliquent la moindre nocivité des faibles débits de dose, qui pourrait aller jusqu'à diviser la toxicité par deux. Cette influence du débit de dose sur la radiotoxicité est actuellement négligée par tous les textes normatifs ou législatifs. Elle est par ailleurs prise en compte comme un paramètre essentiel des radiothérapies anticancéreuses, où l'on délivre des doses quotidiennes fractionnées pendant des semaines, de façon à favoriser la capacité de récupération des cellules saines entre deux irradiations.

2. L'ordre de grandeur des doses reçues par le public

L'exposition annuelle de la population aux rayonnements ionisants est résumée dans la figure 3.7. On constate que la moyenne mondiale est de 4 mSv/an, la part de la radioactivité naturelle étant de 2,4 mSv/an en moyenne.

C'est la radioactivité naturelle qui occupe la plus large place dans ce bilan, avec le rayonnement du radon comme cause prépondérante, suivie par l'irradiation interne

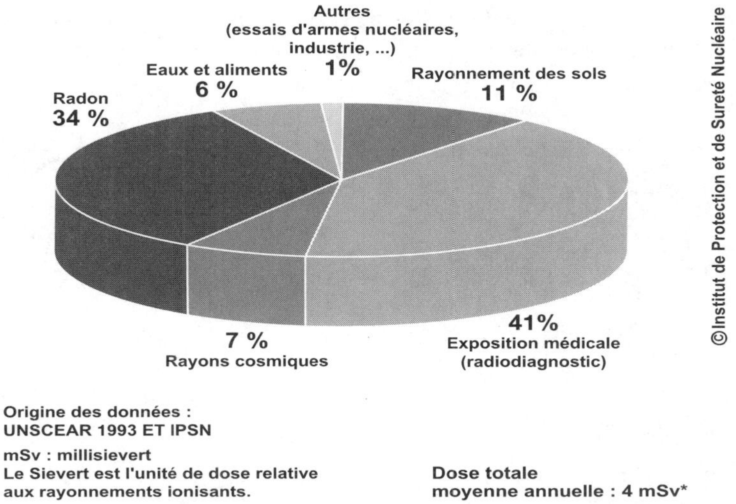

Figure 3.7. Exposition des populations (mSv/an).

due aux radioéléments naturellement présents dans le corps humain. (L'organisme humain contient environ 4 500 Bq de potassium 40 et 3 700 Bq de carbone 14, ce qui représente une dose d'environ 0,20 mSv/an.)

Après les irradiations naturelles, les irradiations médicales (radios du poumon) représentent dans les pays développés la deuxième contribution à l'exposition totale du public.

Le tableau 3.5 donne la répartition de la dose naturelle pour chaque radioélément. Comme on le voit, les activités nucléaires d'origine humaine n'occupent qu'une place minoritaire dans l'exposition totale de la population. À titre indicatif, l'accident de Tchernobyl a exposé les Français à une dose moyenne de 0,09 mSv. Il faut noter que cette dose a été très inégalement répartie, ce qui donne lieu encore aujourd'hui à des annonces de valeurs parfois fort différentes pour une même région, selon que l'on donne les valeurs extrêmes relevées en des lieux très précis ou des doses moyennées sur de plus grandes surfaces.

3. Les doses acceptables

3.1. L'approche de la Commission internationale de protection radiologique (CIPR)

Les doses acceptables pour les travailleurs et pour le public sont déterminées à partir d'une relation dose-effet supposée linéaire, sans seuil (figure 3.5). Cette relation dose-effet hypothétique est établie par un organisme international réunissant des experts scientifiques en radioprotection, la Commission internationale de protection

Tableau 3.5 : Équivalents de dose effectifs engagés par an dus aux sources naturelles dans des régions à caractéristiques moyennes (en millisieverts). Toutes les sources étant pratiquement constantes dans le temps, ces valeurs représentent également les doses moyennes reçues chaque année.

Sources naturelles	Exposition externe (mSv)	Exposition interne (mSv)	Total (mSv)
Radionucléides naturels primordiaux			
^{40}K	0,12	0,17	0,29
^{87}Rb		0,0040	0,0040
^{238}U avec ^{234}Th ^{234}Pa ^{234}U (équilibre)		0,0096	0,0096
^{232}Th		0,0072	0,0072
Radionucléides naturels secondaires			
Famille de ^{238}U :			
^{230}Th		0,0074	0,0074
^{226}Ra	0,08	0,0083	0,0883
^{222}Rn et produits de filiation à vie		0,55	0,55
courte		0,0013	0,0013
^{210}Pb – ^{210}Po			
Famille de ^{232}Th :			
^{228}Ra – ^{224}Ra	0,12	0,021	0,14
^{222}Rn et produits de filiation		0,15	0,15
Radionucléides d'origine cosmique			
^{3}H ^{7}Be ^{14}C ^{22}Na		0,008	0,008
Rayonnements cosmiques (au niveau de la mer)	0,30		0,30
Total par colonne	**0,62**	**≈ 0,94**	**≈ 1,56**

radiologique (CIPR). La relation linéaire sans seuil de la CIPR suppose qu'une dose de 1 mSv entraînera 50 cancers mortels en excès dans une population d'un million de personnes (à titre de référence, il y a un total de 200 000 cancers pour la même population). Comme on l'a vu plus haut, les études épidémiologiques qui fondent la relation dose-effet de la CIPR ont une base statistique encore relativement faible, en tous cas très insuffisante pour évaluer correctement l'effet des faibles doses. L'hypothèse de linéarité est surtout le reflet de l'ignorance actuelle ; elle a le mérite de la simplicité. L'absence de seuil supposée par la CIPR a des implications sociales non négligeables. La première conséquence est que, par hypothèse, le risque nul n'existe pas. Dans ces conditions, sur quel critère le législateur juge-t-il qu'une dose est acceptable ? Il s'agit d'abord de distribuer équitablement le risque et d'optimiser l'allocation des ressources de protection. C'est le principe ALARA (*As Low As Reasonably Achievable*, c'est-à-dire qu'on cherche à maintenir le risque aussi bas qu'il est raisonnablement possible, compte tenu des considérations économiques et sociales).

3.2. La réglementation française

La réglementation française spécifie les doses acceptables :

- < 50 mSv/an pour les travailleurs,
- < 5 mSv/an pour le public,
- < 1 Sv sur la vie entière.

On assiste actuellement à un abaissement régulier des limites réglementaires. La future limite réglementaire d'exposition (directive européenne recommandée par la CIPR [5]) ajoute une autre limite à 100 mSv en 5 ans pour les travailleurs, et abaisse à 1 mSv/an l'exposition acceptable pour le public, pour toute exposition résultant de l'activité humaine ou d'une variation notable de la radioactivité naturelle. Elle est inférieure à l'exposition naturelle typique, qui est de quelques millisieverts par an. Il faut noter que cet abaissement des normes ne fait pas l'unanimité, et que contrairement à la CIPR, l'Académie des Sciences recommande le statu quo sur les seuils existants tant qu'on n'en saura pas plus sur les effets des faibles doses. Les limites réglementaires remonteront-elles, si des progrès scientifiques futurs autorisent la chose ?

4. La toxicité relative de quelques radioéléments

On se focalisera ici sur quelques radioéléments susceptibles d'atteindre l'homme en situation naturelle ou accidentelle. Il s'agit des isotopes de l'iode, du césium, du strontium, du tritium, de l'américium, du plutonium, de l'uranium, et du radium et de ses descendants.

4.1. L'iode à vie courte ^{131}I

Issu principalement des accidents de réacteurs nucléaires, il joue un rôle important dans les situations graves (l'accident de Windscale a libéré 1 200 TBq d'iode 131, celui de Tchernobyl 300 000 TBq). Bien assimilé et rapidement transféré chez l'homme, il s'accumule dans la thyroïde, risquant de causer un cancer de cet organe. Il atteint les individus par la voie respiratoire, mais surtout par la voie alimentaire, car on le retrouve dans le lait et dans les légumes verts. Peu retenu dans le sol, il passe facilement dans les eaux. Sa durée de séjour dans l'organisme est de 60 à 80 jours, mais il disparaît avant en raison de sa courte période (8 jours). Les cancers de la thyroïde enregistrés chez les enfants de Biélorussie sont en net excès suite à l'accident de Tchernobyl, en 1986, plus particulièrement dans la région de Gomel, dont on sait par ailleurs qu'elle a été la plus contaminée en iode (tableau 3.6). En France, on estime qu'en cas de fusion du cœur, le combustible libérerait 2 à 3 % des isotopes de l'iode. Les systèmes de confinement limiteraient les rejets potentiels à moins de 1 % (soit 240 000 TBq) de l'inventaire du cœur pour les accidents les plus graves, contribuant dans un rayon de 10 km pour 92 % de la dose à la thyroïde et 55 % de la dose efficace reçue par les populations. Le remède pour contrer les effets radiotoxiques de l'iode 131 est l'administration d'iode stable, sous forme d'iodure de potassium.

Cet iode stable sature la thyroïde, qui ne fixe plus l'isotope radioactif. Pour être efficace, l'administration d'iode stable doit se faire très peu de temps après l'exposition à l'iode radioactif (quelques heures).

Tableau 3.6 : Incidence du cancer de la thyroïde chez les enfants de Biélorussie.

Région	1986	1987	1988	1989	1990	1991	1992	1993	Total
Brest-Litovsk	0	0	1	1	7	5	17	24	55
Vitebsk	0	0	0	0	1	3	2	0	6
Gomel	1	2	1	3	14	44	34	36	135
Grodno	1	1	1	2	0	2	4	3	14
Minsk	0	1	1	1	1	1	4	3	12
Mogilev	0	0	0	0	2	2	1	7	12
Minsk (ville)	0	0	1	0	4	2	4	6	17
Total	2	4	5	7	29	59	66	79	251

4.2. L'iode à vie longue ^{129}I

Son rôle est secondaire en situation accidentelle car sa durée de vie extrêmement longue lui donne une radioactivité spécifique très faible. En revanche, c'est un déchet nucléaire important à cause de sa longue durée de vie et de sa grande mobilité. Sa radiotoxicité a peut-être été surévaluée, par l'absence de prise en compte d'un phénomène physiologique : l'iode est fixé dans l'organisme au niveau de la thyroïde, qui en contient 12 mg. Tout excès est éliminé. La radioactivité de cet iode est si faible que, même si tout l'iode de la thyroïde était en permanence de l'iode 129, l'activité serait de 87 000 Bq et la dose annuelle ne serait que de 10 mSv.

4.3. Le césium

Le césium 137 est un déchet nucléaire important, avec une période 30 ans. Il prédomine, avec l'iode 131, dans les accidents de réacteur. L'accident de Tchernobyl a libéré 5×10^{16} Bq de césium, dont 60 % de ^{137}Cs. Peu mobile dans la géosphère, le césium est bien fixé par les argiles. Il est facilement transféré à l'homme par les productions végétales et animales. Il se répartit dans les masses musculaires, et sa période biologique est voisine de 100 jours.

4.4. Le strontium

Le strontium 90 est un produit de fission, dont la période est de 30 ans. Il accompagne le césium 137 dans les accidents de réacteur (l'accident de Tchernobyl a libéré 5×10^{15} Bq de strontium). Il expose les individus essentiellement par la voie alimentaire. Bien transféré à l'homme par les productions végétales et animales (lait), il se répartit dans le squelette, causant des risques de cancer des os. Sa période biologique est voisine de 2 500 jours.

4.5. Les émetteurs α artificiels

Les émetteurs α artificiels les plus importants sont l'américium 241 et les isotopes 238, 239, 240 du plutonium. Ils migrent peu dans la géosphère, et sont mal transférés à la biosphère. Chez l'homme, la fraction assimilée se fixe surtout sur le squelette.

4.6. L'uranium et le radium

Émetteurs α naturels, l'uranium et le radium, qui se rencontrent surtout sous forme de déchets (particulièrement dans les résidus miniers), sont peu impliqués en situation accidentelle. Vu la très longue période radioactive des principaux isotopes 235 et 238 de l'uranium (de l'ordre du milliard d'années), la nocivité de ces derniers est chimique et non radioactive. La mobilité de l'uranium dans la géosphère est faible, et celle du radium l'est plus encore.

4.7. Le radon

Émetteur α, le radon 222 est issu de la désintégration radioactive du radium 226. Émanant naturellement des roches uranifères et des déchets miniers en général, il n'est pas très radiotoxique par lui-même, car ce gaz inerte ne se fixe pas dans l'organisme. Ce sont ses descendants, comme lui émetteurs α qui le sont. Le radon a tendance à s'accumuler en atmosphère confinée, ce qui le rend susceptible d'atteindre les mineurs (dans les mines) et le public (dans les habitations). Il est radiotoxique par inhalation, et peut être responsable de cancers du poumon. Cette responsabilité est statistiquement prouvée chez des mineurs fortement exposés. L'impact sanitaire du radon sur le public est beaucoup moins clair, et relève de la problématique des faibles doses. Les populations exposées à des doses significatives sont très nombreuses, ce qui devrait permettre de mener des études épidémiologiques sur des bases statistiques larges. C'est peut-être par le radon que l'étude des faibles doses radioactives pourra progresser à moyen terme. Selon certaines estimations (controversées), le radon serait responsable de plusieurs milliers de cancers du poumon par an en France. L'importance de cofacteurs comme le tabac est forte, ce qui complique encore le tableau. Même si les incertitudes sont grandes, l'importance de l'enjeu sanitaire « radon » justifie des mesures de prévention. Il existe des moyens relativement simples et économiques pour réduire fortement les concentrations de radon dans les maisons.

4.8. Le tritium

Le tritium est un produit d'activation de période 12 ans, issu des usines de retraitement, ou des établissements militaires. C'est un élément de très faible radiotoxicité, car il n'émet qu'un rayonnement β de très faible énergie (18 keV maximum, avec un parcours dans la matière de l'ordre de quelques microns). Initialement sous forme de gaz, il peut entrer plus ou moins vite dans la composition de molécules d'eau et donner de l'eau tritiée. Il suit alors le cycle de l'eau dans la biosphère. Le tritium n'entraîne qu'une exposition interne. Il pénètre facilement dans l'organisme, qui l'élimine dans sa quasi-totalité en une dizaine de jours. En cas d'exposition au tritium, le remède consiste à boire pour accélérer l'élimination de l'eau tritiée.

5. La radioactivité, un risque que l'on sait évaluer

Nous avons donné un aperçu de la variété des concepts, d'unités de mesure, de comportements spécifiques des divers radionucléides qui jalonnent le champ complexe de la radioprotection. Retenons surtout qu'il existe une unité de mesure, le sievert, créée pour évaluer et comparer des atteintes radiologiques à l'organisme qui ne sont pas *a priori* comparables. Dans cette unité, les doses demandant une intervention médicale sont de l'ordre du sievert, comme d'ailleurs les doses utilisées en radiothérapie.

Les réglementations et les pratiques concernant la protection des travailleurs et du public s'expriment en millisieverts, ainsi que la dose annuelle due à la radioactivité naturelle. Les rayonnements radioactifs étant facilement décelables, y compris par des instruments portables, on peut aisément mettre en évidence dans la nature des radioactivités, naturelles ou non, à des doses se mesurant en millièmes de millisieverts. La fréquence et la facilité de la détection de tels événements ou points chauds (sable de Camargue, taches de césium dans le Mercantour, sanglier des Vosges…) font que leur place dans les médias est sans commune mesure avec les doses effectivement en cause.

Munis de cette gradation de risques, qui va de l'anodin au mortel, nous pouvons poursuivre notre premier contact avec la radioactivité en nous penchant sur l'histoire de son usage industriel majeur : l'électricité d'origine nucléaire, ou encore l'électronucléaire.

Bibliographie

[1] P. Galle, *Toxiques nucléaires*, Masson, 1982.

[2] H. Métivier, Cours de DEA, « Radioéléments, Radionucléides, Radiochimie », Orsay, 1996.

[3] C.L. Sanders, R. Kathren, *Ionizing radiation : tumorigenic and tumoricidal effects*, Battelle Press, 1983.

[4] M. Ponchet et H. Métivier, *Agriculture, Environnement et Nucléaire*, FNSEA-IPSN-CNIEL, collection IPSN, 1994.

[5] CIPR 60, *Recommandations 1990 de la Commission internationale de protection radiologique*, Pergamon Press, Oxford, 1990.

[6] B. Dutrillaux, « Peut-on savoir si un cancer est dû à la radioactivité », *La Recherche*, **308**, avril 1998.

[7] *Clefs CEA*, **34**, « La radioactivité », hiver 1996-1997.

[8] *Clefs CEA*, **43**, « Les rayonnements, l'ADN et la cellule », printemps 2000.

4 Une brève histoire de l'électronucléaire

Moins de dix ans séparent la découverte de la radioactivité artificielle et la divergence de la toute première pile atomique. Trois années de plus et la puissance destructrice des réactions en chaînes du cœur de l'atome anéantit les villes de Hiroshima et Nagasaki, causant plus de 200 000 morts. Quelques années encore et c'est toute une industrie, civile cette fois, qui voit le jour. Peu de découvertes en physique auront ouvert la voie à de tels développements en un laps de temps aussi court et auront produit un bilan aussi contrasté.

Le contexte politique qui entoure la découverte de la fission, couplé aux enjeux stratégiques et économiques, n'est évidemment pas étranger à la rapidité et à la brutalité avec lesquelles le nucléaire fit son entrée dans l'histoire. La singulière capacité de l'uranium à entretenir des réactions libératrices d'une énergie considérable prit un relief tout particulier en ces périodes de conflits, déclarés ou non.

Un demi-siècle plus tard, nos esprits restent marqués par des choix effectués pendant la Seconde Guerre mondiale et son prolongement « froid ». Même si elle n'a plus jamais été libérée à des fins de destruction massive, l'énergie nucléaire est toujours associée au champignon du même nom, dont l'image continue d'éclipser les progrès qu'elle permet dans de multiples autres domaines comme la biologie, la médecine, etc.

Pourtant, le développement industriel du nucléaire s'est assez vite écarté des voies suivies pour ses usages militaires. Nous allons ici rappeler les principaux jalons de ce demi-siècle de l'électronucléaire, en les replaçant dans leur contexte historique et en s'attachant à signaler les charnières importantes.

1. L'origine

1.1. De la recherche aux brevets

À la suite des Joliot-Curie au début de 1934, d'autres équipes de recherche tentèrent de créer de nouveaux noyaux radioactifs en variant matériaux, cibles et particules incidentes. Les protons souffraient pour cela d'un handicap : leur charge électrique positive imposait de leur fournir une énergie cinétique hors de portée des accélérateurs de l'époque pour leur faire franchir la barrière coulombienne.

Enrico Fermi, à l'Université de Rome, s'affranchit de cet obstacle en employant des particules non chargées, les neutrons, découverts peu d'années auparavant. En quelques mois, il parvint à créer une cinquantaine de nouveaux isotopes radioactifs, et constata qu'ils regagnaient le plus souvent une stabilité par radioactivité β. Dans ce cas, le neutron surnuméraire se transforme en un proton en émettant un électron et un neutrino, aussitôt expulsés du noyau : l'atome d'origine a été transmuté en l'élément de numéro atomique immédiatement supérieur.

C'est en tentant l'expérience sur des noyaux d'uranium ($Z = 92$), qui constitue l'élément naturel le plus lourd présent sur Terre, que la situation se compliqua : parmi les noyaux produits, certains ne pouvaient être identifiés aux éléments connus de Z proche de l'uranium. Fermi resta prudent sur ses résultats, mais la presse italienne de l'époque fit un écho exagéré à cette découverte, annonçant fièrement la production des premiers transuraniens.

La nouvelle fut rapidement contestée dans la communauté scientifique, mais il fallut plusieurs années pour parvenir à y voir clair dans les sous-produits de l'uranium irradié. La séparation des différents radioéléments et la mesure de leur période sont des opérations très délicates, encore compliquées par le fait que les quantités de matière formées étaient alors très faibles.

Ce n'est qu'à la toute fin de l'année 1938 qu'Otto Hahn et Fritz Strassmann, du Kaiser Wilhelm Institut de Berlin (l'ancêtre des actuels « Max Planck Instituten »), réalisèrent les expériences décisives montrant que, sous l'effet de l'absorption d'un neutron, certains noyaux d'uranium se brisent en deux, créant ainsi des éléments notablement plus légers que lui, comme le baryum ou le lanthane, de Z respectifs 56 et 57. Dès le mois de janvier 1939, en s'appuyant sur le modèle de la goutte liquide proposé par Niels Bohr quelques années auparavant, Lise Meitner, ancienne collaboratrice de Hahn et Strassmann réfugiée en Suède, et son neveu Otto Frisch, proposèrent une interprétation du phénomène et utilisèrent pour la première fois le terme de « fission nucléaire ».

Très vite, les principales caractéristiques de la fission furent identifiées : le rôle particulier de l'uranium 235, l'émission de neutrons associée, l'effet modérateur de l'eau (découvert par un collaborateur de Fermi qui constata que l'efficacité des neutrons augmentait lorsqu'ils étaient filtrés, et donc ralentis, par de l'eau). Assemblant le puzzle, Frédéric Joliot et son équipe du Collège de France déposèrent au mois de mai 1939 trois brevets concernant l'utilisation de l'énergie nucléaire : les deux premiers concernaient la production d'énergie, le troisième des « perfectionnements aux charges explosives ».

« L'atome » vient ainsi de changer de statut : de sujet d'études pour les seuls physiciens depuis le début du siècle, il devient soudain un enjeu stratégique et militaire majeur, et Frédéric Joliot ne s'y trompe pas. C'est à sa demande que, quelques mois plus tard, le gouvernement français fera le nécessaire pour mettre à l'abri des convoitises allemandes la totalité (185 kg) du stock d'eau lourde[27] disponible auprès du seul producteur mondial. Suite à la débâcle de juin 1940, des membres de son équipe du Collège de France emporteront à leur tour le précieux liquide en Angleterre ; c'est là et au Canada qu'ils poursuivront leurs recherches dans l'attente de temps moins troublés.

1.2. Le projet Manhattan

Avec le début de la guerre, la recherche nucléaire mondiale marque le pas. Crédits comme physiciens sont affectés à d'autres priorités. Rares sont ceux qui croient à la faisabilité d'une arme nucléaire utilisable : l'amorce d'une réaction en chaîne nécessiterait plusieurs tonnes d'uranium naturel, rendant l'engin à peu près intransportable. Durant l'été 1939, Albert Einstein, réfugié aux États-Unis depuis 1933, adresse néanmoins une lettre au président Roosevelt pour attirer son attention sur les découvertes récentes en physique nucléaire et l'existence probable d'un programme de recherche allemand sur le sujet.

Les États-Unis ne s'engageront pourtant sur la voie de la maîtrise de l'atome que dans le courant de l'année 1942, après leur entrée en guerre : sous le nom de code de « *Manhattan Engineering District* », les chercheurs américains, assistés de nombreux Européens en exil, se mettent au travail. Mené dans le plus grand secret, ce que l'on appelle bientôt le « projet Manhattan » conduira non seulement à « la bombe », mais ouvrira aussi la voie à toutes les applications industrielles ultérieures de l'atome.

Dès 1939, on savait donc que la fission de l'uranium résulte de l'absorption par les noyaux d'uranium 235 de neutrons « lents » (c'est-à-dire d'une énergie inférieure au MeV) et s'accompagne de l'émission de deux à trois neutrons qui, eux, sont rapides (au-delà du MeV) : sans un « modérateur » pour les ralentir, pas de nouvelle capture et pas de réaction en chaîne. Après, tout n'est qu'une question de dosage pour entretenir la réaction : si, en moyenne, une fission permet exactement une nouvelle capture, le phénomène est entretenu ; moins d'une capture et la réaction s'arrête d'elle-même ; plus d'une capture et elle s'emballe, et mieux vaut alors ne pas rester à proximité...

La vérification expérimentale de ces mécanismes n'a lieu qu'en décembre 1942, dans les sous-sols du stade de l'Université de Chicago. Enrico Fermi, immigré aux États-Unis depuis 1938, y réalise un empilement de briques d'uranium naturel et de graphite ; des barres de cadmium, enfoncées dans la structure, absorbent les neutrons excédentaires et permettent ainsi de contrôler la réaction. Empilant leurs briques de

---

[27] L'eau lourde, dans laquelle une forte proportion des atomes d'hydrogène sont remplacés par des atomes de deutérium, a la propriété de ralentir les neutrons par collisions élastiques, avec un pouvoir de capture inférieur à celui de l'eau « normale ». De ce fait, elle est utilisée comme modérateur dans certains types de réacteurs nucléaires. En 1940, les chercheurs la voient comme l'élément clé de tout programme atomique ; le seul producteur mondial en est alors une petite société norvégienne, Norsk-Hydro, à capitaux majoritairement français.

manière progressive, Fermi et son équipe atteignent une hauteur de 6 mètres avant d'observer pour la toute première fois une réaction en chaîne.

Peu de temps après, ils reproduisent cette même réaction en chaîne en remplaçant le graphite par de l'eau, ouvrant ainsi la porte aux premières filières industrielles de production d'énergie : l'eau sert à la fois de modérateur et de fluide caloporteur permettant d'alimenter des turbines électriques. Mais ces premières expériences s'inscrivent avant tout dans le cadre du projet Manhattan : la démonstration d'une réaction en chaîne contrôlée concrétise la promesse d'une réaction divergente, et permet de mieux comprendre les mécanismes fondamentaux mis en jeu.

Avant d'aller plus loin dans l'histoire et de nous recentrer sur l'électronucléaire, il nous faut faire ici une petite excursion hors de la chronologie pour préciser deux points essentiels de la filière nucléaire.

1.3. L'uranium 235 et l'enrichissement isotopique

On l'a vu, l'élément actif du combustible nucléaire est, au premier ordre, l'isotope 235 de l'uranium, seul capable de fissionner. La poursuite de la réaction en chaîne dépend ensuite de la présence d'un nombre suffisant d'autres noyaux d'uranium 235 à proximité. Or, l'uranium naturel, celui qu'on extrait des mines, n'en contient qu'environ 0,7 % : 1 atome sur 140, pas plus ! Et cette proportion est la même dans toutes les mines du monde (sauf à Oklo, mais c'est une autre histoire) : elle est uniquement fonction de l'âge de notre planète Terre et des périodes respectives des différents isotopes.

C'est sur cette base que l'on calculait en 1939 que la masse (dite critique) d'uranium nécessaire pour obtenir une réaction divergente était de plusieurs tonnes, voire plusieurs dizaines de tonnes. D'où les doutes concernant la faisabilité d'une arme véritablement utilisable, du moins jusqu'à ce que germe l'idée de retirer de cet uranium naturel une fraction des noyaux « inutiles » (l'uranium 238, essentiellement).

L'enrichissement isotopique de l'uranium constitue depuis l'un des éléments clés de tout programme nucléaire, en particulier militaire, et les diverses techniques pour y parvenir restent des domaines stratégiques, très surveillés sur le plan international. En pratique, les applications civiles utilisent un combustible enrichi à 3-4 % environ, et les applications militaires à plus de 90 %.

Les techniques actuelles d'enrichissement isotopique du combustible sont détaillées plus loin, mais au début des années 1940, la seule idée qui semble praticable consiste à profiter de la légère différence de masse (moins de 1,3 %) entre les deux noyaux 235 et 238, pour les séparer grâce à un champ magnétique, sur le principe du spectromètre de masse. Cette méthode, très sélective, nécessite une énorme dépense d'énergie pour produire des quantités de matière somme toute modestes.

C'est pourtant par cette méthode que les États-Unis produisirent les quelques kilogrammes d'uranium 235 nécessaires à la bombe d'Hiroshima, grâce aux « calutrons » d'Ernest Lawrence installés à Oak Ridge. C'est aussi la méthode remise au goût du jour voici quelques années par un dictateur du Proche-Orient dans ses tentatives pour se doter de l'arme nucléaire.

Longtemps après la Seconde Guerre mondiale, Russes et Américains sont restés seuls maîtres de la séparation isotopique, imposant au monde leurs vues sur le développement du nucléaire. La France fut l'un des premiers pays à vouloir s'émanciper de leur tutelle, ainsi que nous le verrons juste après avoir évoqué le cas d'un autre candidat à la fission.

1.4. Le plutonium et les applications militaires

Entre temps en effet, des équipes de chercheurs avaient continué à bombarder des noyaux d'uranium avec des neutrons. Et l'événement tant attendu finit bien par se produire : début 1940, des équipes du laboratoire de Lawrence, à l'université de Berkeley, réussissent à synthétiser (et surtout à identifier) les éléments chimiques de numéro atomique 93 et 94. Ces nouveaux corps furent baptisés respectivement neptunium et plutonium, du nom des planètes se trouvant au-delà d'Uranus, aux confins de notre système solaire (Pluton est également le dieu romain des enfers...).

Très vite, bien plus que son immédiat devancier, le plutonium a éveillé l'intérêt : l'un de ses isotopes, le plutonium 239, est fissile, tout comme l'uranium 235. Mieux encore, il est beaucoup plus « efficace » que l'uranium, au sens où sa masse critique est trois fois moindre que celle de l'uranium 235. Et l'on découvrira bientôt qu'en plus, il se fabrique sans peine, presque tout seul, dans un réacteur à uranium du type de celui de Fermi !

Ces caractéristiques l'amèneront à jouer un rôle clé dans le cadre du projet Manhattan : en juillet 1945, c'est du plutonium qui est employé pour le tout premier test d'une arme nucléaire, l'essai « Trinity », dans le désert du Nouveau Mexique, moins d'un mois avant son utilisation à Nagasaki.

Enfin signalons que le plutonium est également un puissant toxique, à la fois chimique et radiologique, et que ses différents isotopes (240 et 241), sous-produits en général involontaires de tous les types de réacteurs nucléaires, agissent comme des pièges à neutrons et dégradent petit à petit l'efficacité d'un combustible. Bref, le plutonium constitue un poison, dans presque tous les sens du terme...

2. Le développement

2.1. Les débuts

Retrouvons le cours de l'histoire de l'électronucléaire avec le plutonium, justement : une fois connues ses capacités à fissionner, il devient lui aussi candidat à la production d'énergie électrique, et les États-Unis en disposent de réserves conséquentes après-guerre. Dès 1946, l'expérience de Fermi est rééditée avec du plutonium cette fois, dans une pile baptisée « Clementine ». L'essai, concluant, mènera quelques années plus tard à la construction du tout premier réacteur de production d'électricité au monde, EBR 1. D'une puissance de 100 kW, il fut couplé au réseau en 1951 et fonctionna pendant une douzaine d'années.

Cependant, les réacteurs à base de plutonium n'iront pas beaucoup plus loin : à ce jour, à quelques rares et marquantes exceptions près, l'uranium l'a supplanté pour toutes les applications civiles. Entre-temps, en effet, les techniques de séparation isotopique de l'uranium ont grandement progressé : vers la fin de la guerre, la diffusion gazeuse permettait déjà de produire des quantités industrielles de combustible.

Aussi, quand en 1954 les États-Unis décident de lancer une évaluation des différentes technologies possibles pour des réacteurs de production, une seule des quatre unités expérimentales construites fera appel au plutonium. La suite n'est plus de l'histoire, mais la chronologie ordinaire d'un développement industriel, avec le perfectionnement des technologies, la multiplication des unités construites et des records de puissance sans cesse battus. Plutôt que de proposer une fastidieuse énumération, profitons de l'occasion pour revenir de notre côté de l'Atlantique.

2.2. Retour sur le vieux continent

Au sortir de la guerre, les États-Unis sont donc seuls maîtres de l'atome. Le programme Manhattan s'est déroulé dans le secret le plus total et un climat de défiance, même à l'égard des alliés. La découverte du plutonium, par exemple, n'a fait l'objet d'une publication scientifique qu'en 1946 ! Si le Canada et le Royaume-Uni bénéficient assez vite d'une aide des États-Unis (allant du partage d'informations clés jusqu'à la fourniture de produits fissiles), il n'en va pas de même pour le reste du monde, qui reste soumis à un embargo total.

Pourtant, cela n'empêche pas l'Union soviétique de faire diverger sa première pile dès la fin de 1946, révélant ainsi l'existence d'un programme de recherches nucléaires lancé discrètement par Staline dans les années 1930. Il est vrai que le déblocage par ce dernier de crédits illimités après Hiroshima et Nagasaki n'est pas pour rien dans ces résultats rapides, tout comme les informations fournies à la fois par des espions infiltrés dans le projet Manhattan et par les quelques scientifiques « récupérés » en Allemagne. Trois ans plus tard, l'URSS dispose à son tour de l'arme atomique, puis de sa première usine de production d'électricité en 1954.

2.3. Le Commissariat à l'énergie atomique

Du côté français, en revanche, la situation est plus difficile : après avoir ouvert la voie dans les années 1930, l'ancienne équipe du Collège de France, éparpillée pendant la guerre entre l'Angleterre et le Canada, a été tenue à l'écart des informations sensibles.

Dès la fin de la guerre, le général de Gaulle s'inquiète de doter la France d'un organisme de recherche propre à lui garantir, à terme, l'accès à une énergie bon marché, et, potentiellement, à l'arme nucléaire. En octobre 1945, il crée le Commissariat à l'Énergie Atomique, dont Frédéric Joliot sera le premier « Haut Commissaire ».

La première pile française diverge fin 1948 au fort de Châtillon, près de Paris : à l'instar de sa grande sœur de Chicago, Zoé (pour puissance Zéro, Oxyde d'uranium, Eau lourde) fonctionne à l'uranium naturel, mais utilise l'eau lourde (toujours d'origine norvégienne) à la fois comme modérateur et comme refroidisseur. Par la suite, le CEA construira plusieurs autres réacteurs, à Saclay à quelques kilomètres de Zoé, et à Marcoule dans la vallée du Rhône.

Il n'est aucunement question à cette époque de recherches en vue d'obtenir une arme nucléaire : Frédéric Joliot, qui avait rejoint les rangs communistes pendant la résistance, s'oppose de tout son poids à des recherches permettant de fabriquer une arme qui pourrait être dirigée contre l'URSS. Les réacteurs plutonigènes construits par le CEA ne visent donc que la recherche fondamentale et la production d'électricité.

Dans cette période, le nucléaire français bute surtout sur le problème du combustible. Sans capacité propre de séparation isotopique, les chercheurs du CEA doivent se tourner vers leurs collègues américains pour se procurer le précieux uranium enrichi. Or, ceux-ci ne sont pas pressés de voir apparaître de nouveaux concurrents dans la course à l'énergie nucléaire ; à peine quelques dizaines de kilogrammes seront finalement fournis, au bout de longues années, et sous réserve d'une utilisation purement civile, soumise à un contrôle des plus stricts.

L'épisode suivant qui concerne les sous-marins nucléaires illustre bien l'irritation croissante des Français vis-à-vis de leurs alliés.

2.4. Le cas des sous-marins

Dès 1948, un commandant de l'US Navy pressent l'intérêt de réacteurs nucléaires pour la propulsion navale : libéré de la contrainte de faire surface pour évacuer ses gaz d'échappement, un sous-marin nucléaire disposerait d'une autonomie considérable. Les études, confiées à la société Westinghouse, aboutissent en 1953 à un premier prototype de moteur, et à un engin opérationnel fin 1954 (le *Nautilus*).

Ne voulant pas être en reste, la France se lance dans le développement d'un sous-marin nucléaire en 1955. La seule technologie possible reste le réacteur à uranium naturel et eau lourde, dont le seul défaut est… l'encombrement. Après des années de déboires, le programme est finalement abandonné en 1958, et le sous-marin pourvu de chaudières classiques.

Entre-temps, cependant, la situation internationale a évolué, et l'énergie nucléaire, une nouvelle fois, se retrouve sur le devant de la scène.

2.5. L'indépendance

Fin octobre 1956, la France et l'Angleterre interviennent militairement pour protéger leurs intérêts financiers dans le canal de Suez. Pendant cette crise qui ne dura qu'une petite semaine, Américains et surtout Soviétiques ne se privèrent pas de brandir la menace de l'arme atomique pour faire fléchir les deux alliés.

L'épisode donna beaucoup à réfléchir, en particulier en France qui n'était pas pourvue de « la bombe », contrairement aux Anglais. Le monde apparaissait alors comme divisé entre « États qui ont la bombe atomique et qui ne l'utiliseront pas entre eux » et « États qui ne l'ont pas et qui seront des champs de bataille », selon les mots d'un général de l'époque.

L'arme nucléaire devient donc brusquement la clé de l'indépendance de la France par rapport à ses alliés, et son moyen d'exister sur la scène internationale. Les principales décisions engageant la France en direction du nucléaire militaire semblent trouver leur origine dans cette « crise de Suez » : fin novembre, signature d'un protocole Armées-CEA, et mars 1957 décision de construire à Pierrelatte une usine de séparation isotopique d'uranium à usage militaire. Cette même année, le CEA ouvre, en secret et dans des endroits discrets, de nouveaux centres de recherche. La bombe française explosera pour la première fois en février 1960, dans le désert algérien.

Avec plus de 15 ans de retard sur ses alliés, la France s'engage donc dans un véritable programme nucléaire, civil et militaire.

3. L'ère industrielle

3.1. Les différentes filières

Avant d'esquisser l'époque moderne, il nous faut faire le point sur les différentes manières de produire de l'énergie électrique grâce à la fission. En résumé, les principaux ingrédients pour un réacteur nucléaire sont :

- le combustible, élément actif du réacteur : uranium naturel ou oxyde d'uranium enrichi, voire plutonium ;
- le modérateur, qui ralentit les neutrons pour favoriser leur capture par les noyaux d'uranium 235 : eau lourde, graphite… ;
- le caloporteur, qui évacue l'énergie thermique produite : eau, liquide ou non, sodium…

Nous ne citerons ici que les solutions qui ont été employées : il existe de nombreuses autres possibilités à explorer, comme on le verra dans les chapitres ultérieurs.

Les diverses manières de combiner ces éléments conduisent à différentes solutions technologiques pour les réacteurs. On parle de « filières » qui sont, par ordre chronologique d'apparition :

- les réacteurs gaz-graphite : le combustible peut être de l'uranium naturel (UNGG) ou enrichi (*advanced gas cooled*, AGR, ou *high temperature reactor*, HTR). Le caloporteur est en général du CO_2, ou de l'hélium pour les HTR. Le graphite est le modérateur ;
- les réacteurs à eau lourde PHWR (*pressurized heavy water reactor*) : le combustible est de l'oxyde d'uranium naturel ou enrichi, l'eau lourde agit à la fois comme modérateur et caloporteur ;
- les réacteurs à eau ordinaire : le combustible est de l'oxyde d'uranium enrichi ou du MOX, mélange d'oxydes d'uranium et de plutonium ; l'eau ordinaire, qui peut être bouillante (BWR) ou sous pression (PWR, ou REP en français...) sert ici aussi de modérateur et de caloporteur ;
- les réacteurs à neutrons rapides, RNR (ou surgénérateurs, ou *breeders*) ont pour caractéristique de tirer parti des neutrons rapides pour transformer l'uranium 238 de l'uranium naturel en plutonium et de faire fissionner celui-ci. Le principal combustible est donc le plutonium. Il n'y a plus de modérateur, et le caloporteur est un fluide que l'on veut le moins absorbant possible vis-à-vis des neutrons, du sodium par exemple ;
- les réacteurs à fusion : cette voie de recherche qui consiste, au lieu de casser de gros noyaux, à tenter d'en rassembler des petits est citée ici pour mémoire. Aussi curieux que cela puisse paraître, le résultat est beaucoup plus efficace que dans le cas de la fission, du moins si l'on y arrive car c'est bien là que se situe la difficulté.

3.2. Le déploiement industriel

Entre les années 1950 et les années 1960, ces différentes filières sont expérimentées, évaluées, améliorées... La Suède, le Japon, Israël d'abord puis la Chine, l'Allemagne, l'Inde... se joignent, souvent avec l'aide des États-Unis, au groupe des nations qui maîtrisent l'atome dans ses applications civiles ; tout en lorgnant parfois aussi vers ses usages militaires.

Le nucléaire est devenu un marché, avec ses grands groupes industriels : ceux qui construisent les réacteurs d'abord, dont la fabrication requiert différentes spécialités pointues, et ceux qui œuvrent dans toute la partie uranium ensuite, depuis son extraction de la mine jusqu'au combustible, puis à son traitement une fois usé. Westinghouse ou General Electric aux États-Unis, Siemens, Rolls-Royce, Framatome en Europe sont quelques-uns des grands acteurs du secteur, et la compétition est rude pour conquérir des parts de marché dans les pays qui n'ont pas développé de capacités propres dans le domaine.

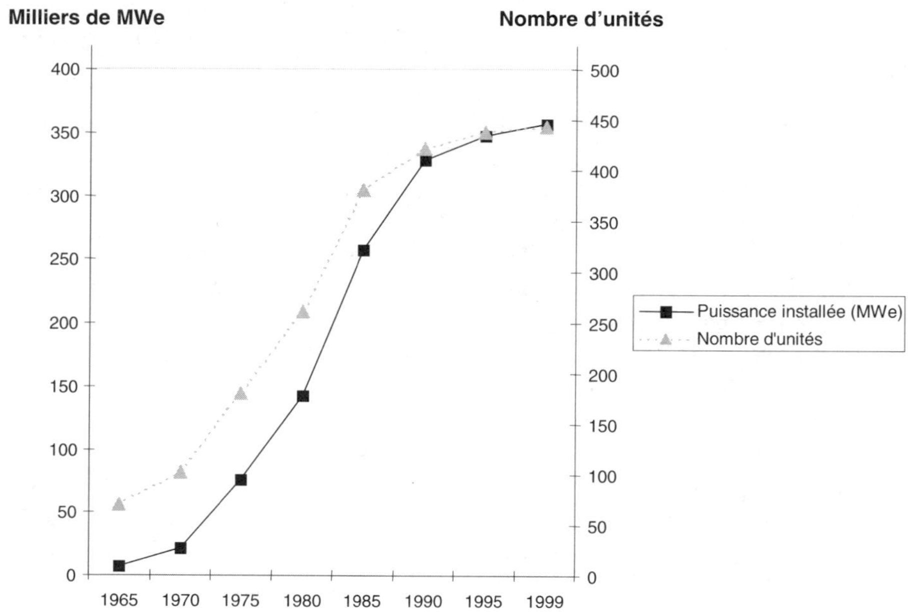

Figure 4.1. Évolution du nombre d'unité de production et de la puissance installée. Il faut entre 5 et 10 ans pour construire un réacteur : la majorité du parc électronucléaire français actuel a été décidé dans les années 1970.

En 1973, suite à la guerre du Kippour, un certain nombre de pays arabes décident, par mesure de représailles, de doubler le prix du pétrole. C'est le premier choc pétrolier, qui sera suivi d'un second en 1979 : au total, en à peine 10 ans, le prix du pétrole décuple, provoquant au passage une profonde récession économique à l'échelle mondiale.

C'est l'époque des économies d'énergies (la « chasse au gaspi ») et de la recherche d'une diversification des sources d'énergie et d'approvisionnement en matières premières. Dans ce contexte, l'électronucléaire constitue aux yeux de beaucoup « la » bonne idée. Le nombre d'unités dont la construction fut décidée suite aux chocs pétroliers est impressionnant (figure 4.1).

À tel point d'ailleurs que, sans doute échaudés par l'exemple du pétrole, les industriels du nucléaire commencent à se poser des questions sur les réserves mondiales d'uranium, et sur les pays qui les contrôlent. Or, les perspectives ne sont pas des plus réjouissantes : comme l'on ne tire vraiment parti que des 0,7 % d'uranium 238 dans le minerai, le stock mondial est alors évalué comme tout juste suffisant pour une cinquantaine d'années environ. Si l'on souhaite faire durer ces réserves, la seule solution consiste à exploiter également les noyaux d'uranium 238.

Pour cela, le principe de la méthode consiste à favoriser la capture des neutrons par les noyaux d'uranium 238 pour les transmuter en noyaux fissiles de plutonium 239. Ce sont les neutrons rapides qui permettent cette réaction, et il faut donc éviter tout ralentissement ou capture. Dès lors, le fluide de refroidissement ne peut plus être de l'eau ou du CO_2 ; reste l'hélium, complexe à utiliser, ou les métaux liquides. C'est ainsi que tous les RNR construits ont fait appel à du sodium comme fluide de refroidissement, depuis EBR 1, que nous avons déjà croisé, jusqu'à Phénix, le tout nouveau réacteur de recherche que la France met justement en service en août 1973.

Si cette technologie permet en principe de faire durer les réserves d'uranium quelques milliers d'années de plus, elle n'est pas exempte de difficultés qui lui sont propres. Le sodium, tout d'abord, est tout sauf un métal docile : il explose en présence d'eau et s'enflamme spontanément à l'air, de sorte que l'extinction d'un feu de sodium est une affaire délicate. De plus, un RNR, par essence, produit (mais aussi consomme) du plutonium 239 et ce, à de très fortes concentrations : c'est donc une filière potentiellement proliférante. Enfin, les réacteurs à neutrons rapides sont plus délicats à piloter que les REP.

Évaluant ces inconvénients à l'aune de son indépendance énergétique, la France s'engage plus avant dans cette filière, et décide en 1976 la construction d'un prototype industriel de 1 200 MW, Superphénix, opérationnel à partir de 1986 mais finalement arrêté en 1998.

Enfin, après avoir porté les espoirs de plusieurs générations, le nucléaire dans son ensemble se trouve mis en cause. Plus grande transparence, traitement des déchets à vie longue sont quelques-unes des questions auxquelles doit faire face l'ensemble de la filière. Tout cela sur fond d'une demande croissante en énergie et d'inquiétudes nouvelles concernant l'effet de serre d'origine anthropique.

Bibliographie

[1] J. Colomer, *100 ans de nucléaire, Repères chronologiques de l'histoire du nucléaire, 1896-1995*, CEA, 1998.

[2] R. Dautray, *50 ans de nucléaire dans le monde*, La vie des sciences, Paris, 1993.

[3] *Informations utiles, Mémento sur l'énergie*, Élecnuc, CEA, 2000.

[4] H. Graetzer, D. Anderson, *The Discovery of Nuclear Fission*, Van Nostrand Reinhold, New York, 1971.

[5] S. Atkins, *Historical Encyclopedia of Atomic Energy*, Greenwood Press, Westport, 2000.

[6] M. Rival, *Robert Oppenheimer*, Flammarion, 1995.

[7] J. Leclercq, *L'ère nucléaire*, Hachette, 1986.

5 Aspects économiques de l'énergie nucléaire

La production d'énergie est concentrée dans une petite partie de notre planète. En 1999, 54,1 % de l'énergie mondiale a été produite dans les pays de l'OCDE (Organisation pour la coopération et le développement économique), qui regroupe vingt-neuf des pays les plus industrialisés qui comptent environ 1 milliard de personnes, soit 17 % de la population mondiale. Le nucléaire ne représente que 6,7 % de l'énergie primaire totale consommée dans le monde, et 16 % de la production d'énergie électrique.

L'étude des aspects économiques de la production d'énergie implique l'examen de plusieurs facteurs : prévisions des croissances économique et sociale, estimation des réserves disponibles, prix des combustibles. Tous ces aspects dépendent fortement de la situation politique mondiale. Par ailleurs, les aspects environnementaux revêtent un rôle de plus en plus important au sein des opinions publiques des pays développés, de sorte que des compromis doivent être trouvés pour assurer, d'une part la capacité de répondre à la croissance de la demande, d'autre part le respect des opinions majoritaires. Le développement de nombreux pays implique l'augmentation de la production d'énergie. Il en résulte une augmentation de la pollution qui pourrait se révéler dramatique pour le climat et l'environnement. Des rencontres internationales s'organisent pour limiter cette pollution, tout en respectant le droit au développement économique de chaque région. La disponibilité limitée de combustibles fossiles et les émissions croissantes de dioxyde de carbone rendent indispensable l'étude de sources d'énergie alternatives permettant un développement mondial plus homogène et un impact plus faible sur l'environnement.

Dans ce chapitre, nous discuterons les taux de production, les besoins futurs d'énergie dans le monde et les émissions mondiales de dioxyde de carbone, puis nous aborderons les aspects économiques directement liés à l'énergie nucléaire. Des estimations sur le coût de référence de la production électrique en France seront présentées pour les différentes sources utilisées.

1. Production et demande mondiale d'énergie

Depuis le XIXe siècle, la consommation mondiale d'énergie ne cesse d'augmenter. Comme le montre la figure 5.1, on peut retenir trois périodes : le début de la révolution industrielle, de 1800 à 1850, puis la période 1850-1950, enfin la deuxième moitié du

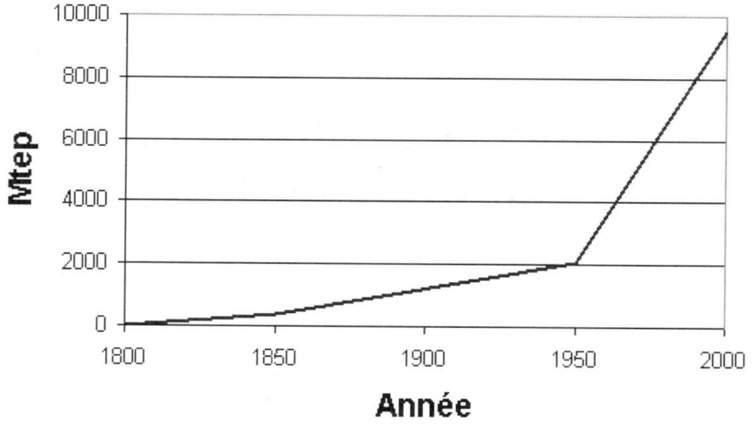

Figure 5.1. Évolution de la consommation mondiale d'énergie de 1800 à 1999 en millions de tonnes équivalentes de pétrole (Mtep).

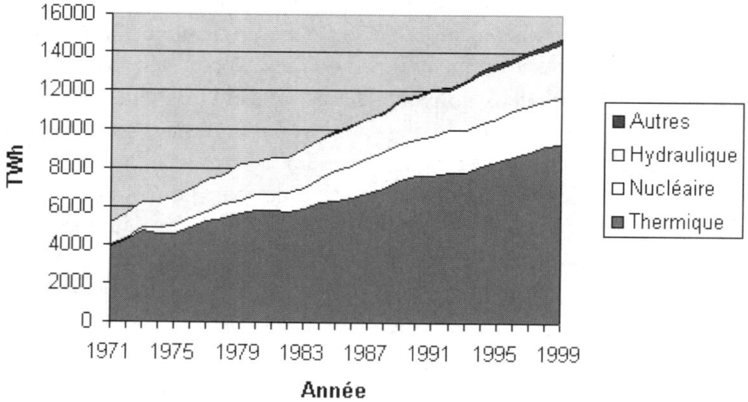

Figure 5.2. Consommation mondiale d'énergie électrique entre 1971 et 1999 en TWh.

XXe siècle. Cette dernière période a été caractérisée par une augmentation très marquée de la demande, qui a été associée dans les années 1970 à la première crise pétrolière. Cette crise coïncide avec le développement massif de l'énergie nucléaire pour la production d'électricité, souvent considéré en France comme le meilleur moyen de garantir l'indépendance énergétique du pays et de se mettre ainsi à l'abri des changements économiques et politiques dans le monde.

Dans les trente dernières années, la consommation mondiale d'énergie a presque doublé. Elle est passée d'environ 5 000 Mtep (millions de tonnes équivalentes de pétrole) en 1968 à 9 702 Mtep en 1999. Dans la même période, la consommation d'énergie électrique a pratiquement triplé comme le montre la figure 5.2 [1].

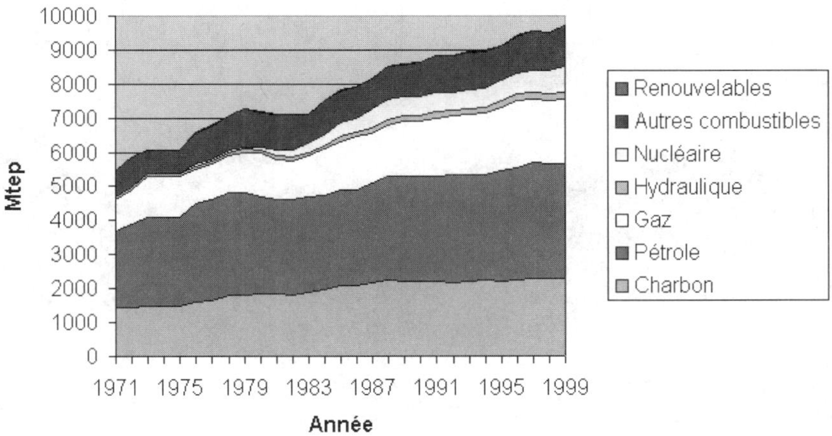

Figure 5.3. Production d'énergie primaire dans le monde de 1971 à 1999 en Mtep.

L'augmentation constante de consommation d'énergie primaire est visible sur la figure 5.3 [1], qui présente la production totale d'énergie dans le monde entre 1971 et 1999.

La plus grande partie de cette énergie a été obtenue en 1999 par combustion de combustibles fossiles comme le pétrole (41,3 %), le charbon (20,3 %) et le gaz naturel (21,1 %). L'énergie produite par le nucléaire et l'hydraulique est limitée à la seule électricité tandis que, pour les autres sources, plusieurs sortes d'énergies produites sont prises en compte. Cette répartition est visible sur la partie droite de la figure 5.4 [1]. On peut la comparer à celle qui prévalait en 1973 quand la production totale était seulement de 6 043 Mtep.

Nous pouvons remarquer le changement significatif dans les pourcentages d'utilisation du pétrole et du nucléaire, dû aux choix de politique énergétique faits par les pays développés à la suite de la première crise pétrolière.

Il est aussi intéressant d'étudier la consommation d'énergie, toujours entre 1971 et 1999, pour les différentes régions du monde. Sur la figure 5.5 [1], nous remarquons que la consommation a augmenté dans tous les pays du monde, à l'exception des pays de l'ancien bloc soviétique. Plus de la moitié de la production énergétique concerne des pays appartenant à l'OCDE. Une forte augmentation a été enregistrée pour la Chine, et de manière générale pour les pays asiatiques, tandis que la progression de l'Afrique est encore très modeste. Les pays asiatiques comme la Chine, la Corée ou le Japon, sont à présent les seuls qui fassent des investissements significatifs dans le domaine du nucléaire civil.

Les prévisions de consommation d'énergie pour les vingt prochaines années sont très incertaines. La croissance exponentielle de la demande va-t-elle se poursuivre,

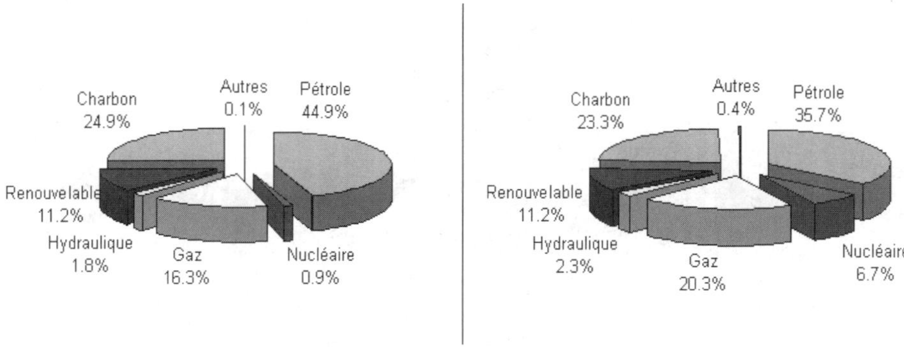

Figure 5.4. Sources mondiales d'énergie de production mondiale en 1973 (6 043 Mtep) à gauche et en 1999 (9 702 Mtep) à droite.

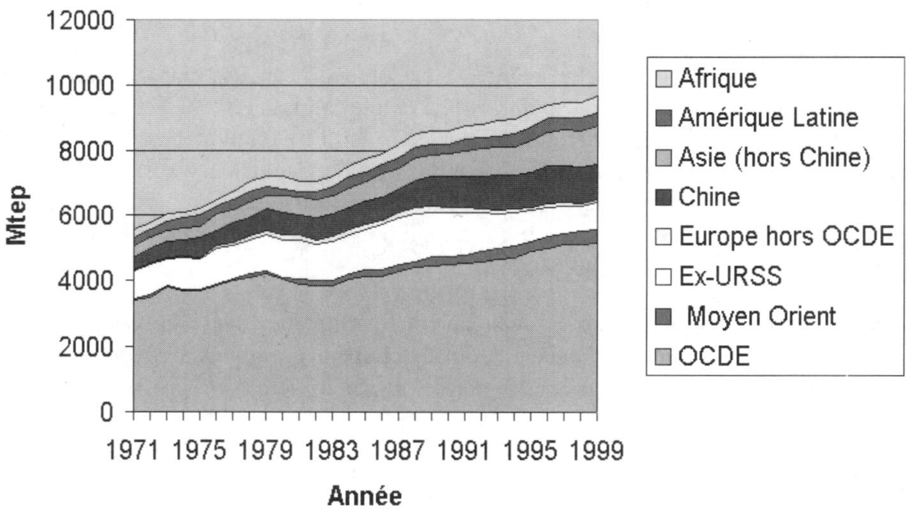

Figure 5.5. Production d'énergie dans les différentes régions du monde de 1971 à 1999.

conduisant à 17 200 Mtep en 2020 ? Doit-on plutôt envisager des extrapolations quasi linéaires, aboutissant à une demande de 11 200 Mtep en 2020 ? Ces différences, qui sont très conséquentes, sont liées à notre difficulté à prévoir le développement socio-économique du monde à long terme.

Sur le tableau 5.1, nous reportons les estimations à moyen terme publiées par l'Agence internationale pour l'énergie en 2000 [2]. Elles se fondent sur un « scénario de référence » basé sur les hypothèses suivantes :

- la croissance de l'économie mondiale sera en moyenne de 3,1 % par an jusqu'en 2020 ;
- les taux de croissance de la population mondiale sont ceux évalués par l'ONU, qui indique un incrément de 0,3 % par an pour les pays de l'OCDE et de 1,3 % par an pour les pays en voie de développement jusqu'en 2020. La population attendue pour 2020 est de 7,4 milliards d'habitants ;
- les prix des combustibles fossiles ne subiront que des variations faibles en monnaie présente.

Tableau 5.1 : Demande d'énergie et prévisions futures pour 2010 et 2020 d'après le « scénario de référence » de l'OCDE/IEA [2].

	Production réelle		Scénario de référence	
	1971	1997	2010	2020
Énergie primaire (Mtep)	5 012	8 743	11 390	13 710
Combustibles solides	1 446	2 255	2 820	3 350
Pétrole	2 461	3 541	4 589	5 494
Gaz	900	1 911	2 724	3 551
Nucléaire	29	624	690	617
Hydraulique	104	221	287	336
Renouvelables	72	189	279	361
Production électrique (TWh)	5 224	13 949	19 989	25 881
Combustibles solides	2 103	5 337	7 467	9 763
Pétrole	1 095	1 282	1 442	1 498
Gaz	692	2 159	4 698	7 745
Nucléaire	111	2393	2 647	2 369
Hydraulique	1 208	2 566	3 341	3 904
Renouvelables	14	211	395	603
Émissions de CO_2 (Mt)	14 753	22 984	30 083	36 680
Variation par rapport à 1990 (%)		8,1	41,5	72,6

Enfin, il est utile de noter l'augmentation très importante d'émission de dioxyde de carbone dans le futur proche, exclusivement due à l'utilisation massive de combustibles fossiles.

En France, la répartition de la consommation d'énergie est différente de celle du reste du monde, avec une forte présence de l'énergie d'origine nucléaire, illustrée par le tableau 5.2 [3]. En 2001, le nucléaire représentait 41 % de la production totale d'énergie et environ 77 % du total de l'électricité produite. Les exportations d'énergie électrique, en forte augmentation, sont passées de 0,8 Mtep en 1973 à 17,8 Mtep en 2001. Le taux d'indépendance énergétique du pays est, quant à lui, passé de 22 % en

1973 à 50,0 % en 2001 grâce au développement du nucléaire. Les prévisions indiquent une augmentation d'énergie électrique de 550,1 TWh en 2001 à environ 601 TWh en 2020 [3] ; le pourcentage d'énergie produite par voie nucléaire devrait se stabiliser autour de 80 %.

Tableau 5.2 : Consommation d'énergie primaire en France de 1960 à 2001 en Mtep.

	1960	1973	1980	1990	**2001**
Énergie primaire	**84,6**	**182,9**	**196,2**	**213,1**	**256,6**
Charbon	34,9	27,8	31,0	19,1	11,7
Pétrole	29,4	126,6	110,9	91,3	96,5
Gaz naturel	2,5	13,3	21,2	26,4	37,2
Nucléaire	0,03	3,3	13,6	69,6	110,0
Hydraulique	9,1	10,7	15,5	14,4	6,8
Énergies renouvelables	0	2,0	3,2	4,2	12,2
Échanges électriques (1 MWh vaut 0,2606 tep)	0	–0,8	+0,8	–11,9	–17,8

2. Les émissions de dioxyde de carbone

Le risque de graves changements climatiques dus aux émissions de gaz à effet de serre pousse les gouvernements à rechercher la manière la plus appropriée pour en limiter la production. L'effet de serre induit par les activités humaines vient en particulier du dioxyde de carbone (CO_2, qui représente 55 % des émissions), des chlorofluorocarbones (CFC, 17 %), du méthane (15 %), de l'oxyde nitreux (7 %) et d'autres contributions pour les 6 % restants.

Les émissions de CO_2 sont en forte augmentation depuis le début de l'ère industrielle. Le taux de CO_2 dans l'atmosphère est passé de 285 cm^3/m^3 en 1870 à presque 370 cm^3/m^3 en 2000, mais les prévisions pour les prochaines décennies donnent des taux d'émission en augmentation exponentielle, qui pourraient provoquer un doublement du taux de CO_2 dans l'atmosphère en 2100.

Les émissions mondiales annuelles de CO_2 en millions de tonnes (Mt) entre 1971 et 1999 sont montrées sur la figure 5.6 [1]. Une augmentation de 40 % a été observée sur cette période, atteignant la valeur de 23 172 Mt/an, ce qui représente l'émission de 2,6 Mt de CO_2 par heure.

La répartition géographique des émissions de CO_2 en 1973 et 1999 est montrée sur la figure 5.7 [1]. On note la forte augmentation de la contribution des pays en voie de développement. Toutefois, les pays industrialisés sont encore responsables de plus de la moitié des émissions.

En 1997, à la conférence de Kyoto, 159 pays ont signé un protocole visant à obliger les pays industrialisés à réduire dans les prochaines dix années les émissions de CO_2 d'environ 5 % par rapport à leurs niveaux de 1990. Les taux d'émission autorisés varient d'un pays à l'autre en fonction de leur valeur initiale. Pour la France, qui

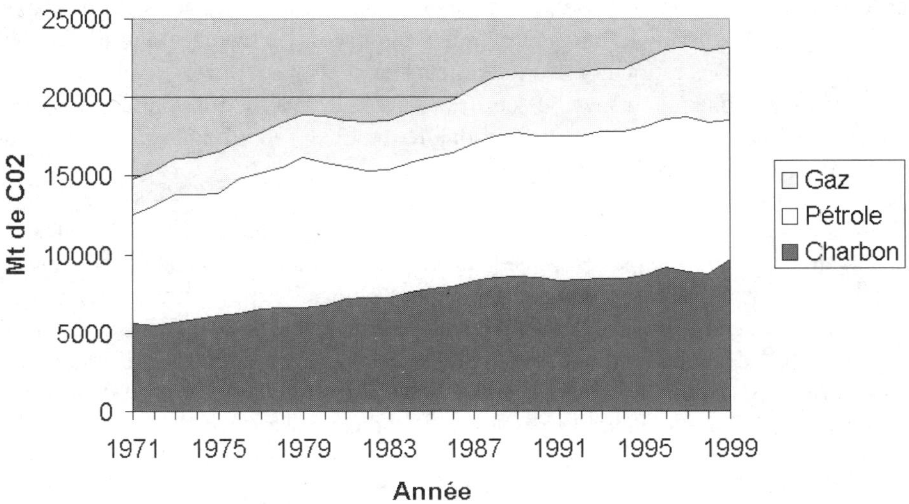

Figure 5.6. Production de CO_2 dans le monde de 1971 à 1999 en millions de tonnes par an.

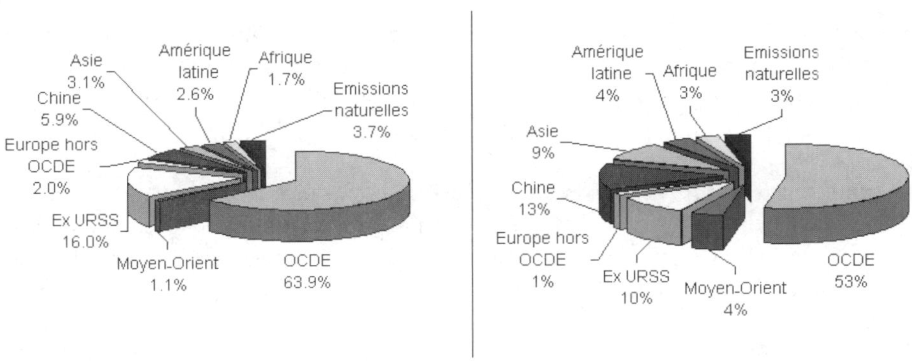

Figure 5.7. Répartition par région du monde de la production totale de CO_2 en 1973 à gauche et en 1999 à droite.

dispose d'un parc électronucléaire important et qui limite donc déjà ses émissions de manière considérable, la réduction imposée est de 0 %. Néanmoins, compte tenu de l'augmentation de la consommation d'énergie primaire, il faudra faire des efforts importants pour mettre en œuvre des politiques de limitations des émissions de CO_2. Pour d'autres pays, les taux sont beaucoup plus contraignants : 21 % pour l'Allemagne, 12 % pour le Royaume-Uni, 7 % pour les États-Unis, 6 % pour le Japon et le Canada.

L'accord de Kyoto prévoit la possibilité de vente de « droits à polluer » par des pays ayant un taux d'émission inférieur aux limites autorisées. Un marché pourrait donc se mettre en place. Des estimations sont d'ailleurs proposées pour déterminer le coût de la tonne de carbone. On trouve des chiffres dans la littérature qui vont de 10 à 200 dollars la tonne. Des estimations à plus long terme (2030-2050) donnent des valeurs pouvant même atteindre 300 dollars la tonne.

L'impact de ces contraintes externes sur les évaluations de rentabilité économique des différentes sources d'énergie est considérable. C'est d'ailleurs pour cette raison que le traité de Kyoto n'a pas été facilement ratifié par la plupart des pays industrialisés, dont certains craignaient qu'il limitât leur développement économique. Un compromis s'est toutefois dégagé lors de la conférence de Bonn en juillet 2001, concernant les modalités d'application du protocole de Kyoto de réduction des gaz à effet de serre. Il apporte les précisions attendues par les pays industriels en vue de la ratification. Néanmoins, dès le 13 mars 2001, G.W. Bush, président des États-Unis, avait annoncé qu'il rejetait toute mesure contraignante de réduction des gaz à effet de serre et qu'en conséquence les États-Unis ne ratifieraient pas le protocole.

3. L'énergie nucléaire dans le monde

En 2001, la production mondiale d'énergie électrique d'origine nucléaire s'est élevée à 2 543,8 TWh, ce qui représente environ 17 % de la production mondiale. Au total, 32 pays utilisent des réacteurs nucléaires pour produire une partie de leur énergie électrique. Les dix principaux sont indiqués sur le tableau 5.3 [5].

La France est, parmi les grands producteurs, le pays qui a le plus fort pourcentage d'énergie électronucléaire (77 %). Elle dispose de capacités de production plus importantes que la demande, ce qui lui permet d'exporter une part de sa production vers d'autres pays (environ 68,4 TWh en 2001).

En 2001, 32 réacteurs étaient en construction dans le monde, dont 10 en Europe de l'Est, 21 en Asie.

4. Les coûts du cycle du combustible nucléaire

Le cycle du combustible nucléaire comporte plusieurs étapes, qui vont de l'extraction du minerai d'uranium au traitement des déchets nucléaires. De manière schématique, les coûts du cycle en France pour un réacteur REP peuvent être décomposés comme le montre le tableau 5.4 [9].

L'aval du cycle englobe le traitement des éléments de combustible et le stockage des déchets nucléaires produits. C'est la partie dominante du cycle. Il faut dire que

Tableau 5.3 : Les principaux producteurs mondiaux d'énergie électronucléaire en 2001.

Pays	Réacteurs en opération		Production électronucléaire	
	En fonctionnement	En construction	Total TWh	% de la production électrique
États-Unis	103		768,8	20,3
France	59		401,3	77,1
Japon	54	3	321,9	34,3
Allemagne	19		162,3	30,5
Russie	30	2	125,4	15,4
Canada	14		72,4	12,8
Royaume-Uni	33		83,0	22,6
Ukraine	13	4	71,2	46,0
Corée du Sud	16	4	112,1	39,3
Suède	11		69,2	43,9
Total mondial	**436**	**22**	**2 543,8**	

Tableau 5.4 : Décomposition des coûts du cycle du combustible nucléaire pour un réacteur standard REP en France (1994) [9].

	Évaluation OCDE [7] (%)
Uranium naturel	25,8
Conversion	3,3
Enrichissement	29,1
Fabrication	15,7
Aval du cycle	26,1

l'influence du coût de l'uranium dans le cycle du combustible est de plus en plus faible du fait de sa forte baisse ces dernières années.

La décomposition des coûts du cycle du combustible peut également varier d'un pays à l'autre, en fonction de la filière utilisée et des options retenues pour l'aval du cycle. Un panorama général comprenant des statistiques pour les différentes filières et pour plusieurs pays peut être trouvé dans la référence [9].

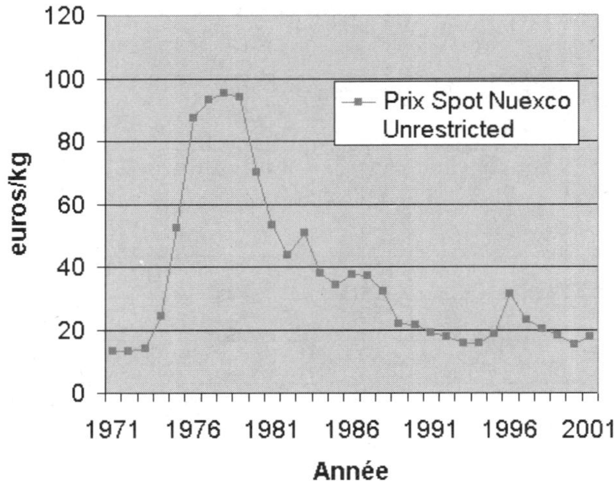

Figure 5.8. Évolution des prix de l'uranium de 1971 à 2001 en euros courants par kilogramme.

4.1. L'uranium

Le marché mondial de l'uranium a connu des variations très importantes durant les 25 dernières années. La figure 5.8 donne le prix « spot » (celui pratiqué lors de contrats pour des quantités définies à court terme) et montre son évolution [10]. La très forte hausse des années 1970 correspond à la crise pétrolière et aux investissements massifs dans la construction de centrales nucléaires. Dans les années qui ont suivi, des stocks imposants d'oxyde d'uranium ont été constitués dans les pays industrialisés, dans le but de mieux assurer leur indépendance énergétique. Les prévisions à moyen et long termes faites à l'époque laissaient présager une croissance exponentielle de la demande en énergie, qui aurait maintenu le prix du pétrole à des niveaux très élevés. Un développement massif du nucléaire devenait donc essentiel et une pénurie importante d'uranium était à prévoir. Ce climat socio-économique a induit, en plus de la formation de stocks conséquents, un développement des procédés de retraitement pour optimiser l'utilisation des combustibles nucléaires. Par exemple, la conception des réacteurs à neutrons rapides remonte à cette époque. L'impératif était de se donner les moyens de répondre à la croissance très forte de la demande.

En fait, la production d'oxyde d'uranium a été bien supérieure à la consommation jusqu'en 1984, date à laquelle un déstockage massif a commencé. Sur la figure 5.9, nous voyons que cette inversion de tendance persiste aujourd'hui avec, en 2001 par exemple, une production de 27 778 tonnes d'uranium pour une consommation de 55 000 tonnes. Dans ce contexte, le prix de l'uranium a évidemment lourdement chuté, comme le montre la figure 5.8. Les experts considèrent aujourd'hui que le prix de

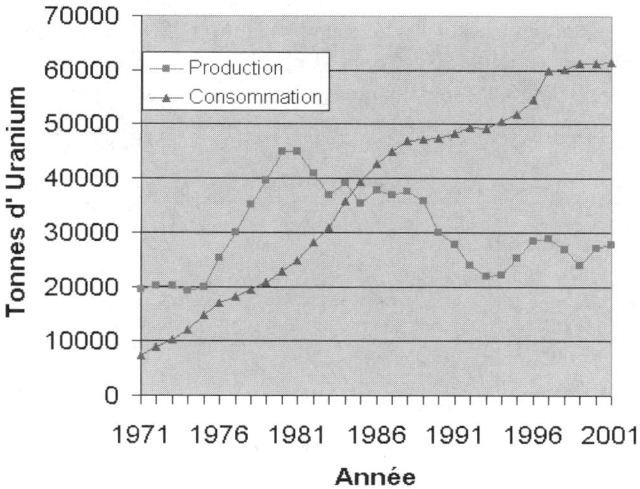

Figure 5.9. Production et consommation d'uranium naturel de 1971 à 2001 dans le monde à économie de marché (MEM).

l'uranium est à son niveau le plus bas et qu'il devra à nouveau augmenter pour garantir la survie de l'industrie d'extraction.

La situation économique, et surtout le désarmement nucléaire, rendent le marché de l'uranium très vulnérable, avec des quantités importantes (150 000 tonnes sur 20 ans) disponibles à des prix très concurrentiels.

D'importants gisements d'uranium ont été découverts à la fin des années 1980. En 1996, les réserves à moins de 80 dollars par kilogramme sont estimées à 2,34 Mt. Au taux de combustion actuel dans les REP, la durée de vie « statique », c'est-à-dire celle qui se base sur la production de 1998 sans prendre en compte d'éventuelles prévisions de croissance, devrait être d'environ 43 ans. Dans le cas d'utilisation de réacteurs à neutrons rapides, la réserve d'énergie fournie par l'uranium serait cinquante fois plus grande. Sur le tableau 5.5, nous comparons les réserves d'uranium (< 80 \$/kgU) estimées fin 1996 [3], à celles des combustibles fossiles [11] prouvées récupérables à la fin de l'année 2000. Les durées de vie se basent sur les taux de production donnés par le tableau 5.1. Compte tenu des prévisions d'augmentation de la demande, la durée de vie devrait être en fait beaucoup plus courte.

4.2. Conversion, enrichissement isotopique et fabrication

Toutes les étapes nécessaires à l'obtention d'éléments de combustible sont caractérisées par une capacité de production bien supérieure à la demande, créant ainsi

Tableau 5.5 : Ressources prouvées récupérables. La durée de vie pour les ressources fossiles se base sur les taux de production 2000, pour le nucléaire sur les taux de production 1998. Une tonne d'uranium naturel équivaut à 10 000 tep dans un REP et à 500 000 tep dans un réacteur à neutrons rapides (RNR).

Combustible	Ressources prouvées récupérables	Durée de vie statique (années)
Charbon	984,2 Gt	227
Pétrole	142,1 Gtep	39,9
Gaz	150,2 Tm^3	61
Uranium dans un REP	23,4 Gtep	43
Uranium dans un RNR	1 170 Gtep	2 168

une situation de vive concurrence sur le marché mondial. L'éclatement de l'URSS, avec l'ouverture au reste du monde des installations ex-soviétiques, et le désarmement nucléaire qui a permis la mise sur le marché des quantités importantes d'uranium enrichi, ont instauré de fortes tensions économiques sur les marchés.

Les capacités nominales de conversion de l'oxyde d'uranium en hexafluorure d'uranium (UF_6) pour l'ensemble du monde étaient de 64 600 tU/UF_6 en 1996 (dont 14 000 en France), ce qui correspond environ au double de la demande [10]. Le coût de la conversion, qui se situe autour de 6,9 €/kg d'uranium naturel, est pratiquement stable depuis 1993. Le chiffre d'affaires est assez modeste puisque sa part dans le prix total du cycle du combustible n'est que d'environ 3 %.

Quant à l'enrichissement isotopique, il constitue la partie la plus onéreuse dans l'amont du cycle, environ 29 % du coût total. Ce prix très élevé est lié à la grande quantité d'énergie requise par les procédés d'enrichissement, que ceux-ci soient basés sur la diffusion gazeuse ou sur la centrifugation. La puissance installée de l'usine de Pierrelatte, dans le sud de la France, est supérieure à 3 GWe, pour une capacité de production de 10,8 millions d'UTS (unité de mesure de la séparation isotopique) qui pourrait satisfaire les besoins annuels de 100 réacteurs de 900 MWe. Les capacités d'enrichissement dans le monde sont de 50 millions d'UTS par an. Elles dépassent une fois et demie la demande. Ces surcapacités devraient subsister à moyen terme, avec une demande qui est prévue à 37 millions d'UTS par an pour les prochaines années. La gestion avancée des cœurs de réacteurs, qui permettra d'atteindre des taux de combustion de l'ordre de 50 000 MW/jour/tU, ainsi que la mise sur le marché d'uranium militaire, ne permettront pas une augmentation sensible de la demande. L'évolution du prix de l'enrichissement isotopique en euros courants est donnée sur la figure 5.10. Une stabilisation autour de 80 €/UTS est observée depuis quelques années.

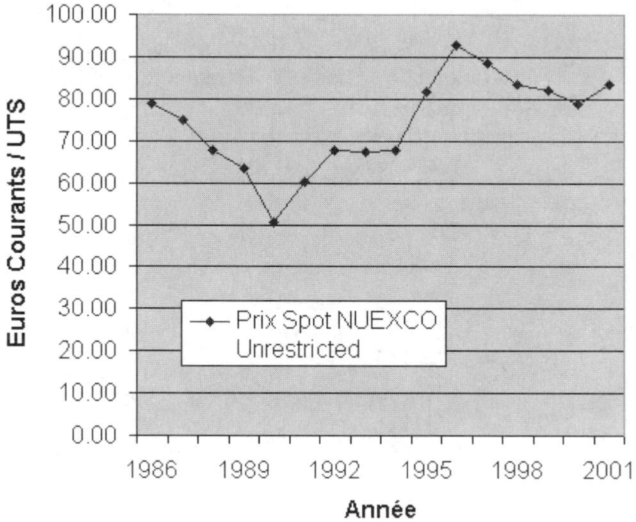

Figure 5.10. Évolution du prix de l'enrichissement isotopique de 1986 à 2001 en euros courants par UTS.

Le marché lié à la fabrication des éléments de combustible présente beaucoup d'analogies avec ceux cités précédemment. Pour les réacteurs à eau sous pression, les capacités de production sont proches de 6 000 tonnes par an, alors que les besoins sont de l'ordre de 4 000 tonnes par an. Une meilleure utilisation des éléments de combustible par une gestion améliorée des cœurs des réacteurs engendrera une stagnation de la demande et contribuera à créer une situation de vive concurrence sur le marché mondial. En 2002, les coûts de fabrication en Europe se situaient autour de 300 €/kg d'uranium enrichi.

4.3. L'aval du cycle

La dernière phase du cycle du combustible présente deux options possibles : le recyclage ou le stockage direct des éléments de combustible usé. Le tableau 5.6 mentionne les choix faits par les dix principaux producteurs d'énergie électronucléaire dans le monde. On constate que le partage entre les deux options est équilibré. Cela peut se comprendre par le fait que des études menées par l'OCDE indiquent une certaine neutralité économique entre les deux alternatives. Les décisions sont donc plutôt prises sur des bases politiques.

Pour le stockage des déchets à haute activité, l'ANDRA a mené en France des études pour évaluer le coût du stockage géologique. On considère que les déchets de catégorie B (embouts et coques de combustibles, effluents liquides) sont entreposés

Tableau 5.6 : Aval du cycle dans les principaux producteurs mondiaux d'énergie électronucléaire en 2001.

Pays	Manque de décision définitive	Stockage direct	Recyclage
États-Unis		X	
France			X
Japon			X
Allemagne		X	X
Russie			X
Canada		X	
Royaume-Uni			X
Ukraine	X	X	X
Suède		X	
Corée du sud	X		

pendant quinze ans après le déchargement et que les déchets de catégorie C (produits de fission et actinides mineurs vitrifiés) nécessitent un délai de refroidissement de 30 ans au moins avant leur stockage définitif. Les études préparatoires pour arriver à la réalisation d'un site de stockage géologique profond impliquent un investissement de l'ordre de 2 milliards d'euros destinés à financer la réalisation de laboratoires souterrains. Le coût actualisé du stockage en France est aujourd'hui estimé à 0,08 centimes d'euros par kWh produit [12].

5. Le coût de référence de l'énergie électrique en France

Le choix du type de source utilisée pour produire de l'énergie électrique implique des analyses politiques, sociologiques et économiques approfondies. Sur le plan politique, l'impératif est de garantir une certaine indépendance énergétique du pays et de se mettre ainsi à l'abri des variations socio-économiques mondiales. L'utilisation de ressources propres au pays et la diversification des sources d'énergie primaires peuvent instaurer un équilibre dans la production.

L'analyse économique des sources d'énergie réclame qu'on étudie chacune des composantes impliquées, du prix du combustible à celui de la gestion des déchets, et de la conception au démantèlement de l'installation. Diverses méthodes mathématiques donnent des « coûts de référence » : les investissements effectués les années précédentes sont réactualisés en tenant compte des taux d'intérêts bancaires et des taux d'inflation annuels, et les dépenses futures sont chiffrées et extrapolées à la date choisie. Si l'actualisation des investissements passés est assez bien établie, elle reste difficile pour les projections à moyen et long terme, notamment à cause du peu de fiabilité des prédictions concernant les taux bancaires, les taux d'inflation, les durées de vie des installations, le coût des combustibles. Il faut noter que, dans le cas de l'énergie nucléaire, la création de réserves pour le démantèlement et le retraitement des déchets pendant l'exercice d'une centrale (souvent sous la forme d'un prélèvement d'une faible partie du prix du kWh), permettent de diminuer l'incidence des coûts futurs par la prise en compte des bénéfices produits par les intérêts sur les capitaux mis en réserve[28]. Mais là encore, des hypothèses à long terme doivent être faites sur l'évolution des taux d'intérêt et d'inflation, qui introduisent une part d'aléatoire dans les calculs.

Le tableau 5.7 présente les coûts de référence du kWh thermique en France d'après le rapport Charpin-Dessus-Pellat [12]. Dans ce rapport entièrement consacré à l'étude économique de la filière nucléaire, qui fut demandé par le Premier ministre et publié en juillet 2000, plusieurs scénarios sont analysés dans le but d'estimer l'impact économique dans deux hypothèses, l'une considérant une stabilité des prix des combustibles, l'autre envisageant une tension du marché énergétique.

Tableau 5.7 : Coût de référence du kWh thermique en France pour la période 2000-2050 en centimes de €/kWh.

	Nucléaire	Gaz (cycle combiné)
Hypothèse de stabilité	1,5-2,2	2,2-3,0
Hypothèse de tension	1,5-2,2	3,1-3,9

L'insensibilité du coût de référence du nucléaire vis-à-vis des deux hypothèses choisies est liée à la stabilité du prix du combustible (voir tableau 5.4). Dans la filière gaz, au contraire, une modification minime du prix peut changer de manière significative le coût de référence.

À titre d'exemple, nous donnons sur la figure 5.11 l'évolution du prix spot du gaz entre mars et août 2000. Des tensions sur le marché du pétrole sont à l'origine de la variation importante constatée. Si on ajoute à ces effets les fluctuations des rapports d'échange entre euro et dollar, on peut apprécier de façon qualitative les fortes variations du coût de référence du kWh thermique pour cette source d'énergie.

[28] En France la réserve consacrée par EDF 1997 au démantèlement et au traitement des déchets nucléaires était d'environ 6 milliards d'euros, avec une prévision de l'augmenter à 15 milliards dans les prochaines années.

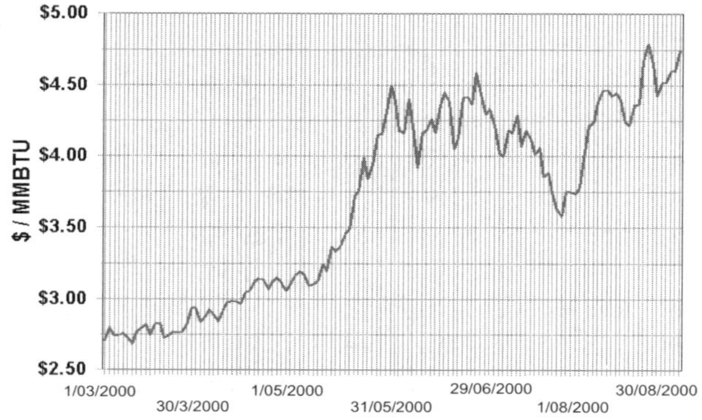

Figure 5.11. Évolution du prix spot du gaz naturel entre mars et août 2000 en $/MMBTU.

Bibliographie

[1] *Key World Energy Statistics*, OECD/IEA, Paris, 2001, www.iea.org.

[2] *World Energy Outlook*, OECD/IEA, Paris, 2000.

[3] Statistiques énergétiques France, DGEMP, ministère de l'Industrie, Paris, 2002, www.industrie.gouv.fr/energie.

[4] *Données sur l'énergie nucléaire*, OCDE/Agence à l'énergie nucléaire, Paris, 1996.

[5] *ELENUC*, CEA, Direction de la stratégie et de l'évaluation, Saclay, 2002.

[7] *Informations Utiles*, Commissariat à l'énergie atomique, Direction de la communication, Paris, 1995.

[8] Rapport DSI-MA GC 11/12/95, COGEMA Vélizy, France, 1995.

[9] Les aspects économiques du cycle du combustible nucléaire, OCDE/IEA, Paris, 1994.

[10] *COGEMA dans l'industrie mondiale du cycle du combustible nucléaire*, COGEMA Vélizy, France, 1997.

[11] *British Petroleum Statistical Review of World Energy 2001*, BP p.l.c., Britannic House, 1 Finsbury Circus, London EC2M 7BA (2001), www.bp.com/centres/energy/

[12] J.-M. Charpin, B. Dessus, R. Pellat, Étude économique prospective de la filière nucléaire, rapport au Premier ministre, Paris, 2000.

Deuxième partie

Le réacteur nucléaire

Sommaire

Il existe des types très divers de réacteurs nucléaires en fonctionnement dans le monde, et une bien plus grande diversité de modèles ont été expérimentés. Afin de mieux saisir le contexte dans lequel sont examinées les options du futur, cette partie consacrée aux réacteurs existants est organisée en trois chapitres. Le chapitre 6 focalise notre attention sur les principes physiques communs de fonctionnement, en laissant ouvertes les options techniques. Le chapitre 7 examine les filières techniques existantes de réacteurs nucléaires, par ordre d'importance décroissante dans le parc mondial des réacteurs en service. La filière des réacteurs rapides, sans réalité industrielle à ce jour, y est aussi décrite en raison de ses particularités techniques et de son potentiel d'utilisation exhaustive du combustible nucléaire. Le chapitre 8 est dédié à la sûreté de fonctionnement des réacteurs, plus particulièrement en France. Ce sont les réacteurs du parc français qui sont étudiés, ainsi que les procédures de sûreté nationales. Les deux accidents majeurs du nucléaire industriel y sont bien entendu décrits (Three Mile Island et Tchernobyl), ainsi que les leçons qui en ont été tirées.

6 Le fonctionnement d'un réacteur nucléaire

Un réacteur nucléaire à neutrons thermiques est un milieu producteur d'énergie issue de la fission du noyau de l'atome, comprenant des noyaux atomiques lourds (le combustible) susceptibles de fissionner lorsqu'ils capturent des neutrons, des noyaux légers (le modérateur) capables de ralentir des neutrons par chocs successifs, et un fluide (le caloporteur) capable d'extraire la chaleur dégagée lors du freinage et de l'arrêt des produits de fission, qui a lieu très près de la fission elle-même. L'ensemble baigne dans un « gaz » ou flux de neutrons, produits par une génération de fissions et consommés par la suivante, occupant tout le volume du cœur et couvrant une large gamme de vitesses.

C'est aussi une machine thermique, qui transforme l'énergie cinétique des produits de fission en énergie thermique locale, évacuée par le caloporteur, de nouveau transformée au bout d'une ou deux boucles d'échange thermique en énergie cinétique de rotation d'une turbine à vapeur, et enfin en énergie électrique dans l'alternateur couplé à l'arbre de la turbine.

C'est encore un assemblage de matériaux qui doivent résister tout à la fois à la température, aux dégâts d'irradiation sous flux neutronique, et à la durée. De ce point de vue, aux éléments combustibles s'ajoutent les matériaux de structure employés dans la construction mécanique et les matériaux absorbeurs de neutrons, permettant le pilotage ou assurant la sécurité du réacteur, ainsi que tous les capteurs et actionneurs associés.

C'est enfin, après quelques années de fonctionnement, une source complexe de noyaux radioactifs d'activité et de durée de vie très variables (produits de fission, actinides créés à partir de noyaux de combustible ayant capturé successivement plusieurs neutrons, produits d'activation créés à partir de matériaux de structure soumis à tous les flux d'irradiation). Le maintien sous contrôle strict et l'absence de dissémination de cette source se fait par disposition de barrières matérielles successives, chacune englobant la précédente. La première barrière est la gaine métallique enserrant le combustible, la deuxième est la cuve contenant le cœur du réacteur, la troisième et dernière est l'enceinte de confinement en béton, qui protège aussi contre les intrusions de l'extérieur. Ces trois barrières n'existent pas nécessairement sur toutes les filières de réacteurs.

Nous ne traiterons ici que des aspects neutroniques et de pilotage, en insistant sur le fait que les points de vue de la thermique et des matériaux sont tout aussi essentiels à la construction de réacteurs industriels. Nombre de choix et de contraintes techniques sont dictés par ces aspects, tout aussi essentiels que ceux que nous abordons.

1. La réaction de fission et les réactions en chaîne

La comparaison des *sections efficaces* de fission induite par capture d'un neutron (σ_f) pour les isotopes 235 et 238 de l'uranium fait apparaître que seul l'isotope 235 fissionne, tant que l'énergie du neutron capturé n'atteint pas 1 MeV. Au-delà de ce seuil, les deux isotopes se comportent de façon sensiblement équivalente. L'énergie d'appariement entre neutrons est à la source de cette différence de comportement entre ces deux isotopes.

En effet, à chaque fois qu'un isotope ayant un nombre impair de neutrons absorbe un neutron, la formation d'une nouvelle paire de neutrons dans le noyau composé (Z, $N + 1$) libère une énergie d'appariement supplémentaire δ, disponible sous forme d'énergie d'excitation du noyau composé, ce qui facilite le franchissement des barrières de fission. C'est le cas de l'absorption d'un neutron thermique par ^{235}U, qui mène dans 84 % des cas à la fission, et dans les autres cas à une capture simple.

Qu'est-ce qu'une section efficace et un neutron thermique ?

La propension d'un noyau d'atome à capturer un neutron puis à se briser en deux parties, c'est-à-dire à fissionner, s'évalue avec une unité de mesure appelée section efficace. Cette unité s'exprime en mètres carrés comme une surface (ou plutôt en femtomètres carrés : 1 fm^2 = 10^{-30} m^2 ou en barns – 1 barn = 10^{-28} m^2). Ceci traduit le fait qu'il s'agit d'abord de mesurer la probabilité qu'un neutron rencontre un noyau, de même que le marquage d'un but au football commence par l'envoi du ballon vers la surface d'entrée de la cage. Le but n'est cependant marqué que si le gardien échoue dans ses mouvements de capture, de renvoi ou de déviation du ballon/neutron. Plus le gardien sera habile, plus sa section efficace d'obstruction de la surface des buts sera grande. S'il parvient, par sa mobilité, à défendre toute la surface de but, le gardien est parfait (et le jeu sans intérêt).

Les noyaux d'atomes lourds, bons intercepteurs de neutrons, diffèrent entre eux par leur propension à capturer les neutrons, ainsi que par leur probabilité de fissionner, une fois la capture effectuée.

Les sections efficaces de capture et de fission varient fortement avec l'énergie du neutron incident. La tendance générale est à la baisse des sections efficaces lorsque l'énergie croît (toujours comme au football). C'est pourquoi l'on attache systématiquement au neutron un adjectif qualificatif d'énergie. Les neutrons sont thermiques (1/40 eV), rapides (1 à 2 MeV) ou encore épithermiques (d'énergie intermédiaire entre les précédents). Les neutrons de plus basse énergie (lents, froids...) ne sont utiles qu'en tant que sondes dans la compréhension de la matière et n'existent pas dans un réacteur producteur d'énergie.

À l'inverse, un noyau ayant déjà un nombre pair de neutrons doit dépenser une énergie supplémentaire δ pour installer un neutron célibataire supplémentaire sur une couche ouverte. La capture d'un neutron par ^{238}U aboutit à la formation d'un noyau composé de ^{239}U qui n'évoluera vers la fission que si le neutron capturé apporte avec lui suffisamment d'énergie cinétique pour compenser l'écart d'énergie disponible $2\,\delta$ avec le cas de ^{235}U. Ce seuil d'énergie $2\,\delta$ pour qu'un neutron induise une fission de ^{238}U est d'environ 1 MeV, comme le montre l'allure de σ_f (^{238}U) en fonction de l'énergie (figure 6.2).

Ce sont donc les noyaux impairs en neutrons qui sont le plus facilement fissiles par absorption de neutrons thermiques : ^{233}U, ^{235}U, ^{239}Pu, ^{241}Pu, mais aussi les isotopes impair-impair ^{230}Pa, ^{236}Np, ^{242}Am. Des noyaux de masse plus faible que les actinides ne peuvent pas fissionner après absorption d'un neutron et les actinides de masse très élevée (Cf, Bk...) sont instables par fission spontanée (sans ajout de neutron). En effet, la barrière d'énergie qui contrôle la fission diminue lorsque la masse augmente, jusqu'à disparaître.

Tous les isotopes fissiles sont instables. Le seul isotope fissile disponible dans la nature est ^{235}U, car c'est le seul dont la durée de vie (700 millions d'années) s'approche de l'âge de la Terre. Les deux seuls autres isotopes fissiles d'intérêt pratique pour la production d'énergie sont ^{233}U et ^{239}Pu, que l'on peut produire respectivement à partir des deux autres isotopes ayant des temps de vie « géologiques », à savoir ^{232}Th (14 milliards d'années) et ^{238}U (4,4 milliards d'années). Ces isotopes, qui mènent après capture d'un neutron et deux désintégrations β à des isotopes fissiles, sont dits fertiles. Le bilan d'énergie d'une fission est sensiblement le même pour toutes les fissions. Les 200 MeV (soit 30 picojoules) disponibles après chaque fission se répartissent en 166 MeV emportés par les fragments de fission, 29 MeV sous forme d'énergie interne de fragments de fission libérés par l'émission de rayonnements divers lors des cascades radioactives qui les transforment en produits de fission, et enfin 5 MeV d'énergie cinétique des neutrons émis. Cette dernière fraction de l'énergie émise correspond à l'émission de 2,5 neutrons en moyenne, d'énergie 2 MeV.

Quoique négligeable du point de vue de l'énergie, l'émission de neutrons est essentielle à l'organisation de réactions de fission en chaîne. Puisqu'un seul neutron est consommé pour initier une fission, et que celle-ci libère en moyenne 2,5 neutrons, il y a un net excédent positif. Un réacteur nucléaire est un milieu organisé de façon à ce que chaque neutron absorbé qui a mené à une fission soit exactement remplacé par un neutron de même énergie qui induira à son tour une fission de 2e génération, et ainsi de suite. Les pertes de neutrons par absorptions fertiles ou stériles dans l'ensemble des matériaux ou par fuite hors du réacteur sont calculées pour compenser exactement l'excédent de neutrons fourni par la multiplicité $\nu = 2{,}5$ de la fission.

On définit plusieurs facteurs de multiplication neutronique ou multiplicités. La multiplicité notée ν est le nombre moyen de neutrons émis par fission. La multiplicité notée η' est le nombre moyen de neutrons émis par neutron absorbé sur un noyau fissile, que le noyau composé ainsi formé évolue ou non vers une fission. On a donc

Multiplicité η (combustible)

$$\eta = \frac{\text{Neutrons produits par fission}}{\text{Neutrons absorbés}}$$

$$= \nu \frac{\Sigma_f}{\Sigma_a} \quad \text{pour le combustible (fissile + fertile + stérile)}$$

$$\text{ex :} \quad \eta(U) = \nu^{235} \frac{\Sigma_f^{235}}{\Sigma_a^{235} + \Sigma_a^{238}}$$

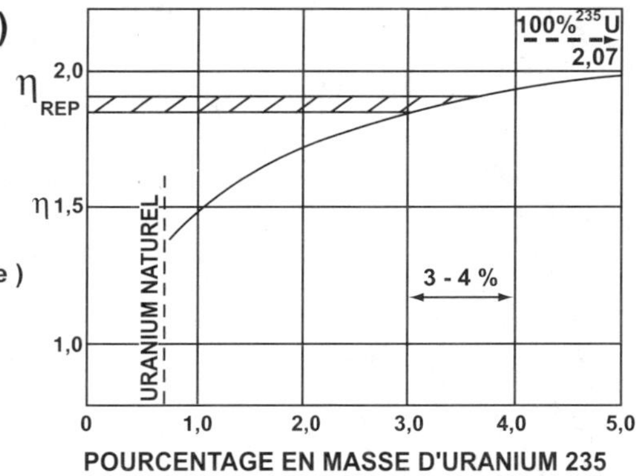

Figure 6.1. Multiplicité η (combustible).

nécessairement η′ < ν. Ces multiplicités sont des constantes physiques propres à chaque isotope.

Lorsque la valeur de η′ est supérieure à 1, une fission libère plus de neutrons qu'il n'en a fallu pour l'initier, compte tenu des neutrons absorbés sans mener à la fission. Cela permet de concevoir la réutilisation des neutrons libérés pour induire une nouvelle génération de fissions. C'est la réaction en chaîne.

Les trois isotopes ^{233}U, ^{235}U et ^{239}Pu, chacun supposé parfaitement séparé des autres isotopes, peuvent participer à une réaction en chaîne. Mais la nature ne nous fournit pas d'isotopes séparés, et le seul isotope encore disponible sur terre est ^{235}U, présent à 0,7 % dans l'uranium naturel.

La multiplicité notée η concerne un combustible réel, comportant plusieurs isotopes, fertiles ou fissiles, et mesure le nombre moyen de neutrons émis par absorption, que celle-ci ait lieu sur un noyau fissile ou fertile, et qu'elle donne lieu ou non à une fission. Contrairement à η′, la multiplicité η peut être modifiée en modifiant la composition isotopique du combustible. C'est le but de l'étape de séparation isotopique (dite aussi d'enrichissement), où l'on augmente la teneur du combustible en isotopes fissiles (voir chapitre 11).

La figure 6.1 donne la variation de η en fonction de la composition isotopique de l'uranium.

Mais le choix de l'isotope combustible, donc de η′, ne détermine pas complètement le déroulement de la réaction en chaîne. Il faut encore choisir la masse totale et la composition isotopique complète du système contenant les isotopes fissiles. Il faut aussi choisir l'énergie des neutrons au moment de leur absorption. Cela se fait en ralentissant les neutrons émis par les fissions précédentes, dans un milieu de noyaux légers, appelé « modérateur ». Il faut enfin fixer les proportions relatives de combustible et de modérateur et leur disposition dans l'espace.

Tous ces choix conditionnent le bilan des neutrons sur une réaction en chaîne bouclée. Ce bilan se mesure par le facteur de multiplication neutronique k, qui est le rapport du nombre de fissions aux générations $(n + 1)$ et (n). Dans un volume de matière fissile tel que $k < 1$, le nombre de neutrons tend vers 0. Ceci se produit par exemple lorsque la masse fissile est trop faible pour compenser les pertes de neutrons qui fuient hors du volume de réaction. Le système est dit sous-critique. Un arrangement de matière fissile tel que $k > 1$ conduit à une croissance exponentielle du nombre de neutrons et donc de l'énergie libérée. Le système est sur-critique.

Si ce système s'est constitué accidentellement (accident de criticité), son comportement explosif est arrêté par le dégagement d'énergie interne, qui disperse la matière fissile et provoque la chute de k au-dessous de $k = 1$. Les systèmes que nous décrivons ont pour but la libération régulière de l'énergie de fission nucléaire, ce qui revient à imposer $k = 1$ strictement.

2. Le principe des réacteurs nucléaires

Un réacteur en production stable est un milieu contenant des noyaux susceptibles de fissionner si un neutron leur est fourni (noyaux fissiles) et des noyaux capables de modifier la vitesse des neutrons produits après une fission (noyaux modérateurs), assemblés pour satisfaire par définition $k = 1$. Le système est conçu pour être exactement critique. Dans un réacteur réel, cette condition est vérifiée avec une grande précision : la régulation d'un réacteur à chaque instant s'effectue à quelques 10^{-4} près, à la fois par contre-réaction naturelle (par exemple l'effet Doppler lié à l'agitation thermique des noyaux de combustible, voir § 5.3) et par divers mécanismes d'ajustement. Conventionnellement, l'écart à $k = 1$ se mesure en unités de 10^{-5} (ou pcm = pour cent mille). Il faut piloter la réaction en chaîne avec une précision de quelques dizaines de pcm.

L'agencement d'un réacteur dépend beaucoup du choix de l'énergie des neutrons à laquelle on souhaite provoquer les fissions, ou de façon presque équivalente du choix de la valeur de la section efficace de fission (σ_f). La valeur de σ_f décroît comme l'inverse de la vitesse des neutrons.

On choisit donc le plus souvent de provoquer les fissions à la plus basse énergie possible ; de fait on ne peut descendre au-dessous de la température ambiante, c'est le domaine des neutrons thermiques ($E_n = 1/40$ eV $\equiv T = 300$ K). Ce choix suppose de ralentir les neutrons, émis à 2 MeV après la fission, jusqu'à l'énergie thermique, soit de diviser leur énergie par 100 millions. C'est le rôle essentiel du modérateur. La qualité du rendement thermodynamique imposant au contraire que la température du caloporteur soit la plus élevée possible, les réacteurs à neutrons thermiques fonctionnent en pratique à la température d'environ 600 K.

L'autre grand choix possible est d'utiliser les neutrons à l'énergie à laquelle ils sont produits. Il n'y a pas de modérateur dans ce cas. Pour ces neutrons, dits rapides, la section efficace de fission est environ cent fois plus faible que la section efficace pour des neutrons thermiques. Il faut compenser cette faible production de neutrons d'une part par un flux de neutrons plus élevé dans le réacteur, et d'autre part par une forte teneur en isotopes fissiles dans le combustible. C'est la filière des réacteurs à neutrons rapides (RNR), qui exploite la forte similitude des isotopes lourds devant la fission rapide pour recourir à une plus grande diversité d'isotopes combustibles.

Les réacteurs qui dominent aujourd'hui la production d'énergie sont pour l'essentiel des réacteurs à neutrons thermiques sous-modérés, où l'on accepte de ne pas maximiser σ_f (ce qui correspondrait à la thermalisation complète) pour assurer une stabilité intrinsèque du réacteur, gage de sécurité (voir § 5).

3. La formule des quatre facteurs

Dans un réacteur idéal, supposé sans fuites de neutrons (réacteur de volume infini, dont le facteur multiplicatif est noté k_{infini}), on peut décomposer la réaction en chaîne en quatre étapes distinctes, au prix de quelques approximations. Chaque étape a pour effet de multiplier le nombre de neutrons par un facteur caractéristique :

- A : Un neutron d'énergie thermique E_{th} (1/40 eV) est absorbé par un noyau fissile du combustible et produit en moyenne η neutrons rapides de 2 MeV.
- B : Ces neutrons rapides, avant de quitter le combustible, induisent dans celui-ci quelques fissions dites rapides, principalement sur ^{238}U qui est fissile à ces énergies et qui est majoritaire dans la composition du combustible. Il y a aussi quelques rares fissions rapides sur ^{235}U. Le facteur multiplicatif de neutrons par fission rapide est noté ε.
- C : La phase de ralentissement des neutrons s'effectue dans le modérateur. Celui-ci n'étant pas spatialement complètement isolé du combustible, il existe une probabilité que les neutrons entrent en collision avec les noyaux lourds qui composent ce dernier. Or dans la gamme d'énergie couverte lors du ralentissement, il existe un grand nombre de niveaux d'énergie pour lesquels les neutrons peuvent être absorbés et céder toute leur énergie aux noyaux lourds. Ces niveaux d'énergie sont les résonances épithermiques de ces noyaux, aussi appelés « trappes » parce que les neutrons y disparaissent. La probabilité de survie des neutrons à ces trappes de capture sans fission est appelée probabilité « anti-trappe » et est notée p.
- D : Une fois thermalisés, les neutrons diffusent à énergie moyenne constante jusqu'à ce qu'ils soient absorbés dans le combustible. Le facteur d'utilisation thermique f mesure la probabilité que l'absorption ait bien lieu dans le combustible et non dans le modérateur ou dans d'autres matériaux absorbants.
- Les neutrons ainsi thermalisés sont de nouveau disponibles à l'énergie E_{th} pour initier un nouveau cycle par fission. La boucle est alors bouclée, ce qui s'écrit :

$$k_{\text{infini}} = \eta\, \varepsilon\, p\, f.$$

C'est la « formule des quatre facteurs ».

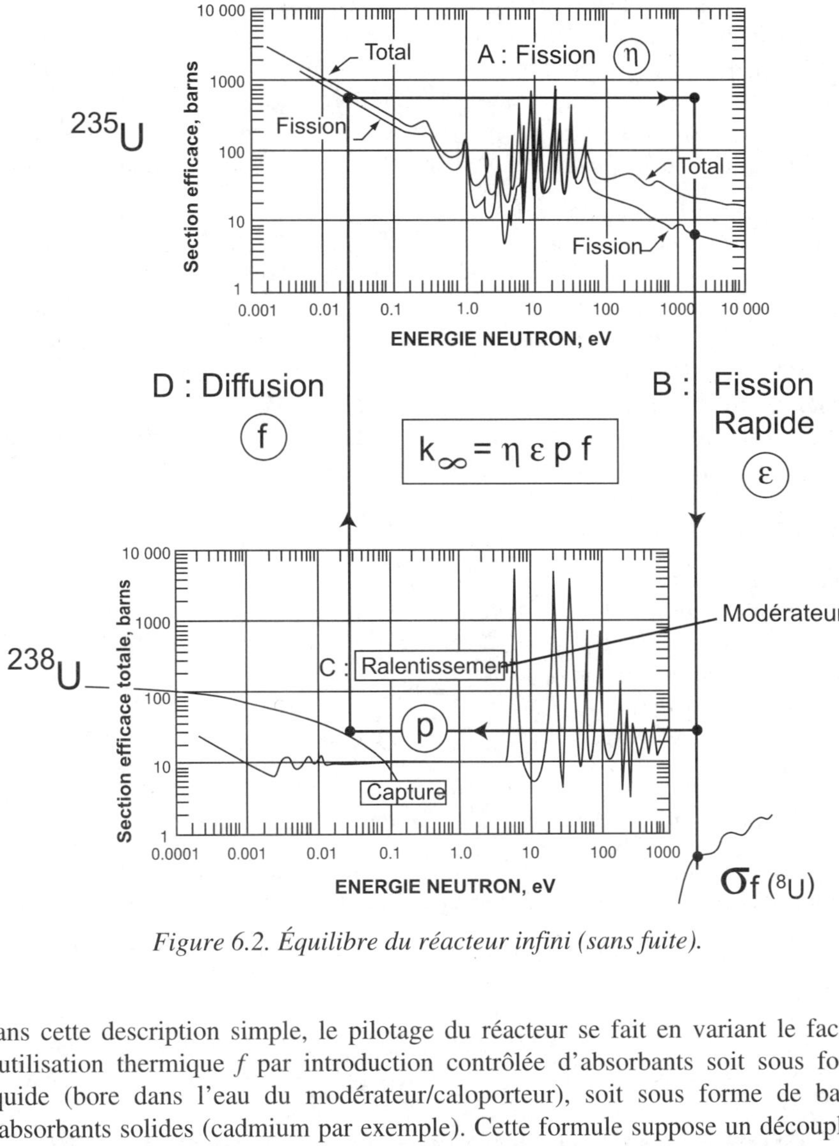

Figure 6.2. Équilibre du réacteur infini (sans fuite).

Dans cette description simple, le pilotage du réacteur se fait en variant le facteur d'utilisation thermique f par introduction contrôlée d'absorbants soit sous forme liquide (bore dans l'eau du modérateur/caloporteur), soit sous forme de barres d'absorbants solides (cadmium par exemple). Cette formule suppose un découplage parfait des fonctions de ralentissement et de diffusion des neutrons par le modérateur, ce qui est une simplification, notamment pour les réacteurs sous-modérés où l'on ne cherche pas la thermalisation complète.

La figure 6.2 illustre le cycle complet que doivent parcourir les neutrons dans un réacteur à uranium et neutrons thermiques pour boucler la réaction en chaîne avec $k = 1$, en superposant les courbes de section efficace de capture et de fission des deux isotopes ^{235}U et ^{238}U. Le trajet A correspond à la disparition par absorption d'un neutron à l'énergie E_{th} et à l'apparition par production après fission de η neutrons rapides.

Le trajet B, à énergie élevée, illustre la possibilité de fissions rapides dans ^{238}U et ^{235}U, d'où le facteur ε. Le trajet C est celui des neutrons se ralentissant par chocs successifs sur le modérateur, avec un risque $(1 - p)$ d'être capturés par les résonances épithermiques de ^{238}U. Le trajet D, à énergie constante E_{th}, est la phase de diffusion, avec la probabilité f que l'absorption soit fissile, c'est-à-dire qu'elle soit initiatrice d'un nouveau trajet A, et que la boucle (ABCD) soit ainsi effectivement bouclée.

La multiplicité neutronique η et le facteur de fission rapide ε sont fixés par le choix de la composition isotopique du combustible. La probabilité anti-trappe p et le facteur d'utilisation thermique f, aux réglages près, sont fixés conjointement par le choix des volumes respectifs de combustible et de modérateur (ou rapport de modération) et par le choix de l'hétérogénéité du mélange combustible/modérateur, mesuré par le rapport du flux moyen de neutrons dans le combustible au flux moyen de neutrons dans le modérateur. Ce rapport de flux, ou facteur de désavantage, est toujours inférieur à 1 car le combustible est plus absorbant que le modérateur ; il est d'autant plus faible que l'arrangement du combustible et du modérateur est plus hétérogène. C'est en fait le produit pf qui est optimisé par le choix des volumes respectifs et de l'architecture de l'ensemble combustible/modérateur.

Dans cette présentation, le passage du réacteur infini au réacteur réel se fait en introduisant les probabilités de fuite de neutrons rapides (notée f_{rapide}) et de fuite de neutrons thermiques (notée $f_{thermique}$), remplaçant le facteur de multiplication « infini » par le facteur de multiplication « effectif » :

$$k_{eff} = \eta\, \varepsilon\, (1 - f_{rapide}) \times p\, f\, (1 - f_{thermique}).$$

Un réacteur réel est construit pour fonctionner avec $k_{eff} = 1$; on doit donc avoir $k_{infini} > 1$, pour compenser les fuites de neutrons hors du volume fini du réacteur.

La figure 6.3 illustre graphiquement les valeurs typiques des bilans de neutrons aux différentes étapes de la boucle de réaction pour un réacteur à neutrons thermiques.

Le réacteur à neutrons rapides, où l'on cherche à éviter la modération, est décrit par les formules :

$$k_{infini} = \eta f'$$

$$k_{eff} = \eta f' (1 - f_{rapide})$$

où f' est le facteur d'utilisation des neutrons rapides. Cette vision d'un réacteur rapide fait l'hypothèse de l'existence de spectres monocinétiques de neutrons, ce qui est très simplificateur.

4. Le flux neutronique et le modérateur

Nous supposerons que l'on peut séparer la phase de ralentissement des neutrons (de 2 MeV à 1/40 eV), et la phase de leur diffusion à énergie moyenne constante (1/40 eV). Un modérateur a trois fonctions détaillées ci-après.

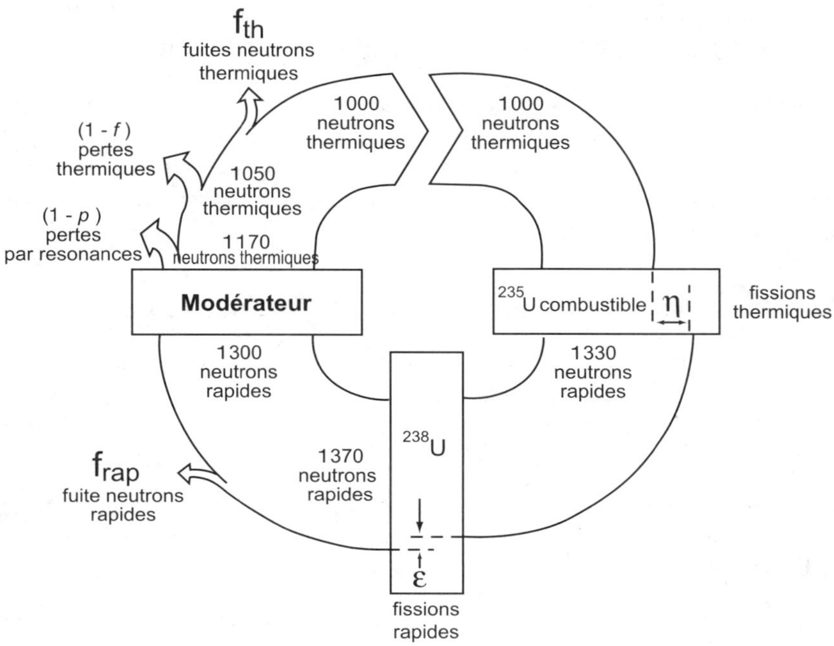

$$k_{eff} = \eta\, \varepsilon\, (1 - f_{rap})\, p\, f\, (1 - f_{th})$$

Figure 6.3. Équilibre du réacteur réel.

4.1. Ralentir les neutrons avec un nombre de chocs minimal (compacité)

Le ralentissement des neutrons se produit par des collisions répétées avec des noyaux, qui induisent une marche aléatoire. Suivant les règles de la mécanique classique, les collisions provoquent une perte d'énergie, d'autant plus efficace que le noyau est plus léger. Pour ralentir en peu de chocs, on choisit donc comme modérateur un milieu comportant des noyaux légers. Dans un modérateur à base de carbone (graphite), il faut en moyenne 115 chocs pour thermaliser un neutron. Il n'en faut plus que 25 si le modérateur est le deutérium contenu dans l'eau lourde (D_2O) et seulement 18 si le modérateur est l'hydrogène de l'eau ordinaire. Le combustible lui-même est un très mauvais modérateur, puisqu'il faudrait 2 172 chocs en moyenne pour thermaliser un neutron par de l'^{238}U. La distance moyenne entre le lieu de la fission produisant le neutron rapide et le lieu où le neutron est complètement thermalisé est respectivement de 187 mm pour le graphite, 110 mm pour l'eau lourde et 57,5 mm pour l'eau ordinaire, le plus compact des modérateurs.

4.2. Diffuser les neutrons avec un minimum d'absorptions parasites dans le modérateur (transparence)

Une fois thermalisé, le neutron diffuse dans le cœur du réacteur jusqu'à être capturé. La longueur du trajet de diffusion résulte d'une compétition entre le coefficient de diffusion dans le modérateur, à énergie constante, et la section efficace d'absorption par le modérateur. Elle est de 520 mm dans le graphite, de 100 mm dans l'eau lourde et de 28 mm dans l'eau ordinaire.

4.3. Minimiser les captures sans fission par le combustible

Cela se fait aussi en minimisant le nombre de chocs. Les combustibles ont tous en effet des résonances d'absorption particulièrement importantes dans la gamme d'énergie de 1 eV à 100 keV (énergies épithermiques). La réduction du nombre de collisions dans cette gamme d'énergie permet de diminuer la probabilité d'absorptions parasites.

L'eau lourde est le meilleur des modérateurs en compromis transparence-efficacité. L'eau légère est le plus compact des modérateurs, mais aussi le moins bon du point de vue des absorptions parasites. L'eau est aussi un bon caloporteur.

Le graphite occupe une position intermédiaire en transparence et compacité du point de vue neutronique, mais c'est un solide peu conducteur de la chaleur, et il ne peut donc avoir que sa fonction neutronique de modérateur.

5. Stabilité et pilotage d'un réacteur

La production stable d'énergie par un réacteur implique que l'on réalise exactement $k_{eff} = 1$. La réactivité ρ est définie par $\rho = (k_{eff} - 1)/k_{eff}$ et la condition de stabilité devient $\rho = 0$. Une réaction en chaîne dont la réactivité ρ est strictement positive, aussi petite soit-elle, devrait conduire très rapidement à une divergence exponentielle et donc à un accroissement catastrophique du flux de neutrons. En effet, le temps moyen entre deux générations de fissions est très court et varie de quelques microsecondes à quelques millisecondes, durée qui permet d'imaginer des temps de divergence plus courts que tout délai réaliste de contre-réaction. Or tant que ρ reste inférieur à une valeur petite (de l'ordre de quelques pour mille, variant avec le combustible), cette divergence exponentielle, aussi appelée divergence prompte, n'a pas lieu.

5.1. Les neutrons retardés

Cela est dû à une particularité de comportement de certains des fragments de fission, qui émettent des neutrons avec un retard notable. En effet, si la très grande majorité des neutrons émis à la suite d'une fission le sont à l'instant même de la fission (10^{-14} s) et sont disponibles, après migration, au plus quelques millisecondes après pour une nouvelle fission, une faible fraction β de ces neutrons ($\beta = 650$ pcm pour l'uranium 235) est en fait émise nettement plus tard par des fragments de fission. Cette fraction est composée de neutrons émis après une première désintégration β^- du fragment initial. Ils accusent donc un retard de l'ordre de la période de la désintégration β^- qui les a précédés. Ce retard peut dépasser la dizaine de secondes. L'existence de neutrons retardés, marginale sur le nombre de neutrons, a un effet essentiel sur le temps moyen entre deux générations de fission, qui peut ainsi être étendu à des secondes. Ceci laisse le temps d'agir à des systèmes de contre-réaction mécanique (barres de pilotage, contenant des matériaux à forte section efficace d'absorption de neutrons) qui modifient ρ, en variant la valeur du facteur d'utilisation thermique f. L'art de la construction d'un réacteur que l'on puisse piloter est d'équilibrer le système pour qu'il soit sous-critique par rapport au bilan des neutrons prompts, et qu'il n'atteigne la criticité $k_{eff} = 1$ qu'avec l'appoint, certes faible, de la fraction β de neutrons retardés. La condition de pilotage du réacteur s'écrit alors comme le maintien de ρ à une valeur toujours inférieure à cette fraction β, de façon à éviter la criticité vis-à-vis des neutrons prompts seuls ($\rho > \beta$ ou criticité prompte).

Le pilotage d'un réacteur à combustible uranium doit donc maintenir impérativement :

$$\rho < \beta = 650 \text{ pcm.}$$

Les causes d'évolution de la réactivité sont nombreuses. Les évolutions lentes sont liées à l'usure du combustible et à sa conversion en d'autres isotopes, ainsi qu'à l'apparition progressive de produits de fission absorbeurs de neutrons, ou poisons neutroniques, et aussi d'actinides non fissiles (^{240}Pu, ^{242}Pu...). Ces évolutions sont importantes sur la durée de vie du combustible mais sont aisément compensées par un lent déplacement de barres d'absorbant. La chute de réactivité du combustible qu'il s'agit de compenser dans un réacteur à eau sous pression est de 1 000 pcm par mois pendant 36 mois.

5.2. Les poisons neutroniques

Un cas particulier est l'apparition de poisons neutroniques retardés par une cascade β^- comportant de longues périodes. L'exemple le plus classique est « l'effet xénon », qui fait référence au ^{135}Xe, produit de fission à forte section efficace de capture neutronique (poison neutronique). Avec une probabilité non négligeable, des fissions conduisent à partir du tellure 135 de période courte à une chaîne de désintégrations β successives donnant l'iode 135 de période 6,7 h puis le xénon 135 de période 9,2 h et enfin le césium 135 de très longue durée de vie. Dans un réacteur en fonctionnement, un équilibre « séculaire » s'établit entre la production de ^{135}Xe par les fissions et sa destruction par les neutrons. Une concentration limite est atteinte. Quand on arrête le réacteur, la destruction de xénon par absorption de neutrons cesse, sa concentration se met à croître, alimentée par la décroissance de l'iode. En quelques heures se produit une chute de réactivité qui peut dépasser 2 000 pcm 9 heures après l'arrêt. Puis l'iode s'épuise, le xénon 135 décroît à son tour par radioactivité β et environ 30 heures après l'arrêt, l'empoisonnement disparaît. Ce « pic xénon » peut empêcher le redémarrage d'un réacteur après un arrêt, par exemple en fin de cycle quand, par suite de l'usure du combustible, la réserve de réactivité pourrait n'être plus assez grande pour en contrebalancer l'effet. L'empoisonnement xénon a joué un rôle dans l'accident de Tchernobyl (voir chapitre 8).

5.3. L'effet Doppler

Les variations plus rapides de réactivité ont pour origine les variations de température du réacteur. L'effet le plus rapide et le plus sensible est l'effet Doppler dans le combustible : une augmentation locale de la température dans le combustible, donc une agitation accrue des noyaux de combustible, a pour effet d'élargir par effet Doppler les bandes d'absorption résonnante des neutrons épithermiques, et donc de faire chuter la probabilité anti-trappe p et par conséquent ρ, donc la puissance neutronique qui est dissipée localement.

Cet effet de contre-réaction physique est précieux, puisque immédiat et local. L'effet Doppler, dont l'ordre de grandeur est de –2,5 pcm par °C pour un réacteur à eau légère, est une composante autostabilisatrice essentielle à la régulation d'un réacteur.

5.4. Le coefficient de vidange

L'effet sur la réactivité de la variation de température du modérateur est plus faible, en raison de l'inertie thermique propre au modérateur. Lorsque le modérateur est liquide (eau lourde ou ordinaire), l'effet essentiel est sa dilatation, donc une chute du rapport du nombre de noyaux modérateurs au nombre de noyaux combustibles, ou rapport de modération. Celui-ci agit à la fois sur la probabilité anti-trappe p, qui décroît, et sur le facteur d'utilisation thermique f, qui croît. Le résultat, appelé coefficient de vidange, dépend du point de fonctionnement choisi par rapport au maximum du produit pf. Rappelons qu'on règle la valeur du produit pf en choisissant notamment le rapport de modération. Un réacteur sous-modéré, où l'on accepte de ne pas ralentir complètement les neutrons jusqu'à l'énergie thermique, est stable vis-à-vis d'un échauffement du modérateur. À l'inverse un excès de modération conduirait à une instabilité. L'ébullition du modérateur, cas extrême de dilatation, ne fait pas courir de risque d'emballement à un réacteur à eau sous-modéré, puisque l'excès de chaleur qui provoque l'ébullition provoque une chute de réactivité. On a d'ailleurs conçu une filière de réacteurs à eau bouillante (REB, ou BWR – *boiling water reactor*).

5.5. En réacteur rapide

Dans un réacteur rapide, donc sans modérateur, l'effet de la température résulte d'une compétition entre l'accroissement de réactivité par augmentation des fissions et la chute de réactivité par augmentation des captures. La garantie d'un bilan global négatif oblige à une limite en teneur minimale de combustible fertile présent dans le réacteur rapide. Cette teneur est l'ordre de 50 %.

5.6. Les amplitudes de réglage

L'amplitude totale de réglage de réactivité par les dispositifs de contrôle au cours de la consommation du combustible se décompose comme suit :

- compensation d'usure du combustible : 36 000 pcm ;
- effet d'empoisonnement par le xénon et le samarium : 4 000 pcm ;
- effet de température du modérateur (15 pcm/°C) : 4 000 pcm ;
- effet de vide (ébullition du modérateur) : 3 000 pcm ;
- effet de température du combustible : 1 000 pcm.

Les diverses contributions à l'amplitude totale de 48 000 pcm ont des amplitudes variées, et les temps caractéristiques de variation associés sont d'autant plus courts que l'amplitude est plus faible. C'est pourquoi le contrôle de réactivité est assuré par des techniques adaptées à chacun des couples amplitude/temps des sources de variation ci-dessus. Il existe des barres de compensation des usures et des empoisonnements du combustible, à mouvement lent et de grande course. Le pilotage fin est assuré par des barres peu absorbantes, rapides, à positionnement précis dans la zone à sensibilité maximale (barres à peine introduites dans le cœur).

5.7. L'arrêt de sécurité

La fonction d'arrêt de sécurité est assurée par des barres très absorbantes, de mouvement très rapide et de mécanique très sûre, assurant un enfoncement complet qui « étouffe » les réactions en chaîne. Dans les réacteurs à eau sous pression, on injecte un absorbant liquide (bore sous forme d'acide borique) dans le modérateur liquide, ce qui assure une diffusion homogène et rapide. C'est à la fois un mécanisme de contrôle fin de la réactivité (–10 pcm/ppm de bore) et un mécanisme de sécurité très simple et fiable par déversement massif de bore, sans faire appel à des mouvements mécaniques qui pourraient être bloqués après un tremblement de terre ou le retournement d'un bateau ou d'un sous-marin.

5.8. Les poisons consommables

La dernière pièce de l'arsenal des moyens de contrôle est l'ajout au combustible de poisons neutroniques de très forte section efficace (gadolinium, erbium...). Ces poisons sont dits consommables car ils sont mis en place de façon à disparaître au cours de la combustion. Très absorbants en début de cycle, au moment où la réactivité du combustible est forte, ils sont ensuite « consommés » plus rapidement que le combustible en raison même de leur forte section efficace, pour quasiment disparaître en fin de vie du combustible, lorsque la réserve de réactivité est faible et que toute absorption est une pénalité.

Ce parcours dans le fonctionnement physique d'un cœur de réacteur à neutrons thermiques nous a montré comment agencer les isotopes fissiles, non fissiles et le modérateur pour amorcer une réaction en chaîne entretenue, et comment maintenir la réactivité dans la zone de pilotage sûr. Ceci est encore loin de constituer des filières technologiques de réacteurs. C'est vers l'examen des choix de filières que nous nous tournons maintenant.

Bibliographie

[1] M. Gauthron, *Introduction au génie nucléaire*, INSTN, Collection Enseignement, 1986.

[2] A.V. Nero Jr, *A Guidebook to Nuclear Reactors*, University of California Press, 1979.

[3] J. Bussac, P. Reuss, *Traité de neutronique*, Éd. Hermann, Collection Enseignement des Sciences, 1985.

7 Les différentes filières de réacteurs

Un très grand nombre de filières peuvent être imaginées. On peut en effet choisir a priori indépendamment l'isotope fissile (^{233}U, ^{235}U, ou ^{239}Pu), l'isotope fertile (^{232}Th ou ^{238}U), l'énergie des neutrons (thermiques, rapides, voire de spallation), le modérateur (H_2O, D_2O, graphite, néant), la géométrie de disposition du combustible et du modérateur (homogène, hétérogène, intermédiaire), le caloporteur (H_2O, D_2O, CO_2, He, Na liquide, Pb liquide, sels fondus...). Bien entendu, certaines combinaisons sont irréalistes et bien d'autres, essayées aux premiers temps du nucléaire, n'ont jamais atteint le stade industriel. L'histoire du développement des filières depuis un demi-siècle est celle de la domination progressive de la filière des réacteurs thermiques à uranium et eau légère, et dans celle-ci de la variante à eau sous pression.

1. Le choix des filières

Les choix de base sont d'opter pour le cycle de combustible uranium/plutonium ou le cycle thorium/uranium et de définir l'énergie à laquelle se produit la fission. Le cycle Th/U n'a jamais dépassé le stade expérimental : il implique nécessairement un fonctionnement en surgénération car le noyau qui fissionne est l'uranium 233, qui n'existe pas sur Terre. Le cycle Th/U est le seul pour lequel la surgénération soit possible quelle que soit l'énergie des neutrons, quoique le bilan des neutrons thermiques soit délicat à équilibrer. Le cycle U/Pu est utilisé surtout avec des neutrons thermiques ; une fraction majoritaire des fissions provient de ^{235}U, le reste (environ un tiers quand même) provenant du ^{239}Pu créé par conversion de ^{238}U.

L'utilisation de neutrons rapides correspond à la fission majoritaire de ^{239}Pu, la régénération à partir de ^{238}U pouvant être réglée de façon à consommer globalement du Pu (incinération) ou à en produire plus qu'il n'en est consommé (surgénération). Quelques unités de ce type dans le monde, couplées au réseau, fonctionnent en expérimentation ou en démonstration. Cette filière possède l'avantage décisif de ne pas limiter la combustion de l'uranium au seul isotope ^{235}U mais de permettre en principe la combustion quasi totale de l'uranium (^{235}U et ^{238}U), ce qui revient à multiplier les réserves d'énergie nucléaire par un facteur 50 à 100.

Les réserves connues d'uranium assurent ainsi encore 40 ans de production avec la filière thermique, durée qui dépasserait le millénaire avec une consommation de tout l'uranium en filière rapide. Une durée au moins équivalente serait disponible en utilisant le cycle Th/U.

Le choix du modérateur est en fait couplé à celui du caloporteur. Les combinaisons où le combustible, le modérateur et le caloporteur sont trois éléments distincts, sont *a priori* délicates, car elles comportent le risque intrinsèque de disparition du caloporteur alors que le combustible et le modérateur restent en présence, donc que de la puissance soit produite dans le cœur sans en être extraite. C'est notamment le cas de la configuration des réacteurs RBMK, dont Tchernobyl a tragiquement montré la faiblesse. Les choix essentiels de cette filière, uniquement présente dans l'ex-URSS, sont un combustible uranium, modérée au graphite et refroidie à l'eau. Associés à des choix d'agencement complexes pour le caloporteur (canaux multiples de refroidissement dans le cœur) et de systèmes d'arrêt d'urgence dangereux dans certains régimes de fonctionnement, les options de cette filière ont permis à des opérateurs particulièrement inconscients de déclencher la catastrophe que l'on sait (voir chapitre 8).

La filière où le modérateur en graphite est refroidi par un gaz ne pose pas de problèmes aussi critiques, car on n'y rencontre pas la transition brutale liquide/gaz ou liquide/vide du caloporteur, qui engendre un saut brusque de température. Cette filière qui a été celle des premiers réacteurs français (uranium naturel graphite gaz, UNGG) aujourd'hui arrêtés et dont il existe encore les équivalents anglais (MAGNOX), est maintenant reconsidérée sous la forme de réacteurs à haute température (HTR) dont on attend un bon rendement thermique. Les HTR sont décrits au chapitre 19.

Le couplage modérateur-caloporteur habituel est de prendre l'eau (lourde ou ordinaire) pour les deux. Lorsque l'on recherche la compacité, l'eau ordinaire est le meilleur choix. L'utilisation de l'eau lourde, peu absorbante de neutrons, autorise l'uranium naturel comme combustible, en permettant de boucler un bilan neutronique très sensible aux pertes.

L'autre couplage possible est l'association du combustible et du caloporteur sous forme de sels fondus. Le modérateur est alors solide (graphite). Cette filière n'a jamais dépassé le stade expérimental, malgré des avantages intrinsèques importants : possibilité de régénération continue du combustible (extraction des poisons et rechargement en combustible frais), adaptation à tout type de combustible (U, Th, Pu). Un handicap majeur est cependant la faible maturité technologique de cette filière (voir chapitre 18).

Bien d'autres contraintes interviennent dans la sélection des filières, notamment d'origine chimique (par exemple, l'incompatibilité sodium/eau) ou technologique (par exemple les températures maximales admissibles). Les filières réellement exploitées se limitent à quelques-unes, avec une majorité écrasante pour les réacteurs à neutrons thermiques et uranium légèrement enrichi, refroidis et modérés à l'eau ordinaire sous pression (REP) ou en ébullition (BWR). Le tableau 7.1 récapitule les filières ayant atteint au moins le stade du prototype industriel et donne les puissances installées dans le monde en 2000 pour chacune.

Tableau 7.1 : Les filières de réacteurs en 2000.

Type de réacteur	Élément fissile	Élément fertile	Énergie des neutrons	Caloporteur	Modérateur	Gigawatts électriques installés
Eau légère sous pression	^{235}U	^{238}U	thermiques	H_2O	H_2O	196
Eau légère bouillante	^{235}U	^{238}U	thermiques	H_2O	H_2O	80
Eau lourde	^{235}U	^{238}U	thermiques	D_2O	D_2O	20
Graphite-gaz-$U_{naturel}$	^{235}U	^{238}U	thermiques	CO_2	graphite	12
Haute température	^{235}U ^{233}U	^{238}U ^{232}Th	thermiques	hélium	graphite	0
Neutrons rapides	^{239}Pu	^{238}U	rapides	sodium	néant	1,2
Sel fondu	tous	tous	thermiques ou rapides	sel fondu	graphite	0

2. Les réacteurs à eau sous pression (REP)

Tous les réacteurs français en service sont de ce type, ne différant que par la taille c'est-à-dire la puissance : 900 MWe, 1 300 MWe, 1 450 MWe pour les plus récents. Les réacteurs à eau sous pression, REP, sont aussi les plus répandus dans le monde (les deux tiers du parc, environ).

2.1. Le cœur et la cuve

Un REP, c'est d'abord un cœur constitué d'un grand nombre de petits tubes très longs, très fins qu'on appelle des crayons (en gros 6 m de long, 1 cm de diamètre, 1 mm d'épaisseur), dans lesquels sont empilées des pastilles d'oxyde d'uranium (chaque pastille : 1 cm de hauteur, 8 mm de diamètre).

Les crayons sont regroupés en assemblages, chaque assemblage comportant 264 crayons. La puissance (et la taille) du réacteur dépend du nombre de ces assemblages, de 150 à 200. L'ensemble des crayons d'un assemblage forme une structure ouverte qui baigne dans de l'eau en mouvement : le cœur est au centre d'une grande cuve en acier (12 à 13 m de hauteur, 4 à 4,5 m de diamètre) dans laquelle est établie une circulation forcée d'eau sous pression (155 bar). Cette eau passe entre les crayons pour évacuer la chaleur engendrée par les fissions au sein des pastilles d'UO_2. En même temps, l'eau est le « modérateur » des neutrons : par des chocs successifs sur les atomes d'hydrogène de l'eau, les neutrons sont ralentis jusqu'à l'énergie « thermique » où la fission est favorisée. En effet, le diamètre des crayons et l'espacement laissé entre eux pour la circulation de l'eau sont calculés pour optimiser la probabilité pour un neutron de naître d'une fission au sein d'un crayon et de perdre suffisamment d'énergie au cours de collisions dans l'intervalle entre crayons pour que, compte tenu de sa vitesse, il aille provoquer une nouvelle fission dans un autre crayon.

2.2. L'enceinte

La cuve est elle-même au centre d'une grande enceinte cylindrique en béton qui contient de nombreux organes assurant l'évacuation de la chaleur : il y a autour de la cuve trois ou quatre boucles de refroidissement, chacune composée d'une puissante pompe de circulation et d'un échangeur de chaleur. Pourquoi un échangeur de chaleur ? Pour éviter que l'eau chaude qui vient du réacteur (toujours un peu radioactive, ne serait-ce qu'à cause des particules métalliques nées de la corrosion, qu'elle transporte) n'aille directement dans le local des installations électriques. On interpose un échangeur de chaleur dont le circuit primaire peut être actif tandis que le circuit secondaire, qui fait la liaison avec la salle des machines, sera sans danger pour les agents électriciens. Cet échangeur de chaleur est en réalité un générateur de vapeur. En effet il est alimenté, côté secondaire, par de l'eau à 75 bar seulement. Amenée à 280 °C environ dans l'échange de chaleur, elle se met à bouillir à cette pression et c'est donc de la vapeur qui sort de l'enceinte et transporte l'énergie extraite du réacteur pour la transformer en électricité par la turbine et l'alternateur.

On a donc à côté de l'enceinte contenant la cuve et les boucles de refroidissement un local annexe où la vapeur sous pression se détend, entretenant la rotation d'une turbine dont l'arbre est couplé au rotor d'un alternateur générateur d'électricité. La vapeur une fois détendue et refroidie est récupérée dans un condenseur d'où elle est renvoyée dans l'enceinte aux générateurs de vapeur. Une source froide, nécessaire pour maintenir basse la température du condenseur, est fournie par l'eau d'un fleuve ou celle de la mer si la centrale est implantée sur un rivage.

2.3. Le pilotage du réacteur

Le plus souvent une centrale nucléaire est astreinte à fournir une puissance électrique donnée, fixée en fonction d'une prévision de consommation. Il est donc nécessaire de régler la puissance thermique, environ trois fois supérieure (le rendement d'un réacteur nucléaire ne dépasse pas 33 %, en raison de la température relativement basse de la vapeur). On règle la puissance du cœur en y introduisant une matière absorbant les neutrons, du carbure de bore en général, sous la forme de crayons plus ou moins enfoncés dans le cœur du réacteur. Le flux des neutrons étant à son maximum au centre du cœur, on rapprochera les crayons absorbants de ce centre pour abaisser la puissance, on les en éloignera pour l'accroître. On manœuvre plusieurs crayons absorbants en même temps, sous forme de grappes, pour éviter de créer localement des inhomogénéités dans la distribution du flux des neutrons.

En plus de ces grappes de commande qui agissent par des déplacements limités, d'autres grappes de crayons absorbants fonctionnent par tout ou rien. Ce sont les « barres de sécurité » qui, dans un mouvement brutal et rapide, sont introduites dans le cœur pour stopper la réaction en chaîne. Il s'agit là d'une manœuvre d'urgence qui est soit l'acte d'un opérateur, soit celui d'un automatisme répondant à l'indication d'une situation anormale. Ces barres de sécurité sont retenues en haut de la cuve au-dessus du cœur par des électroaimants. Il suffit de couper l'alimentation de ceux-ci pour que les barres, libérées, chutent, c'est-à-dire que sous l'action de leur propre poids, elles pénètrent dans le cœur et bloquent instantanément le fonctionnement du réacteur.

Un autre réglage de la réactivité doit être réalisé sur une échelle de temps plus longue, car au cours du temps le combustible s'épuise. Ce dernier contient, lors du chargement environ 3 % d'uranium 235. En règle générale, il passe quatre ans dans le réacteur (il est renouvelé par quart tous les ans) et cette teneur de 3 % est grossièrement réduite à 1 % au moment du déchargement. Quand il est neuf, le combustible est donc très réactif. Il est mis en périphérie du cœur, là où le flux de neutrons est minimal, pour être rapproché du centre au fur et à mesure qu'il s'use. Malgré cela, on est amené à compenser la réactivité d'un combustible renouvelé lors de l'arrêt annuel par l'introduction dans l'eau du circuit primaire d'acide borique dont la teneur, forte au début de cycle, sera réduite peu à peu en cours de cycle en fonction de l'usure du combustible.

2.4. Les auxiliaires

À côté de l'enceinte et du bâtiment des machines électriques, on trouve un troisième local, celui des auxiliaires. Un auxiliaire important est le circuit de refroidissement du réacteur à l'arrêt. Toutes barres absorbantes enfoncées, un réacteur nucléaire à l'arrêt n'en continue pas moins à dégager de la chaleur. En raison de la forte radioactivité du cœur, du rayonnement est émis en permanence, donc de l'énergie. Cette puissance résiduelle du réacteur représente 7 % de sa valeur nominale aussitôt après l'arrêt, 1 % au bout de 2 heures et demie et encore 0,5 % après une journée entière (soit 60 MW pour un réacteur de 1 000 MWe). Il est donc indispensable de continuer à refroidir le cœur. Assez rapidement, on n'aura cependant plus besoin des puissantes pompes du circuit primaire, grosses consommatrices d'énergie. On les remplace par les pompes mieux dimensionnées du circuit de refroidissement à l'arrêt.

Un autre circuit auxiliaire important est le circuit de contrôle volumétrique et chimique dont le rôle est en premier lieu de maintenir constant le volume d'eau du circuit primaire. Celui-ci varie beaucoup en fonction de la température. Quand on arrête le réacteur pour recharger du combustible, on passe de l'arrêt à chaud (300 °C environ et pression de 155 bar) à l'arrêt à froid (température inférieure à 60 °C et 1 atmosphère) pour pouvoir ouvrir la cuve. La densité de l'eau passe de 0,7 environ à 1. Il faut donc rajouter de l'eau. Dans le même temps, à cause du coefficient négatif de température, la réactivité du cœur augmente, ce qu'on compense par une élévation de la concentration en acide borique. C'est le deuxième rôle de ce circuit : le réglage de la teneur en bore. Quand, rechargement effectué, couvercle de cuve remis en place, on redémarre le réacteur, il faut inversement réduire la quantité d'eau quand on l'échauffe et simultanément régler son acidité. Le coefficient de température du cœur est positif dans ces conditions et l'échauffement de l'eau est réalisé simplement en la brassant avec les pompes principales. On ne relève pas les barres de commande pour faire « diverger le réacteur » (enclencher la réaction en chaîne) tant que la température et la pression n'ont pas atteint 280 °C et 155 bar.

Le troisième rôle du circuit est de prélever en continu l'eau du modérateur par un piquage et de la faire passer sur des résines échangeuses d'ions pour la purifier, en particulier pour la débarrasser des résidus de corrosion qu'elle transporte et qui s'activent en passant dans le réacteur.

On trouve aussi dans ce local d'autres auxiliaires intéressant plus spécialement la sûreté, comme le système de refroidissement de secours (injection de sécurité). Ils seront décrits dans le chapitre 8.

2.5. La manutention du combustible

Un grand réservoir rempli d'eau entoure le sommet de la cuve. C'est la « piscine » du réacteur. Pour renouveler le combustible, on enlève les mécanismes de commande des barres absorbantes, on enlève ensuite le couvercle de la cuve, ce qui met en communication la piscine pleine d'eau avec la cuve, elle aussi pleine d'eau. Des chariots de chargement roulant sur des rails se déplacent alors au-dessus de la piscine et de la cuve et manœuvrent les assemblages qui restent ainsi continuellement immergés. L'eau agit à la fois comme refroidissement des assemblages et comme écran absorbeur des rayonnements (protection biologique des opérateurs).

La piscine communique par un sas avec un autre bassin situé hors de l'enceinte dans lequel sont stockés les assemblages neufs et ceux, irradiés, qui attendent leur transport à l'usine de retraitement.

3. Les réacteurs à eau bouillante (BWR)

Il existe un autre type de réacteur, très courant aux États-Unis (le tiers du parc), qu'on trouve aussi en Allemagne, en Suisse, en Suède mais pas en France, le réacteur à eau bouillante (*boiling water reactor* ou BWR).

Ce qui le distingue d'un REP, c'est le transfert direct de la chaleur depuis le cœur du réacteur jusqu'à la turbine. Parce que l'eau qui circule entre les éléments de combustible est à la pression de 70 bar seulement au lieu de 155 bar dans un REP, elle entre en ébullition dans la partie haute du cœur et la vapeur produite va directement à la turbine pour se détendre et se recondenser en eau. Il n'y a donc pas de circuits primaire et secondaire, mais un seul circuit où la vapeur va du cœur aux groupes turbo-alternateurs en salle des machines puis au condenseur d'où il retourne au réacteur.

Cet agencement différent entraîne plusieurs modifications : premièrement, il est encore plus nécessaire que dans un REP que l'eau de refroidissement ne soit pas radioactive puisqu'elle est admise dans un local où se trouve du personnel. Ceci interdit l'utilisation d'acide borique qui, irradié, donne par décroissance du tritium. La compensation de l'usure du combustible est réalisée par d'autres moyens, par des poisons consommables par exemple. Même si l'eau est aussi pure que possible, elle s'active en passant dans le réacteur : l'oxygène de l'eau devient de l'azote radioactif, lequel redonne l'oxygène de départ avec une période heureusement courte de 7 secondes. De ce processus, il résulte une forte activité au sein de la vapeur. Celle-ci retombe à très peu de chose dès que, réacteur arrêté, la vapeur cesse de circuler. Ainsi s'explique pourquoi des protections contre les rayonnements sont placées autour des groupes turbo-alternateurs et pourquoi la circulation des électriciens est limitée et contrôlée en salle des machines, ce qui n'existe pas sur un REP.

Autre modification : la température de la vapeur à la sortie du cœur étant très peu supérieure à la température de saturation, cette vapeur est très chargée en eau. En masse, on a à peine 15 % de vapeur pour 85 % d'eau. Le haut de la cuve au-dessus du cœur est occupé par des séparateurs eau-vapeur, sortes de cyclones, puis par des sécheurs. Une vapeur trop humide abîmerait très rapidement les ailettes de la turbine.

L'eau récupérée à cet endroit (85 % du débit donc) est reprise par des pompes qui se trouvent sur les bords de la cuve, refoulée dans le cœur par la base après avoir été mélangée à celle qui vient du condenseur. Il y a donc deux circulations : une externe avec un débit en masse équivalent à celui du générateur de vapeur d'un REP de même puissance et une recirculation interne d'eau entre le haut et le bas du cœur, le débit total étant pratiquement égal à celui du circuit primaire d'un REP. Ainsi est prise en compte la différence d'efficacité entre un transfert de chaleur par convection dans un REP (une cinquantaine de calories par gramme d'eau) et un transfert de la même chaleur par changement de phase dans le BWR (environ 7 à 8 fois plus par gramme vaporisé).

À cause des organes séparateurs et sécheurs situés dans le haut de la cuve et des pompes qui assurent le recyclage latéral de l'eau, la cuve d'un BWR est plus haute (22 m) et plus large (6 m) que celle d'un REP (13 et 4 m). Bien que sa paroi soit moins épaisse, la pression à l'intérieur y étant deux fois moindre, son poids est finalement double (700 tonnes pour les 330 d'un REP).

Le haut de la cuve étant occupé, les barres absorbantes de neutrons qui servent au pilotage du réacteur sont actionnées par le bas (en réalité ce sont des plaques qui s'insèrent entre les assemblages). En particulier, les barres de sécurité sont maintenues en permanence sous pression par un système hydraulique qui joue le rôle d'un ressort bandé. En cas d'urgence, le ressort est libéré et la pression propulse les barres dans le cœur.

Comme dans un REP, le cœur est constitué d'assemblages de crayons, mais ceux-ci sont moins nombreux, une soixantaine par assemblage. Il y a donc davantage d'assemblages (700 au lieu de 160 à 200). Les crayons ont un diamètre un peu supérieur. Ils contiennent, comme dans un REP, des pastilles d'oxyde d'uranium empilées un peu moins enrichies en isotope 235. Les assemblages de crayons, de section carrée, sont (c'est une différence) enfermés dans un boîtier qui fait canal de refroidissement (on dit aussi « tube de force »), ce qui permet un réglage à la base du cœur du débit d'eau froide en fonction de la chaleur produite dans chaque assemblage. Entre quatre assemblages contigus se déplacent des plaques montées en forme de croix sur un arbre, qui contiennent du carbure de bore. Ces plaques absorbantes de neutrons, plus nombreuses que dans un REP, servent surtout à uniformiser la puissance dans le cœur. Le fait qu'elles soient insérées par le bas de la cuve est bénéfique en ce sens : parce que l'ébullition prend naissance dans la partie supérieure du cœur, la densité du modérateur y est moindre, les neutrons y sont moins bien ralentis, les fissions moins probables. La répartition de la puissance suivant l'axe de la cuve est ainsi déformée au profit de la partie basse du cœur. L'introduction partielle de barres absorbant les neutrons dans cette région justement, permet de corriger ce déséquilibre.

Une autre différence entre BWR et REP apparaît dans la conduite du réacteur. Nous venons de voir que les barres de carbure de bore servent surtout à uniformiser la puissance dans le cœur. Elles servent aussi, au moins partiellement, à compenser l'usure du combustible à la place de l'acide borique interdit. C'est en faisant varier le débit de l'eau recyclée à l'intérieur de la cuve qu'on pilote un BWR : si on accélère ce débit, la quantité ou la grosseur des bulles de vapeur va diminuer dans le cœur, la densité du modérateur augmente, le ralentissement des neutrons est mieux réalisé, le nombre de fissions croît, la puissance monte puis se stabilise quand l'ébullition s'est accentuée. On a ainsi gravi un palier de puissance. Inversement, on diminue la puissance en réduisant le débit des boucles de recirculation, en jouant soit sur la vitesse de rotation des pompes, soit sur la plus ou moins grande ouverture de vannes placées à leur refoulement (c'est selon le constructeur).

Cette façon de piloter le réacteur a l'avantage d'être rapide et d'éviter la perte inutile des neutrons dans des absorbants. En augmentant la taille des bulles de vapeur pour abaisser la puissance du réacteur, on accroît l'énergie moyenne des neutrons et par suite le rapport des captures aux fissions qu'ils induisent. Mais on y gagne : les captures dans l'uranium 238 conduisent à la production de plutonium 239 qui est fissile, tandis que la capture par le carbure de bore est tout à fait stérile.

En pratique, sauf en période de démarrage, on pilote le réacteur BWR uniquement par des variations de débit de l'eau recyclée dans la cuve.

4. Les réacteurs à eau lourde

Les réacteurs à eau ordinaire, dite « légère » parfois, utilisent, nous l'avons vu, un combustible où l'uranium a été enrichi jusqu'à 3 % environ en isotope 235 (l'uranium naturel n'en contient que 0,7 %). Ceci parce qu'il faut compenser le nombre important de neutrons qui sont absorbés par l'eau pour donner de l'eau lourde, l'atome d'hydrogène de l'eau devenant un atome de deutérium par capture d'un neutron.

Ce défaut disparaît si on remplace l'eau par de l'eau lourde parce que celle-ci absorbe beaucoup moins les neutrons que l'eau légère. Plus économe en neutrons, l'eau lourde permet l'utilisation d'uranium naturel comme combustible. Ceci est un avantage évident parce que l'enrichissement à 3 % de l'uranium est une opération industrielle lourde et coûteuse.

Les pays qui ont adopté l'eau lourde comme modérateur sont le Canada et l'Inde. Dans ce paragraphe nous prendrons le réacteur canadien CANDU comme exemple type de cette filière.

Parce que l'eau lourde est moins bon modérateur (l'atome de deutérium est deux fois plus lourd que le neutron, alors que l'atome d'hydrogène de l'eau ordinaire a la même masse), les neutrons parcourent une plus grande distance avant de provoquer une fission. On peut alors avoir plus d'espace entre les éléments de combustible, appelés ici aiguilles. Celles-ci sont groupées en faisceaux dans des barres de plus grand diamètre et les intervalles entre barres deviennent de vrais canaux de circulation forcée dits « tubes de force ». Ces tubes traversent horizontalement le grand réservoir d'eau lourde qui constitue le modérateur, une cuve cylindrique à axe horizontal de 7,5 m de diamètre et 7,5 m de long.

Dans ces tubes de force horizontaux, les éléments de combustible peuvent être facilement déplacés et changés. Cela ouvre la voie au remplacement du combustible, réacteur en marche, chaque canal pouvant être isolé indépendamment des autres. C'est là un avantage évident. On évite les arrêts annuels nécessaires sur un REP, au cours desquels le combustible est beaucoup manipulé et redistribué pour en uniformiser l'usure. Ici, chaque élément est suivi individuellement et remplacé à son heure, sans perturber le fonctionnement du réacteur.

Cette gestion en ligne du combustible a un autre bénéfice : on n'a plus besoin de matière absorbante pour compenser son usure au cours d'un cycle. L'économie de neutrons ainsi réalisée par la suppression des poisons neutroniques se traduit par un « rapport de conversion » (le nombre de noyaux fissiles régénérés par captures dans ^{238}U, c'est-à-dire de noyaux de plutonium, divisé par le nombre de noyaux de ^{235}U perdus par fission) bien supérieur à celui d'un REP. Si, en plus, on remplace le fissile ^{235}U par ^{233}U dans un cycle au thorium (voir chapitre 17), les neutrons émis dans une fission étant plus nombreux, le rapport de conversion peut atteindre ou même dépasser 1. On produit alors autant, ou plus, de combustible qu'on en consomme. Le surgénérateur thermique est ainsi, en principe, réalisable.

Comme dans un réacteur à eau légère, les éléments de combustible, les aiguilles, sont remplies de pastilles d'oxyde d'uranium (naturel, donc à 0,7 % de ^{235}U). Elles sont groupées en faisceaux. On compte plusieurs milliers de faisceaux dans le cœur, empilés bout à bout dans les tubes de force. Comme dans un REP, l'eau lourde de refroidissement, maintenue à la pression de 100 bar pour ne pas bouillir à 310 °C en sortant du cœur, est mise en circulation par de grosses pompes (il y en a quatre dans un CANDU de 600 MWe) pour être envoyée à des générateurs de vapeur dont le secondaire est en eau légère.

Ce sont donc les parois des tubes de force qui jouent le rôle de barrière en lieu et place de la cuve des REP (la première barrière contre la contamination par les produits de fission étant pareillement la gaine en zircaloy des aiguilles). Le modérateur est, lui, à une pression proche de la pression atmosphérique. Il a un circuit de refroidissement propre pour maintenir sa température aux environs de 70 °C.

S'il n'y a pas de barres absorbantes pour compenser l'usure du combustible, il y a des barres verticales de cadmium qui peuvent chuter par gravité pour arrêter en urgence le réacteur. Le pilotage de routine se fait en introduisant, dans certaines parties du cœur, de l'eau légère, qui est un poison neutronique si on le compare à l'eau lourde.

Le contrôle de la réactivité au démarrage est obtenu par addition de gadolinium, un autre poison, au modérateur.

L'ensemble de la « calandre » (nom donné à la cuve et ses tubes de force), des pompes primaires et des générateurs de vapeur est enfermé dans une enceinte en béton comme dans la filière REP. À côté se trouve le bâtiment des turbo-alternateurs et le condenseur. Il y a aussi un local pour les auxiliaires parmi lesquels le circuit de refroidissement du réacteur à l'arrêt et surtout le circuit de purification de l'eau lourde. Ce circuit, en dérivation sur le refoulement des pompes principales, fait passer l'eau lourde sur des résines échangeuses d'ions pour la débarrasser des produits de corrosion susceptibles de s'activer dans le cœur et d'y absorber des neutrons. L'eau lourde purifiée est rendue à l'aspiration des pompes principales. Le volume du modérateur est aussi contrôlé en fonction du niveau de puissance du réacteur ainsi que sa pureté si du bore ou du gadolinium y a été introduit. On trouve encore dans ce bâtiment des auxiliaires une unité de traitement de l'eau lourde récupérée lors des fuites de façon à en limiter les pertes. Le coût de l'eau lourde justifie cette disposition.

Ce qui désavantage ce réacteur, c'est la quantité d'eau lourde nécessaire au démarrage. Le litre d'eau lourde vaut cher, ce qui implique un gros investissement au moment de la construction. Ceci explique que dans les pays où, pour d'autres raisons (militaires), une usine d'enrichissement d'uranium a été construite, la filière ait été abandonnée quand elle a été expérimentée (ce fut le cas en France). Un autre inconvénient est que le taux de combustion est faible : 8 000 MWj/t au lieu de 33 000 pour les REP. Ceci vient de ce que l'on n'a que 0,7 % de noyaux fissiles au départ dans le combustible au lieu de 3 %. Enfin avec un bon taux de conversion (0,75 typiquement pour 0,60 dans un REP), on retrouve beaucoup de plutonium fissile dans le combustible brûlé. Si on veut en tirer profit, il faut retraiter ce combustible. Sinon le plutonium a pour seul effet d'accroître la radioactivité des déchets.

Comme il est facile de changer souvent les éléments de combustible sans arrêter le réacteur, ce qui est utile si on veut en tirer du plutonium plutôt que de l'énergie, on accuse cette filière, déjà davantage plutonigène que les autres, d'être à l'origine de l'accession de certains pays, tels que l'Inde, à l'arme nucléaire.

5. Les réacteurs à neutrons rapides (RNR)

Dans les années 1970, le monde entier fut saisi d'une crainte de manquer d'uranium pour alimenter les centrales nucléaires ; crainte fondée sur des surestimations des besoins d'énergie et une sous-estimation des possibilités d'économiser l'énergie. Certains pays, comme la France et le Japon, se sont alors lancés dans un programme industriel de réacteurs à neutrons rapides, en visant plutôt des surgénérateurs pour répondre à une future pénurie de combustible, alors qu'aujourd'hui on envisagerait plutôt l'isogénération ou même la sous-génération (fonctionnement en incinérateur de déchets). Ainsi furent construits en France un prototype : Rapsodie (40 MW_{th}) en 1963, un démonstrateur : Phénix (230 MWe) en 1979, une centrale : Superphénix (1 200 MWe) en 1985 que devait suivre dans la foulée un 1 500 MWe, projet abandonné, la pénurie prévue se faisant attendre.

5.1. Les particularités des réacteurs à neutrons rapides

Ce qui fait la grande différence entre un réacteur à neutrons rapides et un réacteur thermique, c'est que le fluide qui transporte hors du réacteur la chaleur pour la transformer en électricité n'est pas un modérateur. C'est du sodium fondu, un métal excellent conducteur de la chaleur, choisi pour ses propriétés thermiques. Mais les noyaux de sodium, en raison de leur masse (23 fois celle d'un neutron), ralentissent très mal les neutrons et ceux-ci sont encore très énergiques quand ils induisent une fission. Comme la probabilité d'une fission est plus faible à haute énergie qu'aux énergies thermiques (d'un facteur 100 en gros), pour compenser il faut augmenter le nombre de noyaux cibles (le combustible contient 15 à 18 % de plutonium au lieu des 3 % d'uranium 235 dans un REP et 0,7 % dans un CANDU) et le flux des neutrons (10 fois plus élevé). Il en résulte que la puissance spécifique, c'est-à-dire la chaleur produite par unité de masse de combustible, est plus grande (d'un facteur 10 aussi). C'est pourquoi un métal fondu comme le sodium, très efficace dans l'extraction de la chaleur, est nécessaire. Le sodium fondu a été choisi par de nombreux pays ayant construit un réacteur à neutrons rapides.

Une autre différence est l'existence d'un circuit intermédiaire entre le circuit primaire d'évacuation de la chaleur du cœur et le circuit secondaire qui, comme dans un REP, produit la vapeur surchauffée alimentant la turbine. Ce circuit intermédiaire de sodium non radioactif (il ne traverse pas le cœur) a deux fonctions :

- permettre de confiner dans la cuve le circuit primaire et la radioactivité qu'il pourrait contenir et en isoler les locaux où la vapeur est produite ;
- empêcher qu'à la suite de la rupture d'un tube de générateur de vapeur, une interaction du sodium avec l'eau ne s'étende au cœur du réacteur.

Le sodium en effet, au contact de l'eau, donne de la soude, tandis que de l'hydrogène se dégage. Cette soude, si elle pouvait arriver dans le cœur, attaquerait dans la cuve les parties métalliques portées à haute température. Le cœur d'un RNR est plus compact que celui d'un réacteur thermique puisqu'il n'y a pas de modérateur. Les éléments de combustible sont des tubes d'acier inoxydable (en France de l'acier austénitique qui a un taux très bas d'oxygène) remplis d'un mélange d'oxydes d'uranium et de plutonium. Les aiguilles de combustible sont tassées dans les assemblages en laissant juste un espace réduit entre elles pour le sodium liquide qui les refroidit. Les assemblages de forme hexagonale sont eux aussi collés les uns aux autres dans le cœur. Ils présentent sur chaque face de leur paroi, dans les parties inférieure et supérieure, des plaques en surépaisseur qui réduisent l'intervalle interassemblage. Cette compacité du cœur est renforcée lorsque le réacteur est en puissance par l'effet de la dilatation et le jeu entre les assemblages se réduit encore, réalisant ce qu'on appelle « un cerclage naturel ». C'est un facteur important pour la sûreté du réacteur parce que, avec le cœur ainsi comprimé, toute élévation de la température tend à augmenter le rayon de l'ensemble. Il en résulte un coefficient négatif de réactivité qui rend le réacteur stable.

Le cœur n'est pas homogène : au centre se trouve la zone dite fissile dans laquelle est situé le combustible UO_2 + PuO_2 dont nous venons de parler ; il est entouré d'une couverture latérale et axiale d'uranium naturel ou appauvri, dite zone fertile, dans laquelle s'opère majoritairement la surgénération. Les neutrons qui s'échappent de ce cœur sont arrêtés au-delà par des assemblages en acier qui constituent la protection biologique et qui, en plus, participent au cerclage du cœur.

Une autre différence concerne la pression du caloporteur : le sodium fondu d'un RNR bout à près de 900 °C à la pression atmosphérique. Il n'y a donc nul besoin d'une forte pression pour le maintenir à l'état liquide quand il passe de 400 °C à 550 °C en traversant le cœur du réacteur. En raison de l'absence de pression, la cuve et les canalisations de sodium ont des épaisseurs faibles. De plus, la température élevée du sodium à la sortie du cœur permet, malgré une très légère dégradation due à l'existence d'un échangeur intermédiaire, de produire une vapeur surchauffée (à près de 500 °C et sous 184 bar) avec laquelle le rendement thermodynamique atteint aisément 40 % contre un maigre 33 % pour le REP.

Par contre l'échauffement du sodium lors de son passage dans le cœur (150 °C contre 36 °C seulement dans le cas de l'eau) est à l'origine de contraintes thermiques importantes : quand on passe de l'arrêt à la pleine puissance, la cuve et les circuits de refroidissement sont soumis à une grande variation de température. Sur des structures de grandes dimensions, il faut prévoir des déplacements dus à la dilatation du métal. L'emploi de sodium liquide ne va pas sans imposer des sujétions importantes. Il faut éviter tout contact avec l'air. L'atmosphère au-dessus du sodium liquide doit être inerte : de l'argon, ou à défaut de l'azote. Il y a donc toute une circulation annexe d'argon prête à remplir en permanence et partout tout volume évacué par du sodium en mouvement.

5.2. Les contraintes de sûreté imposées par le sodium fondu

Une particularité des RNR est la mise en circulation du sodium fondu par des pompes électromagnétiques, car le sodium, un métal, est un bon conducteur de l'électricité.

En contrepartie, cette propriété du sodium rend difficile l'inspection des tubes de générateur de vapeur pour en rechercher les fissures. Cette inspection se fait dans les REP par des mesures de courants de Foucault à l'endroit des soudures qui sont les points les plus fragiles des tubes. Si la fissure a été colmatée par le sodium, en raison de sa propriété de conduire l'électricité, la mesure risque de ne pas détecter de défaut. Or, l'on doit éviter toute défaillance d'un de ces tubes dans lesquels se vaporise de l'eau à 160-180 bar de pression. C'est en effet le seul endroit où le sodium et l'eau ne sont séparés que par une paroi mince. En cas de rupture, un jet d'eau et de vapeur jaillit comme une flamme au milieu du sodium. De la soude se forme avec dégagement d'hydrogène. C'est pourquoi la détection de ce gaz est une nécessité sur les générateurs de vapeur. Une autre conséquence de la grande réactivité chimique du sodium, c'est qu'il faut constamment le purifier. Dès qu'on change un élément de combustible ou une portion de circuit, de l'air adsorbé à la surface de ces objets est introduit dans le sodium. Des oxydes et des hydrures ainsi que de la soude se forment, qui sont susceptibles d'attaquer les parois métalliques à 500 °C, comme les tubes des générateurs de vapeur.

On contrôle en permanence la pureté du sodium et on le purifie avec des dispositifs basés sur le même principe : quand on refroidit le sodium, les impuretés précipitent car leur solubilité dans le sodium baisse. On aura donc en de nombreux points des circuits des boucles avec pièges froids qui, selon leur dimension, sont soit des contrôleurs de la pureté, soit de véritables systèmes de purification. De même, l'argon est lui aussi purifié en permanence en le faisant barboter dans des réservoirs remplis d'un mélange de soude et de potasse pour le débarrasser de l'oxygène qu'il pourrait transporter.

Dans ce qui précède, nous avons implicitement laissé penser que le circuit intermédiaire était complètement extérieur à la cuve. C'est souvent le cas. Mais sur les RNR français Phénix et Superphénix, une disposition différente, dite « intégrée », a été adoptée dans laquelle les échangeurs et les pompes des circuits primaires sont placés dans la cuve. Cette conception a l'avantage de réduire de beaucoup les problèmes posés par les grandes variations de température (jusqu'à 300 °C) que subissent les tuyauteries dans les circuits de sodium extérieurs, mais a l'inconvénient que la cuve doit avoir une plus grande dimension et contenir un volume de sodium considérable (6 000 tonnes).

Certains voient là un danger, compte tenu de la grande activité chimique du sodium. Comme il s'enflamme spontanément à l'air, ce sodium en grande quantité leur fait penser à une bombe prête à exploser. En réalité, d'après les spécialistes, le sodium en feu est beaucoup moins dangereux que le pétrole ou l'essence qu'on stocke dans de grandes cuves dans les raffineries. En brûlant, le sodium liquide forme à sa surface une croûte d'oxyde qui empêche l'incendie de se développer en profondeur et limite le rayonnement de chaleur. On peut ainsi s'approcher d'un feu de sodium et le combattre avec des extincteurs à poudre pour l'étouffer. Dans un incendie de raffinerie ou sur un puits de pétrole en feu, on ne peut pas faire grand-chose, à cause du rayonnement intense qui interdit d'approcher.

Une ultime différence entre RNR et réacteurs thermiques concerne la manipulation du combustible. Sur un REP, les choses sont simples : les manutentions se font dans l'eau, qui fait écran à la radioactivité sans boucher la vue. Le sodium liquide est, lui, opaque et il faut maintenir au-dessus de sa surface une atmosphère inerte. Toutes les opérations doivent se faire dans un volume clos, en aveugle, avec cette difficulté supplémentaire que les variations de température induisent un certain jeu dans les emplacements à atteindre. On opère de la façon suivante : une combinaison de bouchons rotatifs permet d'atteindre n'importe quel emplacement d'assemblage, sans rien voir.

Si la cuve est de type intégré, elle a des dimensions suffisantes pour qu'en partie supérieure soit aménagée une zone de stockage temporaire où le combustible est amené par un bras tournant et où il est refroidi en même temps que le cœur. S'il faut sortir un élément de combustible, le processus est complexe : ce combustible est d'abord enfermé dans un pot rempli d'argon, puis une machine de transfert en forme de grand compas prélève ce pot et, toujours sous argon, le transporte dans une autre cuve remplie de sodium destiné au stockage.

5.3. Un bilan contrasté pour les surgénérateurs

Des problèmes récurrents posés par ces manœuvres délicates sur Superphénix (auxquels se sont ajoutées d'autres pannes trop fréquentes) ont fini par paralyser l'installation, qui a été arrêtée en 1997 lors d'un changement de contexte politique. Pourtant, Phénix, le modèle précédent moins puissant, a donné toute satisfaction dans son fonctionnement pendant une longue période.

Si le combat contre l'effet de serre et ses conséquences sur le climat poussait un jour à une utilisation plus large de l'énergie nucléaire, nous pourrions nous repentir de gaspiller l'uranium comme on le fait actuellement puisque seul l'isotope 235 entre dans le processus de production d'énergie, soit 0,7 % de l'uranium extrait de la mine. Le surgénérateur qui permet la conversion en fissile de l'isotope 238, donc des 99,3 % restants, ouvrirait alors la voie d'une source d'énergie pour des centaines d'années. Un rêve de physicien et d'énergéticien, mais un casse-tête de technologue.

Pour le moment, le taux de combustion dans un RNR atteint 100 000 MWj/t comparé à 33 000 pour un REP. Compte tenu de la forte proportion de matière fissile que contiennent les éléments combustibles, on devrait pouvoir aller bien au-delà. Effectivement, certains éléments ont atteint 160 000 MWj/t dans Rapsodie. Ce qui limite le taux de combustion, c'est la gaine en acier qui résiste mal à l'intense flux de neutrons auquel elle est soumise. Des cavités s'y créent qui provoquent un gonflement de l'acier. Le faisceau des aiguilles de combustible et son fourreau hexagonal se déforment : ils se courbent faisant un arc, s'éloignant de l'axe du cœur en parties supérieure et inférieure (ce qu'on appelle gerbage). On peut craindre que le refroidissement ne soit entravé et même que les espaces entre aiguilles ne se bouchent. On ne peut pas facilement dépasser cette limitation du taux de combustion. On ne peut pas non plus enrichir le combustible en plutonium sans faire baisser le nombre des neutrons retardés, qui sont essentiels pour la sûreté du réacteur. Le multirecyclage du combustible semble donc inévitable et les problèmes posés par le retraitement des combustibles de RNR ne sont pas encore bien dominés. La valorisation du combustible, dont on fait le grand argument de la filière, est encore un potentiel qui reste à exploiter.

En ce qui concerne la prolifération, le RNR attire l'attention, en raison de la grande quantité de plutonium qu'il contient (4,8 tonnes dans Superphénix) et des transports à prévoir entre centrale, usine de retraitement et ateliers de fabrication de combustibles. C'est pour cette raison que les Américains ont toujours été hostiles à la solution retraitement + réacteurs rapides pour l'aval du cycle dans le nucléaire civil, et qu'ils privilégient le stockage direct du combustible usé. Mais l'indépendance énergétique de leur pays leur permet de faire peu de cas des isotopes fissiles mis aux déchets.

Finalement, la filière des réacteurs à neutrons rapides est aujourd'hui handicapée par sa taille, sa complexité, son coût et ses problèmes de sûreté particuliers (proximité du sodium et de l'eau). Son seul point positif, mais il est majeur, est son utilisation particulièrement efficace de tous les isotopes de l'uranium, avec les perspectives de disposer de combustible fissile pour mille ans.

Dans un contexte de faible pression sur le marché de l'uranium « frais » et de faible intérêt pour la préservation des ressources des générations futures, il ne faut pas s'étonner des nombreuses critiques faites à la filière RNR.

Ce parcours nous a enrichis de toute la complexité des choix et des enjeux technologiques. La diversité des choix possibles et l'émergence de filières dominantes sont parfois présentées, à juste titre, comme une sélection quasiment darwinienne. Nous avons examiné les filières victorieuses, avec une mention spéciale pour la filière à neutrons rapides. Cette dernière n'apportera son bénéfice qu'aux générations futures, ce qui l'affaiblit dans la sélection actuelle.

Maintenant que nous avons une vision de la technologie des filières en fonctionnement normal, nous sommes prêts à aborder les fonctionnements accidentels, objet du chapitre suivant.

Bibliographie

[1] S. Gladstone et A. Sesonke, *Nuclear Reactor Engineering*, Ed. Chapman and Hill, New York, 1994.

8 La sûreté des réacteurs nucléaires

La sûreté, pour les centrales nucléaires, a pour objectif la prévention des accidents. Elle est essentiellement assurée par la conception de procédures, d'automatismes mettant en œuvre des matériels adaptés qui permettront en toutes circonstances, par exemple à la suite d'une défaillance matérielle, de reprendre rapidement le contrôle du réacteur et de le ramener dans un état sûr.

La première et la plus simple action de prévention est la « chute des barres ». Ces barres (en réalité des crayons de carbure de bore absorbant les neutrons) sont normalement maintenues au-dessus du cœur par des électro-aimants. Si une action de l'opérateur ou un automatisme provoque la coupure du courant de ces électro-aimants, les barres chutent par gravité dans le cœur, ce qui entraîne l'arrêt immédiat de la réaction en chaîne et la baisse instantanée de la puissance à environ 6-7 % de sa valeur initiale. Cette puissance résiduelle, due à la radioactivité du cœur, décroît ensuite plus lentement : 1 % au bout d'une heure, 0,15 % après un mois, etc. Ceci implique qu'il faut continuer à refroidir le cœur d'un réacteur à l'arrêt.

La sûreté est aussi une culture de rigueur et d'exigences impliquant la recherche incessante (et souvent internationale) du meilleur dans la conception des réacteurs, la qualité des matériels, les consignes de fonctionnement, la formation des opérateurs. Deux « principes » guident la définition d'un dispositif de sûreté : indépendance et redondance. Ainsi plusieurs types de capteurs envoient par des voies indépendantes la valeur d'un paramètre, valeur qui sera considérée comme signalant un défaut si au moins deux capteurs sur quatre (par exemple), donnent en même temps une information anormale.

Dans ce qui suit, on ne considérera que les réacteurs à eau sous pression, les seuls en service en France. La généralisation aux réacteurs à eau bouillante est le plus souvent possible. Par contre, la technologie des réacteurs rapides diffère sensiblement de celle des réacteurs à eau, de sorte que les problèmes de sûreté y sont notablement différents. Nous les avons évoqués ci-dessus.

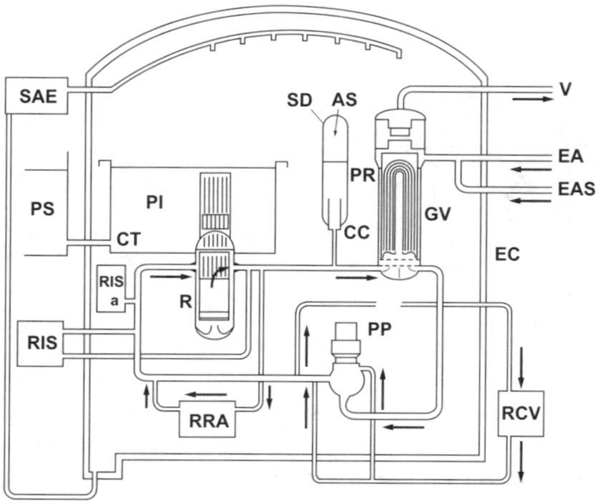

AS système d'aspersion du pressuriseur
CC cannes chauffantes
CT canal de transfert du combustible
EA eau alimentaire
EAS eau alimentaire de secours
EC enceinte de confinement
GV générateur de vapeur
PI piscine du réacteur
PP pompe primaire
PR pressuriseur
PS piscine de stockage
R réacteur
RCV circuit de contrôle volumétrique et chimique
RIS circuit d'injection de sécurité
a accumulateur
RRA circuit de refroidissement du réacteur
SAE système d'aspersion de l'enceinte
SD système de décharge du pressuriseur
V vapeur

Figure 8.1. Principaux circuits de refroidissement et de sécurité d'une chaudière nucléaire de type REP.

1. Le fonctionnement des circuits de refroidissement d'un réacteur

Comme toute centrale thermique, un réacteur nucléaire génère de l'électricité en produisant d'abord de la vapeur sous pression à partir d'eau. L'énergie mécanique libérée dans la détente de cette vapeur jusqu'à sa recondensation en eau est partiellement récupérée par une turbine couplée à un alternateur. L'eau de condensation est renvoyée au générateur de vapeur formant ainsi une boucle fermée (voir sur la figure 8.1 le circuit EA = eau, GV = générateur de vapeur, V = vapeur). Un circuit relais d'eau sous forte pression, dit circuit primaire, transmet la chaleur du réacteur au générateur de vapeur (sur la figure, circuit R = réacteur, GV, PP = pompe principale). Ceci protège les groupes turboalternateurs d'une éventuelle contamination provenant du cœur.

Un paramètre essentiel dans ce processus est donc la pression. Dans le circuit primaire, elle est régulée par le pressuriseur (PR). En actionnant des chaufferettes (CC) dans la partie inférieure remplie d'eau (en cas de pression trop basse) ou à l'aide du système d'aspersion d'eau (AS) dans la partie supérieure où se tient la vapeur (en cas de pression trop élevée), on maintient constant en partie médiane un niveau d'eau qui correspond aux 155 bar du circuit primaire. Au cas où, accidentellement, la pression s'élèverait brusquement, une soupape de décharge de la vapeur s'ouvre au sommet du pressuriseur (SD). De même, les niveaux de l'eau dans les secondaires des générateurs de vapeur sont régulés en permanence pour y maintenir une pression de 70 bar. Une soupape s'ouvre également en aval sur le circuit de la vapeur si la pression dépasse un seuil fixé.

Les autres paramètres contrôlés sont des débits et températures en plusieurs points des circuits d'extraction de la chaleur, le flux des neutrons dans le cœur, le taux de variation de ce flux c'est-à-dire la réactivité, et la variation de cette réactivité en fonction du temps (la « période » du réacteur). Ces paramètres peuvent varier dans une plage fixée de valeurs précalculées. Si un paramètre sort brutalement de cette plage, on a un incident de fonctionnement auquel font face des automatismes de protection. Par exemple, si le groupe turboalternateur est, de façon imprévue, déconnecté du réseau, la demande d'électricité va tomber d'un coup à zéro, la turbine n'aura plus besoin de vapeur et la pression secondaire va monter anormalement. Un automatisme permettra d'envoyer directement la vapeur au condenseur en court-circuitant la turbine, et en cas de défaillance de ce dispositif, d'actionner la soupape qui laissera s'échapper la vapeur vers l'atmosphère. Les automatismes de protection ont ainsi pour fonction de ramener les paramètres à des valeurs normales au cours d'un transitoire.

Les réacteurs de l'EDF fonctionnent le plus souvent en « suivi de charge », c'est-à-dire qu'ils doivent fournir à tout instant une puissance électrique fixée par le régulateur central de réseau en fonction d'une consommation prévue. Dans certains cas, le réacteur peut être amené à suivre de plus près les variations de cette consommation. Le régulateur central gère alors directement la puissance demandée au groupe turboalternateur ; cette puissance est réglée par action sur les vannes d'admission de la vapeur à la turbine. La puissance du réacteur est ajustée à celle demandée au groupe par un système automatique de régulation qui modifie la position des barres (ou grappes) de commande. Dans une centrale à eau sous pression, le réacteur est en quelque sorte l'esclave de sa turbine.

2. Les trois barrières

Le seul danger majeur que peut présenter un réacteur nucléaire, c'est le relâchement de matières radioactives à l'occasion d'un accident. Trois barrières s'y opposent : les produits de fission et les actinides sont des noyaux lourds d'énergie trop faible pour pouvoir sortir du combustible. Ils restent au sein des pastilles. L'hélium des désintégrations α est récupéré au sein des crayons. Le combustible et sa gaine constituent donc la première barrière.

Si un point chaud se développe en un endroit de la gaine ou si celle-ci a là un défaut qui limite l'échange de chaleur, la gaine peut se déformer par gonflement et à la longue se fissurer. Alors l'eau du circuit primaire sera contaminée. Cette eau tourne en boucle fermée entre le réacteur et les générateurs de vapeur. La radioactivité y restera prisonnière. C'est la deuxième barrière.

Dans des accidents graves, une fuite plus ou moins importante peut survenir sur le circuit primaire. Une séquence automatique de contre-mesures arrête le réacteur, met en route l'injection de secours (décrite ci-dessous), isole les générateurs de vapeur côté secondaire de même que quelques circuits annexes branchés sur le circuit primaire dont certaines canalisations traversent l'enceinte. Celle-ci, devenue complètement étanche, jouera alors son rôle de confinement de la radioactivité. C'est la troisième barrière.

Dans les réacteurs les plus récents ou en projet, l'enceinte de confinement est dédoublée : une première enceinte en acier (ou en béton précontraint sur les réacteurs à eau sous pression 1 300 MW) est recouverte d'une deuxième en béton, l'espace intermédiaire pouvant être utilisé pour un refroidissement de l'enceinte par circulation naturelle, ou forcée, d'eau ou d'air, avec récupération ou non des fuites de la première enceinte.

3. Les circuits auxiliaires de sauvegarde

Nous avons vu qu'un réacteur doit toujours être refroidi, même à l'arrêt. Toute défaillance des circuits d'eau provoque l'intervention automatique de systèmes de secours.

3.1. L'injection de sécurité

L'injection de sécurité a pour rôle de maintenir constant le volume d'eau nécessaire à l'extraction de la chaleur produite par le réacteur. Elle est assurée par trois circuits : haute pression, accumulateurs, basse pression. Le premier injecte de l'eau sous forte pression dans les boucles de refroidissement quand on observe une chute de la pression dans le circuit primaire (RIS, voir figure 8.1). Cette eau contient de l'acide borique pour introduire en même temps une forte antiréactivité. L'eau est prise dans le réservoir de remplissage de la piscine qu'on utilise lors du déchargement du combustible. Ce circuit d'injection de secours à haute pression a un débit calculé pour pallier une perte modeste de réfrigérant. Dans le cas d'une plus grosse brèche, des accumulateurs d'eau mélangée d'acide borique (a) se vident ensuite automatiquement dès que la pression dans le circuit primaire est descendue sous un seuil limite.

Si celle-ci continue à baisser, des pompes à basse pression du troisième circuit prennent le relais et injectent à fort débit l'eau du réservoir de la piscine (PI) dans les boucles de refroidissement. Avant que celui-ci ne soit vide, toujours dans ce cas d'une grosse fuite susceptible de vider entièrement la cuve, l'eau qui s'écoule par la brèche est récupérée au fond de l'enceinte étanche dans un puisard et envoyée, par des pompes de recirculation, dans le circuit primaire et dans le circuit d'aspersion, décrit ci-dessous.

3.2. L'aspersion de l'enceinte

Le circuit d'aspersion réalise un refroidissement auxiliaire du réacteur par l'extérieur de la cuve, en double ou en remplacement éventuel du refroidissement normal. À la suite d'une rupture dans le circuit primaire, de la vapeur très chaude accompagne l'eau et se répand dans l'enceinte. L'eau, récupérée dans des puisards dans le bas de l'enceinte, éventuellement refroidie dans des échangeurs annexes, est déversée en pluie à partir du toit de l'enceinte. Cette aspersion a deux fonctions :

- elle condense la vapeur et l'entraîne vers le puisard dans le bas de l'enceinte, ce qui aide à maintenir la pression et la température dans celle-ci à des valeurs inférieures à celles pour lesquelles elle a été calculée ;
- l'iode 131, entraîné par la vapeur si des gaines se sont rompues, est le produit de fission le plus dangereux pour l'environnement à ce stade de l'accident. L'aspersion permet de rabattre cet iode vers le bas de l'enceinte, en le dissolvant dans l'eau. Sa récupération est une première parade contre une possible contamination de l'environnement.

3.3. L'alimentation de secours des générateurs de vapeur

Dans le cas d'une coupure totale de l'alimentation électrique de la centrale (normalement celle-ci reçoit le courant du cœur réseau par deux voies indépendantes), on peut craindre un assèchement très rapide (15 minutes environ) des générateurs de vapeur par manque d'eau secondaire. En moins d'une minute, après arrêt du réacteur, un circuit d'alimentation de secours entre en fonction avec des turbopompes alimentées par prélèvement de vapeur sur les tuyauteries principales des générateurs de vapeur ; ces pompes sont doublées très peu de temps après par des électropompes utilisant le courant secouru.

4. Les scénarios d'accident

En tout premier lieu, il faut savoir qu'un accident, même d'ultime gravité, sur un réacteur ne peut pas conduire à une explosion nucléaire. L'architecture d'un réacteur, sa « géométrie », en particulier la distance radiale moyenne entre les éléments combustible a été optimisée pour la réactivité nulle, donc le maintien du nombre de neutrons. Tout désordre grave qui survient dans le cœur : vaporisation de l'eau, fusion du combustible, est fortement antiréactif, c'est-à-dire qu'après une pointe de puissance très brève, mais qui peut être très forte, la réaction en chaîne s'arrête d'elle-même.

4.1. Les accidents possibles

En cas d'accident, nous l'avons dit, des automatismes interviennent immédiatement selon des procédures prévues pour reprendre le contrôle du réacteur et le stabiliser dans un état sûr. Il faut en effet répondre dans un délai très court (la seconde) et l'opérateur doit seulement vérifier que la séquence des interventions est conforme au schéma envisagé dans les situations d'urgence.

À titre d'exemple, supposons qu'une très grosse fuite se produise sur une des boucles de refroidissement (il y en a trois sur les réacteurs à eau sous pression de 900 MWe, quatre sur les 1 300 MWe), à la suite d'une rupture de canalisation sur l'arrivée de l'eau froide dans le réacteur. Il s'agit de l'accident le plus grave qu'on puisse envisager car c'est l'endroit où la tuyauterie a la plus grosse section (le cas s'est produit récemment d'une fuite, heureusement petite, à cet endroit-là sur un réacteur N4 peu après son démarrage). Si l'extraction de la chaleur est insuffisante, les éléments de combustible vont chauffer, mettant en danger les gaines.

On prévoit le déroulement suivant des événements : la brèche étant instantanée et brutale, une onde de dépressurisation se propage dans le circuit jusqu'à la cuve en endommageant éventuellement les structures internes. Quand la pression de saturation de l'eau est atteinte, une vaporisation brutale se produit. La densité du modérateur ayant décru, la réaction en chaîne s'arrête en quelques dixièmes de seconde, bien avant l'action des barres qui chutent (2,2 secondes).

Tandis que le circuit primaire commence à se vider d'eau et de vapeur dans l'enceinte et que la température du combustible se met à monter, l'injection de sécurité, décrite ci-dessus, entre en jeu, avec le recyclage de l'eau écoulée dans l'enceinte. Dans une hypothèse pessimiste, en raison de la forte pression de la vapeur, on ne pourra pas empêcher un découvrement partiel du cœur, avec des conséquences graves pour les gaines. Puis celles-ci seront remouillées quand la pression aura baissé. Toutes les mesures de sauvegarde doivent permettre de maîtriser ce processus de façon que la température des gaines ne dépasse pas 1 200 °C au point le plus chaud. En effet, à partir de cette température, la réaction exothermique de l'eau avec le zirconium des gaines devient très importante. Cette réaction produit de l'hydrogène qui peut provoquer une explosion. Peu à peu sous l'action du système de sauvegarde, la température se stabilise dans le cœur et la situation du réacteur, quoique grave, est contrôlée. En tout état de cause, dans cette séquence, l'assèchement du cœur du réacteur est très bref (quelques secondes) et ne doit entraîner qu'une dégradation limitée du cœur (seulement quelques crayons sont touchés).

Un autre accident, déjà envisagé ci-dessus, est la coupure complète du courant électrique provenant du réseau. Deux groupes diesel (un seul suffit à délivrer la puissance nécessaire) démarrent aussitôt pour fournir en moins d'une minute le courant secouru. Ces groupes sont localisés aux deux endroits les plus éloignés du site pour ne pas être mis hors d'état simultanément (en cas de chute d'avion par exemple). Nous avons vu qu'une alimentation en eau de secours assure la continuité du refroidissement par les générateurs de vapeur.

Il existe sur le circuit primaire un point singulier important : les tubes des générateurs de vapeur. Ils représentent une surface considérable d'épaisseur faible (un peu plus du millimètre). Il suffit qu'un tube se rompe pour que l'eau à 155 bar de pression du circuit primaire passe dans le circuit secondaire à 70 bar, provoquant très rapidement l'ouverture de la soupape de décharge à l'atmosphère. Il n'y a plus alors de barrière entre le fluide primaire et l'environnement. La seule parade efficace est un contrôle systématique des soudures de plusieurs milliers de tubes par des petits robots baladeurs que l'on effectue sur les générateurs de vapeur lors de l'arrêt annuel du réacteur.

Toutes les séquences accidentelles, telles que celles qui ont été décrites ci-dessus, sont modélisées pour conduire à une estimation des rejets à l'atmosphère. L'objectif recherché est de réduire en priorité la fréquence des séquences accidentelles ayant les plus forts rejets. Ainsi les accidents les plus graves sont les moins probables, et les accidents les plus fréquents sont les moins graves. Cette analyse est dite « analyse déterministe de sûreté » car elle ne suppose qu'un seul initiateur à l'accident : une brèche (grosse ou petite) dans le circuit primaire, une coupure de l'électricité qui alimente les pompes, etc. C'est ce qu'on trouve dans le rapport de sûreté, un document absolument nécessaire avant toute construction d'un réacteur.

Mais il peut arriver que des défaillances multiples se conjuguent pour conduire à des situations d'extrême gravité telle que la fusion partielle ou totale du cœur. Deux accidents très graves se sont malheureusement produits comme conséquence d'une superposition d'initiateurs, à Three Mile Island (États-Unis) et à Tchernobyl (ex-URSS).

4.2. Three Mile Island (1979)

À Three Mile Island, tout commence par un incident banal sur le circuit secondaire qui a fait perdre l'alimentation en eau des générateurs de vapeur. Ces derniers n'évacuant plus efficacement les calories apportées par le circuit primaire, la température et la pression dans ce circuit montent. Au bout de 3 secondes, les automatismes font s'ouvrir la soupape de décharge du pressuriseur et chuter les barres. Côté secondaire, ils provoquent le déclenchement de la turbine et donnent l'ordre de démarrer aux pompes de l'alimentation de secours des générateurs de vapeur. Au bout de 12 secondes, la pression primaire étant redevenue normale, la soupape reçoit l'ordre de se refermer. Tout jusqu'ici a fonctionné comme prévu : la puissance résiduelle peut être évacuée facilement par les générateurs de vapeur avec leur alimentation de secours.

Mais la soupape a un défaut et reste bloquée en position ouverte. Pire, l'ordre donné à la soupape de se fermer est signalé au tableau de commande, mais pas son exécution. Conséquence : alors que le circuit primaire se vide du côté vapeur et que la pression y atteint le seuil de mise en action de l'injection de secours, l'opérateur ne mesurant plus le niveau dans le pressuriseur est amené à croire par la fausse indication « soupape fermée » qu'il y a trop d'eau dans la cuve et coupe au bout de 4 minutes l'injection de secours. À ce moment-là, la cuve se vide de son eau, qui n'est plus remplacée. Un incident supplémentaire empêche l'opérateur de réfléchir : les deux motopompes qui doivent injecter l'eau de secours dans les générateurs de vapeur, 30 secondes après un manque d'eau signalé, n'ont pas pu entrer en action car elles avaient été isolées par une équipe de maintenance ! En quelques minutes les générateurs de vapeur se sont asséchés, ce qui interrompt tout refroidissement du circuit primaire. Plus de 20 minutes seront nécessaires pour remettre le circuit secondaire dans un état normal.

Pendant ce temps la situation dans la cuve s'aggrave : après 6 minutes, l'eau du circuit primaire commence à bouillir, les pompes doivent faire circuler une émulsion d'eau et de vapeur, elles cavitent, on doit les arrêter. Une circulation par convection naturelle ne peut s'établir car il y a séparation des phases : la vapeur s'accumule dans les points hauts, l'eau dans les points bas.

Ce n'est qu'au bout de 2 heures qu'un opérateur, sans comprendre ce qu'il fait, fermera une vanne manuelle en double de la soupape et rendra étanche le circuit primaire. Entre-temps, le niveau dans la cuve a baissé, le cœur est découvert, les gaines atteignent des températures élevées (1 500 °C) où une forte action de l'eau sur le zirconium des gaines produit de l'hydrogène en quantité, qui passe dans l'enceinte de confinement en entraînant des produits de fission. On crut, un temps, que l'hydrogène allait exploser et que l'enceinte céderait sous la pression, ce qui ne s'est pas produit. En fait l'enceinte joua parfaitement son rôle de dernière barrière. Il n'y eut que des rejets minimes dans l'environnement, dus à un ordre trop tardif d'isolement de l'enceinte. Pourtant, une partie importante du cœur avait fondu, comme l'a montré une sonde envoyée dans la cuve six ans après l'accident. On aura remarqué dans cette histoire d'évidentes défaillances humaines. S'y sont ajoutés de nombreux défauts dans la conception du tableau de commande. En plus de ceux déjà notés, celui-ci : il existait une mesure de niveau d'eau dans le réservoir de décharge de la soupape qui aurait aidé les opérateurs à comprendre que celle-ci était restée grande ouverte et que la cuve se vidait de son eau. Mais cette information n'était transmise que dans un local annexe et son intérêt n'avait jamais été indiqué aux opérateurs. Encore un défaut : l'ordinateur d'aide à la conduite, qui n'était pas capable de gérer la situation d'accident, fut plutôt une gêne qu'une aide.

4.3. Tchernobyl (1986)

Dans le cas de Tchernobyl, les erreurs humaines furent bien pires. Déjà, le réacteur russe présentait des erreurs de conception qu'on ne retrouve pas sur tous les autres réacteurs.

a) Le modérateur était en graphite. Le ralentissement des neutrons étant moins efficace par des noyaux de carbone que par les noyaux d'hydrogène d'un réacteur à eau, le réacteur russe était de grande taille et on n'a pas pu l'enfermer dans une enceinte de confinement.

b) Le réacteur était refroidi par des tubes d'eau sous pression (tubes de force) qui traversaient le cœur. Cette eau était portée à l'ébullition en sortant du cœur, ce qui permettait de fournir directement de la vapeur aux groupes turboalternateurs sans passer par un circuit intermédiaire. L'inconvénient de cet arrangement est que, si la température monte inconsidérément, l'ébullition se produit dans le cœur même. L'augmentation du volume de vapeur se traduit par une diminution de la densité du caloporteur et une moindre absorption des neutrons. Le flux et la puissance montent, entraînant un nouvel accroissement de la température : un cercle vicieux s'installe que l'on traduit par l'existence d'un « coefficient de vide positif » et que l'on contrebalance par la présence en permanence de nombreuses barres absorbantes de neutrons dans le cœur. Ce coefficient de vide positif était surtout pénalisant à faible puissance. Le réacteur pouvait « s'emballer » lors d'un fonctionnement au-dessous du quart de la puissance nominale, ce qui avait donné lieu à une réglementation très sévère du nombre de barres absorbantes qu'il fallait absolument laisser dans le cœur.

c) La grande taille du réacteur rendait difficile de maintenir homogènes dans l'ensemble du cœur le flux des neutrons et la puissance dès que l'on voulait changer celle-ci. On y parvenait en ajustant les débits des tubes de force traversant le cœur pour le refroidir. En outre, les barres absorbantes reproduisaient la configuration du réacteur avec du graphite de part et d'autre de la matière absorbante centrale de sorte que leur introduction dans le cœur pouvait au début avoir l'effet pervers d'augmenter la réactivité au lieu de la diminuer.

En bref, ce réacteur était un engin délicat à manier pour lequel des consignes strictes de conduite avaient été prescrites. Ces consignes suffisaient à assurer un fonctionnement sûr, mais elles n'ont pas été respectées. Il y a plus grave : les automatismes de protection fondés sur cette réglementation ont été délibérément inhibés par les opérateurs qui, pensant (follement) avoir des réflexes suffisamment rapides, voulaient se donner une plus grande liberté de manœuvre. Enfin, l'initiateur de l'accident a été une action humaine volontaire, puisqu'il s'agissait de couper toute l'alimentation électrique du réacteur pour vérifier qu'avec le volant d'inertie des pompes du circuit primaire, il était possible de produire le courant secouru nécessaire aux systèmes de protection et de sauvegarde, pendant le court délai de montée en régime des groupes diesel de secours. Cet essai était superflu, car il avait déjà été réalisé sur ce même type de réacteur ailleurs en Russie ! Il faut ajouter l'intervention intempestive au début de l'essai du régulateur régional de réseau qui imposa un fonctionnement à mi-puissance pendant 9 heures, juste le temps qu'il fallait pour empoisonner au maximum le réacteur en xénon, ce qui a obligé à lever en grand nombre les barres de pilotage en les rendant inefficaces.

Quand l'essai put enfin reprendre, une erreur dans la synchronisation des chaînes de puissance envoya tout droit le réacteur dans la zone de fonctionnement strictement interdite, avec ses barres de pilotage levées et ses protections inhibées ! Malgré des conditions de fonctionnement tout à fait anormales (puissance stabilisée à moins d'un dixième de la puissance nominale et nombre de barres insérées égal au quart du minimum autorisé), on décida de faire l'essai. En raison de son coefficient de température positif, le réacteur devint très vite surcritique et aurait atteint en 4 secondes 100 fois sa puissance nominale.

Pour couronner le tout, une dernière erreur, celle-là de conception : les barres de sécurité ne chutaient pas par gravité mais étaient actionnées par un mécanisme infiniment trop lent. Le cœur fut détruit avant qu'elles n'aient pu y être introduites. L'intense chaleur dégagée fit exploser les pastilles de combustible. Des morceaux brûlants de combustible désintégré entrèrent en contact avec l'eau de refroidissement ce qui provoqua une importante production de vapeur et une montée de la pression qui fit exploser la partie supérieure des canaux. Une seconde explosion, probablement due au dégagement d'hydrogène, souleva la dalle supérieure (2 000 tonnes !) du réacteur qui relâcha tous les produits de fission gazeux dans l'atmosphère. Le modérateur en graphite du cœur prit feu. L'incendie se poursuivit pendant 10 jours, alimentant un important nuage de radioactivité.

4.4. Tokaimura (1999)

Bien qu'il ne s'agisse pas d'un accident sur un réacteur, un nouvel exemple d'erreur humaine a été donné au Japon à Tokaimura (automne 1999), lorsque trois agents d'une petite installation fabriquant du combustible pour un réacteur de recherche ont manipulé manuellement de l'uranium enrichi en solution nitrique (en s'écartant délibérément de la procédure opératoire normale) jusqu'à atteindre une teneur qui correspond à un mélange critique. Ce mélange a fonctionné comme un réacteur pendant plusieurs heures causant la mort par irradiation intense de deux des agents.

4.5. Les leçons tirées

C'est surtout à la suite de l'accident de Three Mile Island aux États-Unis, étudié sur une échelle mondiale, qu'en retour d'importantes modifications ont été apportées aux réacteurs à eau sous pression : d'abord une chasse systématique de toutes les informations qui signalent un ordre et non un état, une refonte des synoptiques et des alarmes au tableau de commande avec hiérarchisation des informations (à Three Mile Island, il y avait de nombreux signaux clignotants et klaxons hurlants pour un même défaut), un contrôle très sévère de la qualité de la robinetterie des circuits de sauvegarde, l'introduction d'un « ébulliomètre » au tableau de commande pour indiquer la marge à l'ébullition dans le circuit primaire, et surtout un très gros effort de formation des opérateurs, comportant par exemple l'usage de simulateurs pour se familiariser avec les procédures d'urgence.

À Tchernobyl, le réacteur était trop particulier et les violations des consignes trop flagrantes pour en tirer davantage qu'une confirmation de l'absolue nécessité de l'enceinte de confinement dans la protection de l'environnement, et une sérieuse mise à jour des mesures de protection des populations. Celles-ci, ont en effet été très mal informées au moment de l'accident, déplacées de façon inefficace dans les jours qui ont suivi, et insuffisamment contrôlées médicalement par la suite.

5. La relation homme-machine

Ce qui précède montre qu'un facteur important avait été négligé dans les premiers temps de l'énergie nucléaire : les hommes au pupitre de commande. La philosophie était alors de concentrer en ce lieu tous les paramètres du réacteur et de laisser toute liberté à l'opérateur. Une première limitation s'est introduite, on l'a vu, avec les systèmes de sauvegarde en raison de leur temps de réponse très court (la seconde). L'opérateur n'a qu'à constater le bon déroulement de la séquence. Les deux accidents graves de Three Mile Island et Tchernobyl ont posé le problème, non vraiment résolu d'ailleurs, du facteur humain. Faut-il faire encore plus confiance à la technologie et limiter le rôle de l'opérateur à une surveillance sourcilleuse et permanente de systèmes entièrement automatiques ?

Peut-on, par ailleurs, être sûr d'avoir prévu exactement le déroulement d'un accident sur un réacteur ? Rappelons que, dans une analyse de sûreté, on se place systématiquement dans les conditions les plus défavorables pour obtenir une évaluation des pires conséquences. Et les codes utilisés, de nature volontairement pessimiste voire caricaturale, ne peuvent pas être employés pour définir des procédures de conduite en cas d'accident, le déroulement qu'ils en proposent étant trop éloigné de l'éventuelle réalité.

Le problème de l'homme est le point le plus délicat de la sûreté nucléaire. Un autre point d'importance concerne la structure de la société industrielle. Libérale aux États-Unis, elle ne favorise pas la circulation de l'information entre compagnies concurrentes. Bureaucratique en Russie, elle est cause de rigidités peu compatibles avec un contrôle de la sûreté indépendant de l'organisme assurant la production. D'origine étatique en France, elle combine l'homogénéité du parc avec l'indépendance entre le contrôleur et l'exploitant. Mais cela nous met-il à l'abri de tout défaut de structure ?

Dans ce débat, il paraît essentiel que l'opérateur connaisse exactement l'état du réacteur. Comment se fait-il que l'opérateur de quart la nuit à Three Mile Island n'ait pas été mis au courant des travaux faits de jour sur le système d'alimentation en eau de secours des générateurs de vapeur, le rendant inopérant ? L'opérateur doit impérativement avoir connaissance de toute information concernant le réacteur. Celui de Three Mile Island n'avait pas su que, sur un réacteur identique au sien, il était déjà arrivé que la soupape du pressuriseur ne se soit pas refermée, entraînant une situation d'accident qui fut heureusement maîtrisée de justesse.

Surtout, il n'avait pas été informé que, si une brèche sur le circuit primaire fait baisser le niveau de l'eau dans le pressuriseur, dans le cas exceptionnel d'une fuite en haut du pressuriseur, le niveau, au contraire, monte. L'erreur de diagnostic qu'il a faite était le résultat d'une formation insuffisante.

6. Les réacteurs du futur

On observe deux évolutions. L'une consiste à chercher encore à améliorer les systèmes de sécurité : en augmenter leur redondance et en généraliser leur diversification par exemple (pour contrer les incidents de mode commun, où une seule défaillance entraîne la panne de plusieurs systèmes présumés indépendants), ou perfectionner les contre-mesures automatiques afin de ne réclamer l'intervention de l'opérateur qu'après un temps suffisamment long pour que son diagnostic ait toutes les chances d'être correct. Des études d'EDF ont montré qu'au bout d'une demi-heure, un opérateur bien formé a un diagnostic sûr pratiquement à 100 %. On peut aussi augmenter le volume d'eau de refroidissement pour qu'un assèchement ne survienne pas avant 30 minutes ou rendre complètement automatiques les procédures d'injection de sécurité à haute, moyenne et basse pression... Le projet franco-allemand EPR se place dans cette option. On a, en plus, cherché dans ce projet à tirer des leçons des accidents de Three Mile Island et de Tchernobyl par une prévention de la conséquence la plus grave d'une fusion du cœur, même si sa probabilité est très faible (voir ci-dessous) : il s'agit du « syndrome chinois » où le cœur fondu perce le bas de la cuve, traverse le radier en béton qui assure l'étanchéité sous le réacteur et finalement gagne l'environnement par le sous-sol. Toutes ces améliorations de la sûreté ont un coût qui ne peut être amorti que sur une centrale de 1 400 à 1 500 MWe.

L'autre axe d'évolution se retrouve dans des projets aux États-Unis et dans d'autres pays dans lesquels on prétend ne faire appel qu'à des écoulements uniquement gouvernés par des lois simples de thermohydraulique et de gravité (convection naturelle par exemple) en excluant tout usage des pompes, vannes, etc., toujours susceptibles de défaillance, et en excluant aussi toute intervention humaine. Ces réacteurs « passivement sûrs » seraient moins puissants que les réacteurs actuels. Leur fabrication par « modules » facilement reproductibles permettrait de contrebalancer la perte financière due à la réduction de puissance.

Dans les projets de réacteurs hybrides (voir chapitre 20), la rupture de la fenêtre ou l'emballement de la température du réacteur entraîne « naturellement » le noyage du tube d'arrivée des protons de l'accélérateur. En effet le plomb fondu, se dilatant sous l'action de la chaleur, envahit le tube ce qui arrête la réaction de spallation au cœur de la couverture. C'est un mécanisme de protection qui relève de la même philosophie de « sûreté passive ». D'une façon générale, les réacteurs hybrides pourraient présenter une sûreté supérieure à celle des réacteurs actuels, du fait qu'un ensemble sous-critique est associé à un accélérateur dont le faisceau peut être facilement et rapidement régulé par un automatisme de contrôle.

7. Comment évaluer la sûreté des centrales nucléaires francaises ?

Il n'y a pas eu d'accidents graves sur les centrales nucléaires françaises. La sûreté a été, c'est un fait, une priorité dans leur conception. Deux facteurs ont aussi contribué à ce résultat :

- l'homogénéité du parc. Les réacteurs sont tous du même type, à eau sous pression. Ayant de nombreux éléments en commun, toute défaillance apparue sur une centrale est recherchée sur toutes les autres et si des travaux d'amélioration sont jugés nécessaires, ils sont préventivement étendus à toutes les centrales susceptibles d'être concernées, après avoir été testés sur la première centrale incriminée ;
- l'organisation centralisée d'EDF qui assure un bon « retour d'expérience », ce qui est illustré ci-dessous.

7.1. L'analyse des incidents de fonctionnement

Dans les cahiers de bord des centrales d'EDF sont consignés de nombreux incidents, habituels sur toute grande installation en fonctionnement et la plupart du temps d'importance mineure. Les autorités de sûreté n'en retiennent que ceux qu'elles jugent « significatifs ». Par exemple, ceux au cours desquels des paramètres de fonctionnement ont franchi les limites autorisées, jusqu'à même entraîner un arrêt d'urgence du réacteur, ceux qui ont provoqué la mise en œuvre d'un automatisme de protection, ceux qui à la longue apparaissent plus fréquemment qu'il n'avait été envisagé lors de la conception de la centrale (tels les risques d'inondation, comme il a été constaté récemment), ceux dans lesquels des erreurs de diagnostic ou des violations des consignes ont été relevées, etc.

De ces événements significatifs (400 par an soit 7 par centrale en moyenne), les autorités de sûreté cherchent à extraire « les événements précurseurs », le plus souvent de modeste importance mais qui, survenant dans certaines circonstances inhabituelles, peuvent enclencher une chaîne d'incidents ultérieurs conduisant à une situation beaucoup plus dangereuse. On recherche aussi des événements dits « de mode commun », qui peuvent paralyser simultanément plusieurs organes indépendants et redondants, comme cela est arrivé dans des périodes de froid intense et prolongé des hivers 1985, 1986 et 1987. Selon les sites et les années, soit les circuits de refroidissement ont été bloqués par de la glace accumulée à l'endroit des prises d'eau, soit l'alimentation en eau des générateurs de vapeur a été perturbée par le gel de capteurs de débit, soit des systèmes de secours ou de sauvegarde ont été temporairement rendus indisponibles par le gel d'autres capteurs, soit encore la température trop basse de l'huile a empêché les groupes diesel de démarrer.

Cette analyse des incidents de fonctionnement aboutit à la sélection d'une vingtaine de cas (en moyenne toujours) qui font l'objet d'une étude approfondie se concluant par la recommandation de certains travaux ou par une modification des procédures de fonctionnement. Ainsi, après avoir effectué des travaux localement, EDF a étudié globalement les problèmes posés par les hivers rigoureux et un grand programme de reconditionnement de toutes les centrales à des températures extérieures de –15 °C a été réalisé sur plusieurs années. De même une campagne de travaux de longue durée devra remettre à niveau la protection contre les inondations à la suite des incidents de l'hiver 1999-2000.

7.2. La classification des événements sur une échelle internationale

À partir des années 1970, par analogie avec l'échelle de Richter pour les tremblements de terre, on a classé les événements susceptibles de perturber le fonctionnement d'un réacteur en sept niveaux selon leur gravité (et par là même leur fréquence, les événements les plus graves devant être les plus rares).

Échelle INES

L'échelle internationale des événements nucléaires classés selon l'importance des conséquences qui s'ensuivent est l'échelle INES (*International Nuclear Event Scale*), de gravité croissante des niveaux 1 à 7 :

- Niveau 1 Anomalie : anomalie sortant du régime de fonctionnement autorisé. Aucune conséquence sur les travailleurs ni à l'extérieur du site. Aucune conséquence hors site.
- Niveau 2 Incident : incidents assortis de défaillances importantes des dispositions de sécurité. Irradiation importante ou surexposition d'un travailleur. Aucune conséquence hors site.
- Niveau 3 Incident grave : accident évité de peu ou perte de barrières. Contamination grave ou effets aigus sur la santé d'un travailleur. Très faible rejet hors du site, exposition du public représentant une fraction des limites prescrites.
- Niveau 4 Accident : Endommagement important du cœur ou des barrières radiologiques. Exposition mortelle d'un travailleur.
- Niveau 5 Accident : Endommagement grave du cœur ou des barrières radiologiques. Exposition mortelle d'un travailleur. Rejet mineur hors site, exposition du public de l'ordre des limites prescrites. L'exemple est l'accident de Three Mile Island.
- Niveau 6 Accident grave : Rejet important hors site susceptible d'exiger l'application intégrale des contre-mesures prévues. Pas d'exemple à ce jour.
- Niveau 7 Accident majeur : Rejet majeur hors site. Effets étendus sur la santé et l'environnement. L'exemple est l'accident de Tchernobyl et son impact en Ukraine, Russie et Biélorussie.

Le premier niveau correspond à des incidents mineurs mais fréquents, considérés comme normaux dans la vie d'une grosse installation. Les trois niveaux suivants de gravité peuvent être atteints lors d'incidents (2e et 3e niveaux) ou d'accidents (4e niveau) dits « de conditionnement » qui sont envisagés lors de la construction et auxquels il est prévu d'opposer des procédures de protection ou de sauvegarde. Dans les trois niveaux 5, 6 et 7, il y a rejet de matières radioactives dans l'environnement (le rejet est encore limité au niveau 5) et des mesures doivent être prises pour protéger la santé des populations mises en danger. Ces trois niveaux n'ont jamais été atteints en France, y compris lors de l'accident de Tchernobyl, où les dépôts sur le pays relèveraient par analogie du niveau 2, avec de petites surfaces du territoire en niveau 3.

Voici quelques exemples d'événements qui pourraient conduire à des incidents ou accidents classés dans les trois premiers niveaux de gravité : une petite fuite sur une boucle de refroidissement mènerait au niveau 2, une brèche plus importante au niveau 3, une très grosse rupture (le scénario en a été décrit au paragraphe 4) au 4e niveau. Une autre catégorie d'événements peut entraîner une variation brutale de réactivité : une dilution incontrôlée d'acide borique ou un retrait incontrôlé des grappes de commande (1er niveau), un retrait d'une grappe de contrôle sur le réacteur à pleine puissance (2e niveau), l'éjection d'une grappe de contrôle (3e niveau). Il faut noter ici que l'antiréactivité introduite dans le cœur par un arrêt d'urgence compense largement le refus d'opérer d'une grappe de crayons absorbant les neutrons. Un accident lors d'une manipulation de combustible est rattaché au 3e niveau en raison d'un rejet possible de radioactivité dans l'environnement si plusieurs gaines ont été rompues dans l'assemblage manœuvré.

Au 2e niveau correspond une fréquence de 1 à 10^{-2} par an et par centrale, au 3e niveau 10^{-2} à 10^{-4}, au 4e 10^{-4} à 10^{-6}. Plus la situation est dangereuse, plus rarement elle doit se présenter. Il est arrivé d'avoir à modifier la liste ci-dessus à la lumière de l'expérience. Ainsi les incidents sur les tubes de générateur de vapeur ont été beaucoup plus fréquents que prévus (constatation faite aussi à l'étranger), ce qui a conduit à faire de gros efforts pour en limiter les conséquences et pouvoir les placer au niveau 3 de gravité. Les mesures préventives ont été renforcées en procédant au contrôle systématique des soudures en période d'arrêt. On va même jusqu'à remplacer entièrement un générateur de vapeur dont des tubes en trop grand nombre ont dû être obturés après rupture.

Les scénarios pouvant conduire aux trois derniers niveaux de gravité ont été définis dans une « analyse probabiliste de sûreté » qu'on applique à des accidents « hors dimensionnement » (l'analyse déterministe du paragraphe 4 s'appuie au contraire sur le « principe de défaillance unique ») : on modélise un « arbre d'événements ». À chaque branche de l'arbre, une probabilité est donnée à un initiateur supplémentaire d'accident. Cette analyse permet de repérer les « arbres de défaillance », c'est-à-dire les maillons potentiellement faibles dans la conception du réacteur. Elle permet également de déterminer les mesures ayant les meilleures chances de limiter les conséquences de l'accident.

Ces trois derniers niveaux de gravité correspondent à des événements extrêmement graves qui vont jusqu'à la fusion partielle, voire totale, du cœur à la suite de circonstances où plusieurs défauts, erreurs ou anomalies se conjuguent pour entraîner une situation exceptionnelle et donc heureusement très peu probable. Étant la résultante de plusieurs causes, la fréquence d'une telle situation est un produit de fréquences et devrait être inférieure à 10^{-6} par an et par centrale. Il faut cependant envisager ces cas limites et se préparer à y opposer des procédures qui, en toutes circonstances, doivent assurer la protection de l'environnement et des populations en retenant la radioactivité à l'intérieur de l'enceinte de confinement.

7.3. L'évaluation de la sûreté des centrales françaises

Les accidents très graves sont modélisés, nous l'avons vu, dans les « analyses probabilistes de sûreté ». En faisant le décompte de tous les chemins qui peuvent amener une fusion du cœur, y compris à partir d'un réacteur à l'arrêt, on a pu évaluer la sûreté des centrales de 900 MWe en 1982, puis celle des 1 300 MWe en 1986 (en parallèle avec des études analogues à l'étranger). Il en est résulté deux rapports EPS (évaluation probabiliste de sûreté).

7.3.1. Le rapport EPS 900

Ce rapport conclut que la probabilité totale de fusion du cœur est de 5×10^{-5} par année-réacteur avec $3{,}8 \times 10^{-5}$ (75 % du total) pour les fusions du cœur à basse pression, c'est-à-dire résultant de brèches sur le circuit primaire, sur le pressuriseur, sur les tubes de générateur de vapeur, par perte de la source froide ou par défaillance de l'arrêt d'urgence, tout ceci survenant sur le réacteur en fonctionnement. Dans tous les cas, l'injection de secours intervient ainsi que l'aspersion de l'enceinte. Une défaillance supplémentaire doit s'ajouter pour que le confinement ne joue pas son rôle ; et la probabilité qu'on calcule alors est de $2{,}4 \times 10^{-6}$ par an et par réacteur. Ce qui signifie qu'avec son parc de 60 réacteurs, la France devrait attendre 7 000 ans avant de vivre un Tchernobyl.

7.3.2. Le rapport EPS 1300

La probabilité totale de fusion du cœur est de l'ordre de 1×10^{-5} par année-réacteur (entre 2×10^{-5} et 2×10^{-6} avec un niveau de confiance de 90 %) avec $4{,}7 \times 10^{-6}$ pour les fusions du cœur sur un réacteur en puissance, soit un gain d'un facteur 7,2 sur les 900 MWe (les 7 000 ans précédents deviennent 50 000 ans). Mais les états d'arrêt du réacteur comptent maintenant pour 55 % de la probabilité totale. Un résultat qui a mis en lumière l'importance pour la sûreté des périodes d'arrêt d'un réacteur, une chose qui n'était pas évidente *a priori*.

Les chiffres donnés ici doivent être replacés dans le cadre d'une expérience de 700 années-réacteurs accomplie à la fin de l'année 1997. Ils montrent l'intérêt des analyses probabilistes qui permettent de déceler les failles dans la conception des installations et d'améliorer continuellement les procédures opératoires et les systèmes de protection et de sauvegarde.

8. Les transports de matières nucléaires

Quelques informations sont données ici sur un sujet qui devient brûlant.

L'Agence internationale pour l'énergie nucléaire (AIEA) a défini une réglementation du transport des matières nucléaires en 1960. Cette réglementation est mise à jour tous les dix ans (dernière version en 1996) pour être ensuite retraduite en règlements à l'échelle nationale pour les transports par mer et air, et à l'échelle européenne pour la route et le rail.

Pour 15 millions annuels de colis de matières dangereuses en France, 300 000 emballages transportent chaque année des matières nucléaires : minerais, UF_6, combustible frais, mais seulement 750 ont un contenu très actif (déchets nucléaires ou combustible irradié). Les conteneurs font de 5 à 10 tonnes dans le premier cas, de 100 à 120 tonnes dans le second (170 tonnes avec le wagon de transport).

Les emballages pour combustible usé doivent satisfaire aux conditions d'un certificat d'agrément accordé par la Direction Générale de la Sûreté Nucléaire et de la Radioprotection (DGSNR) avec l'appui technique de l'Institut de Radioprotection et de Sûreté Nucléaire (IRSN). Ils doivent :

- être étanches (c'est-à-dire des seuils très bas pour les fuites) pour éviter toute contamination, assurer une température des combustibles irradiés inférieure à 200 °C, être peu actifs (moins de 10 mSv/h à 1 m) ;
- pouvoir résister à des circonstances exceptionnelles telles que :
  - inondations (toujours étanches après 8 h dans l'eau),
  - incendies (résister à un feu de 800 °C pendant 30 min),
  - chocs (étanches après une chute de 9 m de hauteur sur une dalle de béton et après une chute de 1 m sur un poinçon) ;
- être spécifiques à leur contenu : combustible REP, MOX, Pu, déchets vitrifiés, et dans tous les cas assurer la sous-criticité.

L'agrément d'un matériel résulte d'une procédure habituelle concernant la sûreté : dossier provisoire à la conception, suivi de premiers essais sur des prototypes, ce qui conduit à un dossier de sûreté soumis à la DGSNR (il deviendra définitif), puis la fabrication est lancée.

Un emballage de combustible irradié est une pièce cylindrique de 60 à 70 tonnes en acier forgé (la fonte serait trop fragile et le plomb trop mou à la chaleur). Il contient des assemblages (de 256 crayons chacun) auxquels on rajoute du bore pour assurer la sous-criticité. Il n'y a pas de circuit de refroidissement, mais des ailettes extérieures faisant radiateur dissipent 40 kW de puissance (et jusqu'à 100 kW si nécessaire). Les bouchons d'acier qui ferment aux deux bouts la partie cylindre sont recouverts par des capots de bois (en balsa), eux-mêmes protégés par une enveloppe en acier déformable. Ce bois assure une bonne protection contre les chocs. Un emballage coûte 3 à 3,8 millions d'euros (la COGEMA en est propriétaire). Il est transporté par la SNCF sur un wagon spécial (également propriété de la COGEMA), mais ce wagon est mêlé au trafic normal de la SNCF, car un convoi spécial reviendrait trop cher. Le wagon est suivi en temps réel par satellite (les transports par bateau sont suivis pareillement). Le contenu représente l'équivalent de 3 à 6 tonnes d'uranium métal irradié. La capacité de l'usine UP2 de La Hague, consacrée au retraitement des centrales françaises, étant de 800 tonnes par an, c'est donc environ 200 de ces emballages qui sont convoyés chaque année par wagon. Il faudrait y ajouter un nombre du même ordre pour les assemblages venant d'Allemagne, de Suisse, de Belgique et des Pays-Bas allant à l'usine UP3 de même capacité.

L'emballage est plongé dans la piscine du réacteur lorsqu'il est chargé de combustible usé. Il peut arriver que l'eau de la piscine soit légèrement radioactive si on y a stocké des assemblages dans lesquels des crayons étaient endommagés (gaines fissurées par exemple). L'emballage est contrôlé à la sortie de la piscine (comme à l'arrivée à La Hague) et soigneusement décontaminé, si nécessaire, avant d'être placé sur son wagon. Le non-respect des consignes relatives à cette opération par quelques centrales était à l'origine des taches de radioactivité qui ont été relevées récemment sur certains wagons (sur ceux allant en Angleterre aussi).

9. Qui contrôle le fonctionnement des centrales nucléaires ?

EDF, qui a la responsabilité du fonctionnement des centrales nucléaires, est contrôlé par la Direction Générale de la Sûreté Nucléaire et de la Radioprotection (DGSNR), un organisme qui relève à la fois des ministères de l'Industrie, de la Recherche et de l'Environnement. La DGSNR envoie des inspecteurs visiter périodiquement les installations nucléaires avec l'appui technique de l'Institut de Radioprotection et de Sûreté Nucléaire (IRSN), devenu un organisme indépendant, dont les agents peuvent participer aux inspections, mais surtout en analysent les résultats.

L'IRSN, nous l'avons vu, modélise des scénarios d'accident sur des ordinateurs de grande puissance pour faire des analyses probabilistes de sûreté. Dans ses calculs, elle introduit des tables de fiabilité des matériels établies par EDF. Elle utilise aussi le résultat des recherches d'EDF sur les réactions des opérateurs lorsqu'ils se trouvent confrontés à des circonstances exceptionnelles pour évaluer la part d'erreur humaine pouvant s'ajouter dans un accident. La DGSNR est ce qu'on appelle les « Autorités de sûreté » dont l'agrément est indispensable avant tout changement ou amélioration d'importance apportés au fonctionnement d'une centrale. L'IRSN en est l'appui technique.

10. Les documents de sûreté

Il y a d'abord le rapport provisoire de sûreté établi lors de la conception de la centrale qui, complété par des études-développement, devient un rapport définitif au moment de commencer les travaux. Il est impossible de construire quoi que ce soit avant que ces deux documents de sûreté ne soient établis. Le contrôle se poursuit par une inspection à l'occasion du chargement du combustible et une autre inspection au moment du démarrage. De même, tout arrêt prolongé dû à un incident obligera à une nouvelle inspection. À chaque fois, les autorités de sûreté (voir ci-dessus) devront donner un aval pour que le programme prévu puisse être réalisé.

En plus des deux documents que nous venons de citer, deux autres sont établis pour toute centrale nouvelle. Le premier concerne un « plan d'urgence interne » qui prévoit l'organisation de l'installation et l'interface de celle-ci avec les intervenants extérieurs dans le cas d'une situation très perturbée. Le deuxième document contient les « règles générales d'exploitation », traduction en clair et en pratique pour les agents de la centrale des documents de sûreté. On y trouve toutes les consignes de fonctionnement, y compris celles pour incidents et accidents, les procédures de maintien de l'installation dans un état sûr ; par exemple, les contrôles à opérer et les essais périodiques à faire sur les systèmes de protection et de sauvegarde pour s'assurer qu'ils sont opérationnels comme au premier jour. On y trouve encore les procédures et les limites des rejets radioactifs, enfin un ensemble de dispositions réunies dans les « spécifications techniques d'exploitation » qui définissent les limites de variation des paramètres (pression et température surtout, mais aussi puissance thermique, flux neutroniques, niveaux, etc.) à respecter dans 13 états dits standards dans lesquels le réacteur est considéré comme sûr. Si un mécanisme devient indisponible par suite de panne, une situation de repli (un des 13 états), définie, ne peut être maintenue au-delà d'un certain temps, exprimé en heures ou en jours selon la nature de la panne. Ce délai est accordé pour la réparation du mécanisme en défaut et pour la vérification de son bon fonctionnement (requalification).

Les réacteurs ayant été décrits dans leur principe et les différentes filières ayant été exposées, nous avons abordé dans ce chapitre les questions de sûreté, tant par les accidents potentiels que par ceux qui ont eu lieu. Nous avons terminé par un point sur les études de sûreté et les instances de contrôle qui ont tiré la leçon de ces accidents majeurs. Il est temps maintenant de placer le réacteur dans l'ensemble du cycle du combustible nucléaire.

Bibliographie

[1] *Assurer la sûreté nucléaire*, une brochure très claire de l'Agence de l'OCDE pour l'énergie nucléaire, 1993, Les Éditions de l'OCDE, 2 rue André Pascal, 75775 Paris Cedex 16.

[2] B. Pershagen, *Light water reactor safety*, Pergamon Press, 1989.

[3] J. Libmann, *Éléments de sûreté nucléaire*, les Éditions de physique, 91944 Les Ulis, France, 1996.

[4] Nuclear power, Rapport du Nuclear Research Council au Sénat américain, National Academy Press, 2101 Constitution Avenue N.W., Washington D.C., 20418, 1992.

[5] *Les réacteurs nucléaires à eau ordinaire,* Collection CEA, série synthèses, Ed. Eyrolles, 1983.

Troisième partie

L'aval et l'amont du cycle du combustible

Sommaire

L'objet de cette partie est de décrire l'amont du cycle : la recherche de minerai et la production de combustible (chapitres 10 et 11), et son aval, le devenir du combustible usé (chapitres 12 à 15). Toutes ces questions, étudiées dès le début de l'ère nucléaire, représentent toujours un enjeu pour l'avenir puisque toutes les opérations génèrent des déchets radioactifs.

En décidant de traiter les combustibles usés, on préserve un stock de matières énergétiques : l'uranium et le plutonium. On évite de placer en couche géologique profonde le plutonium qui représente la plus grande part de l'inventaire radiotoxique, et on peut, par séparation poussée, éviter aussi de remettre dans la terre les actinides mineurs (sauf à les conditionner très spécifiquement si la transmutation n'est pas la voie choisie pour eux).

Imposée dans le cycle du combustible nucléaire par les besoins en combustible enrichi de la filière dominante des réacteurs électrogènes, la séparation isotopique peut donc aussi contribuer à mieux exploiter les combustibles des parcs actuels de réacteurs et à réduire la radiotoxicité de leurs déchets.

Il reste que ces décisions et les opérations correspondantes ne pourront pas être toutes réalisées de façon continue (chapitre 9). Il y aura des périodes d'attente pendant lesquelles les matières radioactives devront être maintenues en bonne condition de confinement, ce qui signifie un entreposage à long terme.

9 Les enjeux économiques et politiques de la gestion des déchets

L'histoire du combustible nucléaire commence avec l'extraction de minerai dans des couches géologiques riches en uranium (chapitre 10). Après broyage, un traitement chimique permet de récupérer l'uranium du minerai, et de le concentrer sous forme de *yellow cake*. Les résidus de dissolution sont le premier déchet de toute la chaîne des opérations du cycle du combustible. Vient ensuite un traitement exceptionnel, véritable exploit de persévérance : la séparation isotopique (chapitre 11) pour concentrer le seul noyau directement fissile que la nature ait bien voulu donner et sans lequel l'aventure nucléaire n'aurait jamais pu commencer. Empastillé et empilé dans des tubes de zircaloy, l'oxyde d'uranium enrichi subit en réacteur l'épreuve de la réaction en chaîne pour faire bouillir l'eau qui meut les turbines.

1. Le combustible usé : déchet ultime ou matière valorisable ?

Après trois ou quatre années d'intenses irradiations, le combustible est déchargé et se refroidit peu à peu dans des piscines. Alors se pose une question importante : doit-on considérer ce combustible usé, fortement radioactif, comme un déchet ?

C'est ce qu'ont décidé nombre d'opérateurs nucléaires qui destinent les assemblages de crayons combustibles à être rendus tels quels à la terre. Dans ce but, on chargera un conteneur de haute performance d'empêcher la dispersion des corps radioactifs jusqu'à ce qu'ils aient perdu l'essentiel de leur toxicité et on chargera une bonne couche géologique de fournir une deuxième barrière de sécurité entre le combustible et la biosphère.

D'autres voies possibles sont connues et pratiquées depuis le début de l'aventure nucléaire. À vrai dire, le combustible usé a toute raison de ne pas être considéré comme un déchet. Il contient encore 95 % d'uranium fertile, 1 % de plutonium et seulement 4 % de produits de fission divers qui occupent de nombreuses cases de la classification périodique des éléments. Ceux-ci sont très radioactifs et il faut attendre trois cents ans pour que leur toxicité redescende à un niveau comparable à celui du minerai d'uranium dont ils sont issus. Sont présents aussi en petite quantité dans le combustible usé des actinides mineurs, résultat de l'irradiation des noyaux d'uranium 238 par les neutrons. Au lieu de fissionner, ces noyaux ont capturé des neutrons, se sont transformés en plutonium, ont encore échappé à la fission et sont devenus américium, curium... Ces actinides sont dits mineurs, parce qu'ils sont moins nombreux que l'uranium et le plutonium. Eux aussi vivent longtemps et émettent en se désintégrant des particules α très ionisantes. Après le plutonium, ils représentent la deuxième composante de l'inventaire radiotoxique à long terme.

Si un déchet ultime est bien ce que dit la loi – un déchet qui, dans des conditions techniques et économiques du moment, n'est plus susceptible de traitement pour en extraire une part valorisable ou pour en réduire le caractère polluant ou dangereux – alors le combustible usé est loin d'être un déchet ultime. Depuis des années à La Hague et à Sellafield, on en extrait des matières valorisables, l'uranium et le plutonium. Et on conditionne tout ce qui reste en le mêlant à du verre, sorte d'emballage atome par atome de très grande performance. Ces colis de déchets vitrifiés sont conçus pour être remis à la terre en stockage géologique profond. Ce sont bien des déchets ultimes : on ne peut pas aller plus loin dans les conditions techniques et économiques du moment (chapitre 12).

Et pourtant, grâce aux études menées dans le cadre de la loi sur les déchets nucléaires du 30 décembre 1991 (dite loi Bataille), un progrès supplémentaire devient possible dans le procédé de traitement des déchets. Après extraction du plutonium et de l'uranium, on sait qu'on pourra encore extraire les actinides mineurs. Il ne restera alors pour l'essentiel que des produits de fission dans les déchets vitrifiés destinés au stockage géologique. La radiotoxicité de ces verres moins chargés rejoint celle du minerai d'uranium dont ils sont issus en moins de trois cents ans, alors que les verres produits actuellement demandent 10 000 ans pour atteindre le même résultat. Cette différence de temps est importante pour la discussion sur notre responsabilité vis-à-vis des générations futures. Ce traitement supplémentaire pour les déchets ultimes est appelé à jouer un grand rôle dans une perspective de poursuite de la production d'énergie nucléaire.

Cependant tout n'est pas réglé. Nous n'avons fait qu'une opération de tri. Nous avons des déchets ultimes dont le devenir est plus facile à concevoir. Mais nous avons maintenant à gérer des actinides mineurs. La voie de référence est de les introduire dans un réacteur pour les transmuter (chapitre 13). Sur le plan de la physique pure, c'est parfaitement possible. Divers scénarios ont été examinés dans différents types de réacteurs. Aucun d'eux ne pose de problème de principe. En revanche, ce n'est pas une affaire simple. La difficulté est que les filières de réacteurs sont des technologies lourdes dans lesquelles on ne change pas aisément tel ou tel paramètre. Avant de pouvoir transmuter effectivement, il faut donc avoir mis au point et décidé de construire l'une ou l'autre de ces filières de transmutation. C'est un problème technique, politique et économique.

Une autre voie de recherche pour la gestion des actinides mineurs est celle de matrices céramiques extrêmement résistantes. Le verre est une excellente matrice universelle capable de piéger toute la diversité des produits de fission et des actinides mineurs. Pour celui qui étudie la durée de confinement d'un verre, les preuves scientifiques sont convaincantes. Si la transmutation est difficile pour certains éléments, se pose la question de trouver un équivalent de la transmutation en termes de sûreté : il s'agirait d'incorporer ces éléments dans des matrices en céramiques si résistantes qu'elles seraient aussi inaccessibles pour la biosphère que si elles avaient été transmutées. Autrement dit, la prison à vie plutôt que la peine de mort.

2. Les différentes politiques adoptées dans le monde

Tous les pays dotés d'énergie nucléaire travaillent à la mise au point d'une politique de gestion des déchets. Aucun n'a encore arrêté de solution définitive pour les déchets de haute activité et à vie longue. Seuls les États-Unis ont commencé l'exploitation du centre de stockage de WIpp (Nouveau Mexique) pour des déchets plutonifères de moyenne activité à vie longue.

Les pays qui n'ont pas opté pour le retraitement comme la Suède, la Finlande et les États-Unis envisagent le stockage direct des combustibles usés dans une formation géologique profonde (chapitre 14). Les États-Unis poursuivent un important programme de recherche à Yucca Mountain dans le Nevada (52 milliards de dollars pour près de 100 000 tonnes de métal lourd). Pour eux comme pour la plupart des pays, la concertation avec les populations est une préoccupation majeure. La Suède et la Finlande sont parmi les plus avancées sur ce plan. Des efforts considérables ont été consacrés au dialogue avec la population.

3. La politique française

La France retraite ses combustibles usés dans l'usine de COGEMA à La Hague. Les déchets de moyenne activité à vie longue (MAVL) sont conditionnés dans des matrices bitume ou ciment ou sous forme de déchets compactés insérés dans des conteneurs inox. Les déchets de haute activité à vie longue (HAVL) sont conditionnés dans une matrice verre et coulés dans des conteneurs inox.

Ces formes ont été conçues en vue d'un stockage en formation géologique profonde. Ce mode de gestion fait l'objet d'études approfondies en vue d'établir un site et d'évaluer sa capacité à répondre aux exigences de sûreté à long terme. En 1991, le Parlement a promulgué une loi instituant un moratoire de 15 ans sur tout stockage en formation géologique profonde jusqu'à ce qu'une nouvelle loi soit adoptée. Il a lancé un nouveau programme de recherches concernant cette même durée et demandant que soient examinées toutes les voies de gestion des déchets possibles : séparation et transmutation des éléments les plus radiotoxiques à long terme, stockage en formation géologique profonde et enfin conditionnement et entreposage de longue durée.

Ainsi, il ressort que, dans l'attente d'une telle installation, les déchets MAVL et HAVL sont entreposés dans des installations industrielles qui en assurent le confinement. Ces déchets pourront aussi être placés en entreposage de longue durée et rester sous surveillance de la société aussi longtemps que cela sera nécessaire. Les études en cours ont montré que ce mode de gestion est techniquement et économiquement possible (chapitre 15).

De plus, la France étudie donc les moyens de parfaire sa politique de contrôle de l'inventaire radiotoxique à long terme en poursuivant des études sur le multirecyclage du plutonium pour surmonter les limitations du combustible MOX et en développant des techniques de séparation-transmutation ou séparation-conditionnement pour les actinides mineurs et quelques produits de fission à vie longue.

Enfin, la politique de recherche française est d'étudier tous les modes de gestion possibles. Elle développe donc aussi les techniques d'entreposage et de stockage direct des combustibles usés à l'instar des pays qui ne disposent pas d'une industrie du retraitement.

Bibliographie

[1] *Stratégie et Programmes des recherches sur la gestion des déchets radioactifs à haute activité et à vie longue – 2001-2006* (Édition du Ministère de la Recherche – Direction de la Technologie, avril 2001).

[2] Rapport d'évaluation n° 7 (juin 2001) par la Commission Nationale d'Évaluation relative aux recherches sur la gestion des déchets radioactifs, instituée par l'article L. 542 du Code de l'environnement issu de la loi n° 91-1381 du 30 décembre 1991.

[3] *Disposition of High-Level Waste and Spent Nuclear Fuel, The Continuing Societal and Technical Challenges*, National Academy Press, Washington, D.C, 2001.

10 L'uranium naturel

L'uranium n'est apparu comme une ressource que depuis peu de temps ; pourtant la somme des efforts scientifiques et techniques déjà déployés pour disposer du fabuleux métal est énorme. Ici, ce sont les sciences de la Terre qui sont à l'honneur : toutes les disciplines commençant par géo- sont représentées.

1. Comment l'uranium est-il réparti sur Terre?

La connaissance précise des propriétés de l'uranium et de sa distribution dans la partie supérieure de la croûte terrestre est indispensable pour une prospection efficace du minerai d'uranium.

L'uranium possède quatorze isotopes, tous radioactifs. Même si tous ces isotopes ont été formés lors de la nucléosynthèse, seuls ceux qui ont une période suffisamment longue subsistent encore sur la Terre, formée il y a plus de 4,5 milliards d'années. En fait, seuls restent en quantité significative les isotopes ^{235}U et ^{238}U (Tableau 10.1).

Tableau 10.1 : Abondance relative des isotopes de l'uranium naturel.

Isotope	Demi-vie (ans)	Abondance relative actuelle sur Terre (en % U total)
235	$7{,}03 \times 10^8$	0,715
238	$4{,}47 \times 10^9$	99,28

Cette composition isotopique de l'uranium naturel se retrouve partout sur Terre[29], aucun processus physique ou chimique à l'œuvre dans le milieu naturel n'ayant conduit à une séparation significative des deux isotopes.

La période radioactive de ^{238}U étant beaucoup plus longue que celle de ^{235}U, le rapport $^{235}U/^{238}U$ a diminué au cours de l'histoire de la Terre.

[29] À l'exception des lieux où se sont produites des réactions nucléaires naturelles (Oklo, Gabon) qui ont consommé de l'uranium 235, et bouleversé la composition isotopique de l'uranium restant.

Chimiquement, l'uranium présente un comportement similaire à celui des autres éléments du groupe 6 du tableau périodique, et ressemble au chrome et au tungstène. Il n'existe pas dans la nature à l'état natif, c'est-à-dire à l'état de métal, chimiquement pur ou en alliage. C'est un élément lithophile, avec une affinité marquée pour l'oxygène. Il entre dans la composition d'au moins deux cents minéraux, dans lequel on le rencontre dans les deux états de valence IV et VI.

En solution aqueuse, l'état de valence le plus courant est VI si les conditions sont oxydantes. L'uranium est alors sous la forme d'ion uranyl UO_2^{2+}. En présence de carbonates, l'ion uranyl forme un anion tricarbonate remarquablement stable, qu'on trouve par exemple dans l'eau de mer. En conditions réductrices, l'état de valence le plus courant est IV, et la solubilité de l'uranium sous cette forme est faible.

1.1. La répartition sur Terre

La teneur moyenne en uranium de la Terre est probablement proche de celle d'une catégorie de météorites supposée représentative de la composition chimique initiale de la nébuleuse planétaire : les chondrites carbonées. Selon cette hypothèse, la teneur moyenne de la Terre en uranium est de 0,01 à 0,02 g/t. La répartition de cet uranium est très hétérogène, avec une teneur très faible dans le noyau et le manteau terrestre, et un enrichissement dans la croûte (environ 3 g/t).

En effet, de très nombreuses mesures de la teneur en uranium de différents types de roches issues de différentes profondeurs de la lithosphère indiquent qu'il y a eu concentration de l'uranium dans les couches superficielles. L'analyse du profil thermique du globe confirme que c'est bien la croûte terrestre qui renferme l'essentiel du stock d'uranium de la Terre, soit 46 à 77 % selon les modèles.

1.2. Pourquoi l'uranium s'est-il concentré dans la croûte ?

Bien qu'il s'agisse du plus lourd des noyaux naturels encore existants, sa répartition dans le globe terrestre ne reflète en rien une répartition selon la densité, ce qui aurait pourtant dû être le cas si l'on admet que la Terre a connu un stade essentiellement liquide lors de l'accrétion planétaire. Les quelques roches provenant du manteau (éclogites, péridotites), affleurant à la faveur de divers accidents tectoniques, sont au contraire singulièrement pauvres en cet élément.

L'explication en est que le fort rayon ionique de l'uranium empêche son entrée dans la structure des silicates usuels, et provoque un enrichissement dans les liquides magmatiques lors des fusions partielles du manteau terrestre : il est donc exsudé vers la croûte lors des phénomènes de granitisation et des phénomènes volcaniques.

Ce processus de ségrégation se répète indéfiniment, puisque la Terre est une planète vivante dont la surface est toujours en renouvellement du fait des phénomènes géodynamiques[30].

1.3. L'uranium dans les roches

L'uranium est largement dispersé dans les différentes roches de l'écorce terrestre. On le retrouve dans toutes les roches et sols, avec des concentrations particulières dans les phosphates, certains granites ou certaines roches ignées. On le rencontre aussi bien dans des terrains granitiques que sédimentaires.

L'uranium peut être :

- composant essentiel de certains minéraux rares (exemple : uraninite, uranothorianite...),
- composant en substitution dans des minéraux communs (exemple : monazite, zircon...),
- adsorbé sur la surface des minéraux (par exemple sur les oxy-hydroxydes de fer ou les argiles),
- associé à la matière organique,
- dissous dans l'eau interstitielle.

1.3.1. La formation des filons

Deux mécanismes principaux peuvent être invoqués pour expliquer la formation de filons uranifères.

1.3.1.1. La cristallisation fractionnée du magma

La plupart des silicates sont anhydres et, quand ils cristallisent, la teneur en eau du magma résiduel augmente. Celui-ci s'enrichit alors en éléments que ne peuvent intégrer les silicates. Après la cristallisation des minéraux principaux, il reste un fluide silicaté chaud et enrichi en éléments volatils, contenant les éléments incompatibles avec les principaux minéraux magmatiques. La nature et la composition de ces fluides résiduels dépendent de la composition initiale du magma. Ils cristallisent lentement en minéraux secondaires, en périphérie des minéraux primaires. Par exemple, un magma granitique produit des fluides riches en uranium. Ces fluides cristallisent lentement dans les fractures du granite et des roches encaissantes pour former des pegmatites grenues contenant de nombreux minéraux uranifères complexes.

1.3.1.2. L'hydrothermalisme

L'hydrothermalisme est un autre mécanisme (complémentaire) de formation des filons. La plupart des roches de la croûte sont saturées en eau, et cette eau circule

[30] Si la planète Terre a encore une activité tectonique et volcanique, c'est dû en partie à l'uranium qu'elle renferme et qui continue à la chauffer par sa radioactivité !

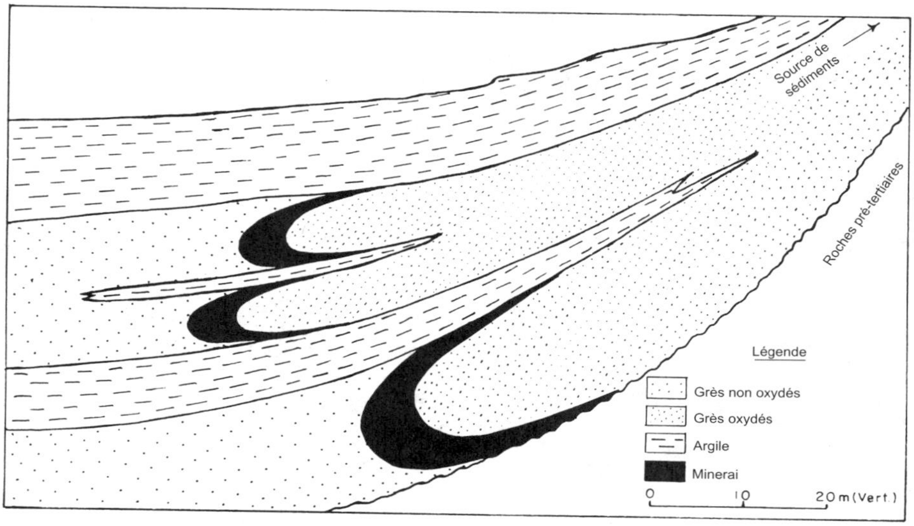

Figure 10.1. Schéma d'un gisement « roll ».

d'autant plus aisément qu'elle est réchauffée par une activité magmatique. Si elle est suffisamment acide et chaude, l'eau peut dissoudre et transporter les métaux des roches qu'elle traverse. C'est l'uranium oxydé qui est mobile : il voyage avec l'eau jusqu'à ce qu'il rencontre une zone réductrice dans laquelle il précipite et se fixe, donnant des accumulations qui peuvent être importantes si le phénomène convectif dure assez longtemps.

1.3.2. La concentration dans les sédiments

Les roches sédimentaires contiennent de l'uranium. Certains sables à zircons, monazites, apatites peuvent avoir des teneurs de l'ordre de 100 g/t. Certains minéraux uranifères ont pu se concentrer par gravité (placers) dans des zones de fort brassage (plages), mais ce n'est pas un mécanisme de concentration très efficace.

Dans les argiles, l'uranium est principalement sous forme adsorbée. La présence de matière organique, en imposant des conditions réductrices, favorise la précipitation de l'uranium à partir de solutions ayant traversé la roche, et son accumulation.

Dans les grès, on rencontre parfois des gisements de type « roll », avec précipitation de l'uranium sur des fronts d'oxydoréduction (figure 10.1).

Contrairement aux silicates, les phosphates peuvent incorporer de l'uranium par substitution. Les concentrations rencontrées sont de l'ordre de plusieurs centaines de grammes par tonne, et l'uranium peut en être récupéré dans des conditions économiquement intéressantes lors de leur transformation en superphosphates. L'exploitation des mines de phosphate pose d'ailleurs souvent des problèmes de radioprotection.

1.4. L'uranium dans les sols

Près de la surface, les conditions oxydantes prévalent. L'uranium a alors une forte mobilité, ce qui explique la teneur en uranium généralement faible des sols, sauf si des conditions réductrices imposées par la présence de matière organique prédominent. La présence de minéraux argileux, et d'oxy-hydroxydes de fer peut aussi contribuer à réduire la mobilité de l'uranium dans les sols.

1.5. L'uranium dans les rivières et l'océan

Avec une concentration variable dans leurs eaux (entre 0,02 et 6 µg/l), les rivières apportent à l'océan leur quota d'uranium. La teneur en uranium de l'eau de mer semble être restée stable pendant les temps géologiques, l'apport par les fleuves étant compensé par les pertes par piégeage dans les sédiments marins ou par incorporation dans des minéraux authigènes sous le plancher océanique. La teneur de l'eau de mer est faible (3,3 µg/l), trop faible pour qu'il soit économiquement envisageable de l'extraire à l'heure actuelle. Cependant, le volume des océans est tel que c'est là que se trouve la plus grande partie de l'uranium mondial (4 à 5 milliards de tonnes d'uranium dissous) !

2. La prospection de l'uranium

Les mineurs de Bohême, qui connaissaient la pechblende dès le XVIe siècle, ne publiaient ni leur savoir-faire ni leurs découvertes. À l'époque, la seule particularité exploitable de cette matière était de parer de vives couleurs jaunes et vertes le cristal, quand on la mêlait à la pâte. Les objets ainsi fabriqués étaient des articles de luxe, la demande ne correspondait pas aux difficultés d'une extraction systématique. Quelques trouvailles au hasard de l'exploitation des métaux usuels suffisaient à saturer le marché.

Depuis, les choses ont un peu changé. La période de la prospection et des « Ruées » individuelles sur les minerais, les métaux ou les matériaux à forte valeur ajoutée s'est définitivement terminée avant le milieu de la décennie 1950. La recherche d'uranium est entrée dans une profonde phase de régression depuis quinze ans, après avoir connu son développement le plus fort au cours des années 1970 et au tout début des années 1980. Les derniers gisements trouvés ne sont pas des trouvailles individuelles de prospecteurs, mais le fruit d'une recherche technico-scientifique reposant sur l'application coûteuse de méthodes géophysiques et géochimiques, guidées par une compréhension approfondie des mécanismes naturels de reconcentration des éléments.

Le premier travail de la prospection d'un secteur, quelle qu'en soit la taille, est de rassembler toutes les données géologiques et minières déjà existantes. Aujourd'hui, la détection des zones potentiellement favorables est considérablement facilitée, avec l'avènement des techniques d'imagerie satellite, et la mise en œuvre de méthodes

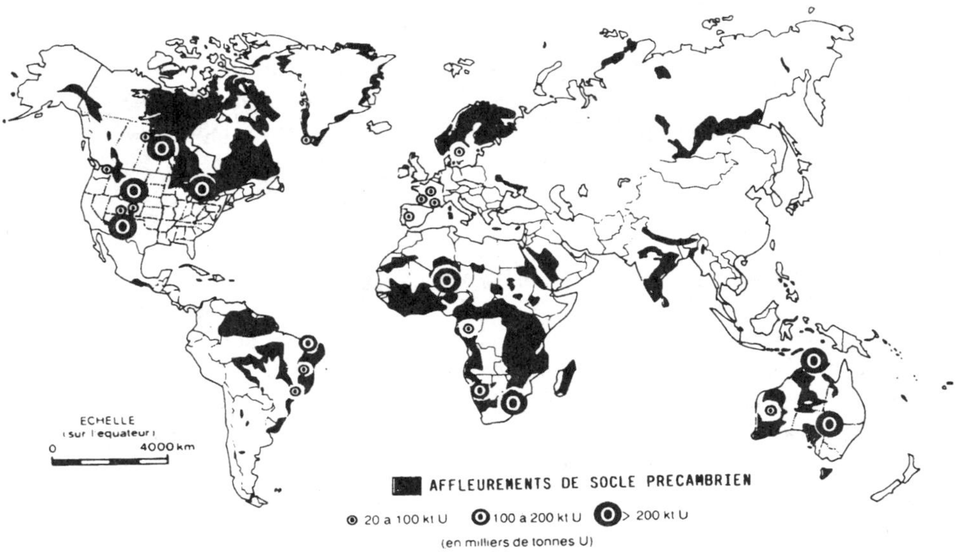

Figure 10.2. Répartition des principaux gisements dans le monde.

géophysiques de prospection. Il s'agit de la prospection radiométrique basée sur la radioactivité du minerai, de méthodes électriques, électromagnétiques et magnétiques indiquant les discontinuités des masses rocheuses, de la prospection géochimique basée sur le halo de perturbation chimique induit par le gisement, et enfin les divers sondages, puits, galeries, tranchées qui donnent un accès direct au matériau.

3. Les principaux gisements dans le monde

Les mécanismes d'accumulation de l'uranium dans le milieu géologique ont été brièvement évoqués plus haut. Ces mécanismes s'expriment dans différents types de gisements, pour la plupart formés pendant l'ère précambrienne (plus de 600 millions d'années) ou lors des événements orogéniques (figure 10.2). Nous ne les décririons pas en détail, car leur très grande variété les rend difficiles à classer. Nous nous contenterons de donner un exemple, celui d'un « monstre » en quantité et en teneur : le gisement de Cigar Lake, dans l'Athabasca canadien. Il n'existait aucun indice de surface de l'existence de cette masse d'oxyde d'uranium, la plus forte jamais trouvée[31]. Elle n'a été découverte que par la recherche essentiellement géophysique d'une structure tectonique et hydrologique similaire à celle d'autres gisements découverts antérieurement dans cette région.

[31] Un autre gisement encore plus gigantesque a été découvert depuis au Canada.

Le dépôt, estimé à 150 000 tonnes d'uranium, est constitué principalement d'uraninite à des teneurs comprises entre 8 et 55 %. Il s'est formé à 3 000 m de profondeur il y a 1,3 milliards d'années, au contact entre des grès et les roches métamorphiques du bouclier canadien. Les fluides hydrothermaux réducteurs percolant à travers le socle ont provoqué la précipitation de l'uranium dans le bassin sédimentaire situé au-dessus. Ces mêmes fluides hydrothermaux ont causé, par altération des grès situés au-dessus du dépôt, la formation d'une lentille argileuse qui a contribué à préserver le gisement après sa formation. Après des millions d'années d'érosion, le gisement est maintenant situé à 450 m de profondeur seulement. Sa taille est voisine de celle des Champs-Élysées ! De tels gisements sont si riches et si concentrés qu'ils découragent pour longtemps de nouvelles prospections dans des zones moins prometteuses.

3.1. Localisation géographique

En France, les gisements sont bien moins riches, à la fois en teneur et en quantité. Ils ont cependant été exploités, pour satisfaire les besoins de l'industrie nucléaire nationale (figure 10.3). Ils se situent principalement dans les massifs anciens, comme le Massif Armoricain, le Massif Central, les Vosges ; mais aussi dans les bassins sédimentaires, tels que le bassin de Lodève, le bassin d'Aquitaine, ou les bassins d'effondrement de Gouzon et Saint-Pierre-du-Cantal.

3.2. Les ressources mondiales

Les ressources mondiales raisonnablement assurées (RRA), récupérables à un coût inférieur à 80 $/kg d'uranium, s'élèvent à environ 2,5 millions de tonnes. Cette estimation, qui date de 1997, est supérieure de 200 000 t à celle faite deux ans auparavant. Cette réévaluation est imputable à la découverte de nouveaux gisements et aux progrès des techniques d'extraction, qui permettent d'abaisser les coûts. Bien entendu, les ressources dépendent du prix qu'on consent à payer pour les récupérer. Ainsi, les ressources RRA récupérables à moins de 130 $/kg d'uranium sont estimées à 3,3 millions de tonnes.

Peut-on dire que ces réserves sont importantes? À titre de comparaison, 2 millions de tonnes d'uranium ont été produites depuis les débuts de l'industrie nucléaire, soit une quantité proche des réserves estimées aujourd'hui. Sur ces 2 millions, 1,2 millions de tonnes ont été consommées dans les réacteurs civils, et le reste est allé grossir les stocks. Ceux-ci sont estimés actuellement à 660 000 t, à 70 % militaires et à 30 % civils. Au rythme de la consommation actuelle (les besoins mondiaux en uranium naturel pour l'année 1996 s'élevaient à environ 60 000 t), les réserves « bon marché » devraient durer entre 50 et 100 ans (figure 10.4).

La majeure partie de l'uranium produit dans le monde vient actuellement du Canada, suivi de l'Australie et du Niger. De gros gisements à teneur extrêmement élevée

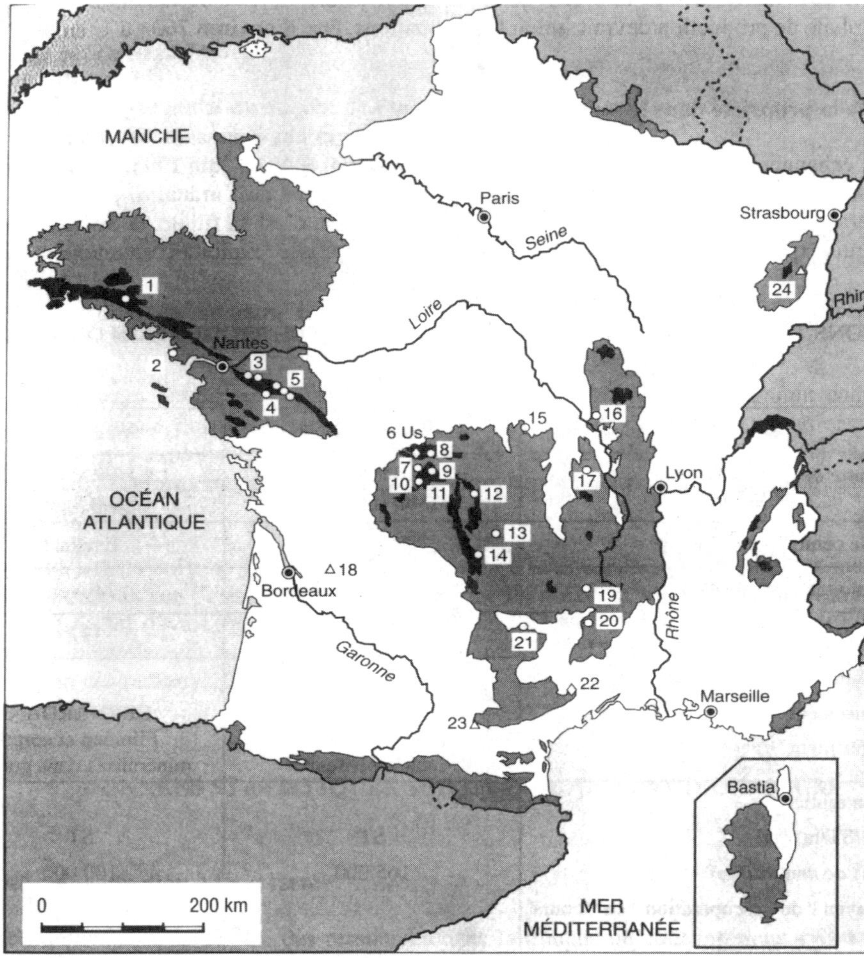

Gisements d'uranium :

◇ En exploitation
△ En préparation
○ Exploité
Us. Usine de concentration
■ Leucogranite
■ Massif varisque

1. Pontivy
2. Pennaran
3. Le Chardon
L'Écarpière
4. Beaurepaire
5. La Chapelle Largeau
La Commanderie
La Dorgissière
6. Le Bernardan (Maihac)
7. Le Brugeaud
8. Bellezane
9. Fanay
Le Fraisse
10. Magnac
Vénachat
11. Henriette
12. Hyverneresse
13. St-Pierre-du-Cantal
14. La Besse
15. Cerilly
16. Grury
17. Les Bois Noirs
18. Coutras
19. Le Cellier
Les Pierres Plantées
20. Les Bondons
21. Bertholène
22. Mas Laveyre
23. Tréville
24. St-Hyppolyte

Figure 10.3. Les gisements d'uranium en France.

restent à exploiter en Australie, au Kazakhstan et au Canada (tableau 10.2). D'autres gisements moins riches ou plus difficiles à exploiter représentent des réserves potentielles importantes.

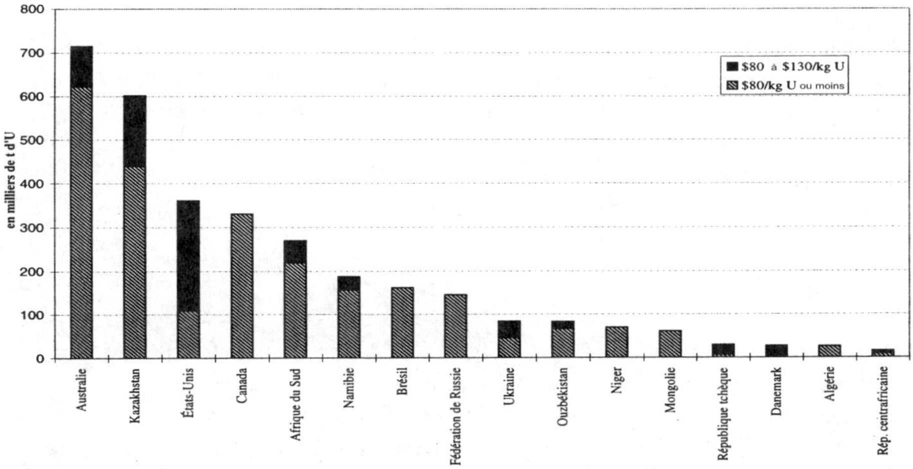

Figure 10.4. Répartition des ressources en uranium dans le monde à économie de marché en 1989 (source : OCDE, 1997).

Tableau 10.2 : Répartition des réserves connues d'uranium dans le monde.

Pays	Réserve connue (%)
Australie	24
Kazakhstan	17
Canada	13
Afrique du Sud	9
Russie	6
Namibie	6
États-Unis	4
Niger	3
Ouzbékistan	3
Divers	15

On peut remarquer que certains gros consommateurs – actuels comme le Japon et les pays européens, ou potentiels, comme la Chine ou l'Inde – sont particulièrement mal dotés dans cette loterie des ressources naturelles.

4. Les mines d'uranium

Un quadrilatère d'une quarantaine de kilomètres de côté, tel est le champ d'action d'une division minière. Sur ce vaste terrain s'organisent, en fonction du support géologique, des sites d'extraction du minerai d'uranium. Le minerai est envoyé sur une unité de traitement, construite à proximité, qui le concentre sous la forme commercialisable standard, le « yellow cake ». En général, on trouve plusieurs sites d'extraction pour une unité de traitement régionale.

4.1. À quoi ressemblent les mines ?

Pour extraire l'uranium, il est nécessaire d'accéder au gisement, soit en décapant la partie de la roche stérile qui le recouvre (c'est le cas des mines à ciel ouvert), soit en creusant des galeries dans cette même roche stérile si le minerai se situe plus en profondeur (c'est le cas des mines souterraines), soit par injection dans la roche d'une solution lixiviante (tableau 10.3).

Tableau 10.3 : Répartition de l'uranium produit en 1996 en fonction de la technique d'extraction (Source : OCDE 1997).

Technique d'extraction	Production (%)
Mine à ciel ouvert	39
Mine en souterrain	40
Lixiviation *in situ*	13
Autres	8

Les mines d'uranium à ciel ouvert présentent les avantages d'un accès facile au minerai. Les techniques et les engins employés sont comparables à ceux des carrières ou des chantiers de travaux publics. La couverture est décapée au bulldozer, puis le minerai est extrait à la pelle mécanique et transporté par camion ou par une rampe hélicoïdale jusqu'au niveau du sol. Après exploitation, l'excavation peut, dans certains cas, être inondée et transformée en lac. Mais le plus souvent, le trou est rebouché avec les matériaux excavés. Ensuite, on remet en place la couche de sol (figure 10.5).

Plus coûteuses, les mines souterraines sont réservées à l'extraction de minerai de teneur relativement élevée. Il existe différents types d'ouvrages souterrains pour accéder au minerai :

- les puits, qui sont verticaux, ont permis longtemps de descendre les personnels et les matériels par des ascenseurs appelés « cages » ;
- les descenderies, qui ont remplacé les puits dans les années 1980, sont de véritables routes souterraines inclinées, permettant la circulation d'engins motorisés ;

Figure 10.5. La mine à ciel ouvert du Puy de l'Age en exploitation et après réaménagement.

- les galeries, horizontales ou de faible pente, creusées dans la roche stérile, relient les puits ou les descenderies aux zones minéralisées ;
- les montages (puits de faible diamètre), permettent la circulation de l'air dans les galeries et les chantiers d'où le minerai est extrait. Ils relient le réseau souterrain à la surface et sont souvent équipés de ventilateurs. La ventilation des mines

d'uranium fait l'objet d'un soin particulier, à cause du radon 222, gaz radioactif descendant de l'uranium qui tend à s'accumuler dans les galeries et représente un risque radiologique pour les mineurs.
- certains minerais, comme ceux du Saskatchewan, ont une teneur si forte que des techniques d'extraction robotisées sont employées pour éviter l'irradiation des mineurs.

Là encore, à la fin de la période d'extraction, les matériaux stériles servent de remblais aux anciens travaux souterrains.

La lixiviation *in situ* est une technique qui permet l'extraction de l'uranium en profondeur sans avoir à creuser d'ouvrages souterrains de grande ampleur. Plusieurs puits sont percés jusqu'au minerai. Une solution lixiviante (habituellement de l'acide à pH 2 ou 3), injectée dans un des puits, dissout l'uranium et est récupérée par pompage dans les puits avoisinants. Ce mode d'extraction économique a l'avantage de permettre l'exploitation de ressources à faible teneur, même profondes. En revanche, il demande quelques précautions (« rinçage » de la roche après lixiviation) pour éviter de polluer les nappes d'eau souterraines, et n'est utilisé que dans les régions peu habitées (Wyoming, Ouzbekistan, Australie). Un nouveau gisement en Australie du Sud, estimé à plus de 20 millions de tonnes d'uranium, produira 1 million de tonnes par an par cette technique, avec un personnel d'exploitation réduit à moins de 50 personnes.

4.2. Les teneurs

Le minerai dont l'exploitation est actuellement considérée comme rentable contient au moins 1 kilogramme d'uranium par tonne. Ainsi, pour produire en France 72 000 tonnes d'uranium, COGEMA a extrait quelque 52 millions de tonnes de minerai. Pour produire chaque tonne de minerai, on a manipulé en moyenne 9 tonnes de stériles dans les exploitations à ciel ouvert, et 0,65 tonnes dans les exploitations souterraines.

4.3. Le traitement du minerai

Le minerai est d'abord broyé, puis attaqué chimiquement. Il peut s'agir d'une attaque alcaline (pour traiter l'uraninite, la pechblende ou la coffinite, et plus généralement, l'uranium sous forme tétravalente), ou acide (c'est le traitement le plus courant, à l'acide sulfurique, pour traiter tous les types de minéraux). Le taux de récupération de l'uranium est en général supérieur à 90 %.

Après clarification et purification, l'uranium de la solution est précipité sous forme de diuranate par addition d'H_2O_2, ammoniaque, magnésie ou hydroxyde de magnésium. Lavé, filtré et séché, ce concentré contient environ 75 % d'uranium métal et est appelé le « yellow cake ». C'est ce concentré qui représente le produit commercialisable de l'usine de traitement (figure 10.6).

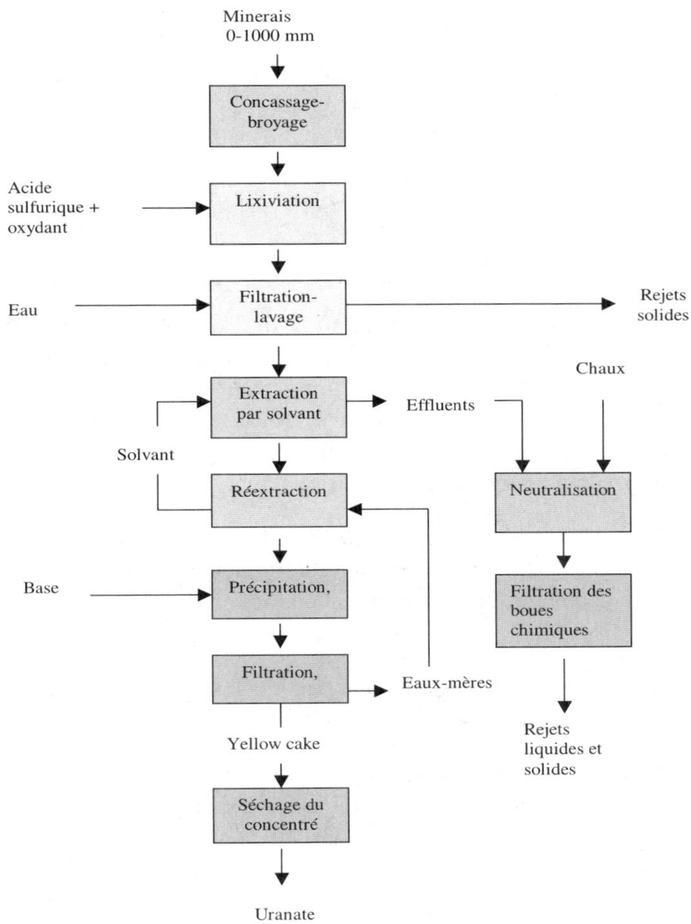

Figure 10.6. Principe du traitement des minerais.

4.4. L'impact de la mine sur l'environnement

Une mine représente une perturbation notable de l'environnement. Les résidus miniers, les effluents, le réaménagement de la mine après son exploitation sont des points sensibles du point de vue de la protection de l'environnement. Dans le monde, nombre de sites miniers ont été abandonnés sans que de quelconques mesures de sûreté, de remise en état ou de restauration aient été prises en considération, en partie peut-être parce qu'aucune réglementation ne l'exigeait à l'époque.

L'usine de traitement produit des résidus. À l'état frais, ils se présentent comme des sables argileux humides très fins. Bien que l'uranium en ait été extrait, ils sont encore radioactifs, car ils contiennent encore tous les autres radionucléides naturels de la famille de l'uranium. Leur tonnage est du même ordre de grandeur que celui du minerai traité, et se mesure en millions de tonnes. Ils sont stockés sur place, soit dans la mine elle-même, soit dans une vallée barrée par une digue ou un bassin en superstructure, ceinturé par des digues. Lors du réaménagement, ces résidus sont ensuite recouverts par une couche de stériles d'une épaisseur de l'ordre de quelques mètres pour en assurer le confinement et en éviter l'érosion, retarder et réduire l'exhalation du radon et assurer une protection radiologique vis-à-vis de l'exposition γ.

On a pu montrer que la mobilité du radium et de l'uranium résiduel à travers les résidus était très faible, dans l'état actuel de la minéralogie de ces résidus (fixation sur les oxy-hydroxydes de fer, les minéraux argileux et les phases carbonatées). On n'attend donc pas de migration importante de radionucléides à partir des résidus de traitement du minerai d'uranium, au moins à court terme. Il reste à démontrer que cette situation satisfaisante perdurera dans le futur lointain.

En France, l'exploitant veille à minimiser l'impact de la mine. Soumis au règlement général des industries extractives, il doit contrôler l'état de l'environnement (eau, air) autour de la mine pendant et après l'exploitation.

Une autre préoccupation importante est la stabilité géotechnique des ouvrages, digues et couvertures, qui assurent le confinement des résidus. Les techniques actuelles ne permettent de garantir cette stabilité que sur une durée de l'ordre de 1 000 ans.

La gestion des résidus miniers est soumise à la réglementation sur les installations classées pour l'environnement. Ce sont les autorités locales (préfecture, direction régionale de l'industrie et de l'environnement) qui sont chargées de l'application de ces règlements.

4.5. L'impact dosimétrique de la mine en exploitation et après son réaménagement

La mine a un impact radiologique sur les mineurs qui y travaillent. Pour ceux-ci, c'est le radon qu'ils respirent qui représente la contribution principale à la dose. Cette contribution est réduite à un niveau acceptable moyennant une ventilation appropriée des galeries. L'autre contribution à la dose vient de l'exposition externe, pratiquement inévitable, sauf si l'on en vient à confier l'exploitation à des robots (solution envisagée pour les gisements à très forte teneur).

La mine a aussi un impact radiologique sur le public. La dose vient en partie du radon (la contribution de la mine est difficile à démêler de celle du radon naturel ambiant), mais aussi de l'exposition γ externe et de l'eau des effluents.

L'ordre de grandeur de l'exposition ajoutée par une mine typique sur le public habitant le village riverain est de 1 mSv/an pour une mine en activité, et d'une fraction de millisievert par an pour une mine fermée et réaménagée. Ces chiffres sont à comparer aux 2,4 mSv/an dus à la radioactivité naturelle (moyenne française). Ils ne sont pas négligeables au regard de la nouvelle législation sur les limites de dose admissible pour le public.

5. La conversion de l'uranium : du yellow cake à l'hexafluorure

Arrivé au stade du yellow cake, l'uranium est encore loin de pouvoir être utilisé dans un réacteur nucléaire ! Il doit d'abord être mis sous la forme hexafluorure d'uranium UF_6 (gazeux) pour y subir l'enrichissement isotopique.

Nous résumons ci-dessous l'assez longue chaîne de transformations qui permettent de passer du yellow cake à l'hexafluorure d'uranium.

Il s'agit d'abord de purifier le yellow cake pour le débarrasser des éléments comme le bore ou le cadmium, absorbeurs de neutrons, ainsi que des éléments formant des fluorures volatils (molybdène, tungstène, vanadium, chrome), susceptibles de contaminer l'hexafluorure d'uranium produit plus tard. Cette purification se fait par extraction au tri-butyl-phosphate, après dissolution du yellow cake dans l'acide nitrique.

La solution de nitrate d'uranyl purifiée est ensuite transformée en une poudre d'oxyde d'uranium UO_3 par chauffage à 300 °C :

$$UO_2(NO_3)2xH_2O \rightarrow UO_3 + NO_2 + NO + O_2 + xH_2O,$$

puis en UO_2 par chauffage au four en présence d'hydrogène :

$$UO_3 + H_2 \rightarrow UO_2 + H_2O.$$

L'oxyde UO_2 est ensuite fluoré dans un four rotatif à 450°C en présence d'acide fluorhydrique :

$$UO_2 + 4HF \rightarrow UF_4 + 2H_2O.$$

Le tétrafluorure UF_4 est enfin converti en hexafluorure UF_6 par une nouvelle fluoration à 450 °C, cette fois-ci en présence de gaz fluor :

$$UF_4 + F_2 \rightarrow UF_6.$$

Cet hexafluorure d'uranium est ensuite acheminé sous forme solide, dans des conteneurs sous pression, vers l'usine d'enrichissement.

Bibliographie

[1] M. Cuney, J. Leroy, et M. Pagel, *L'uranium*, Collection Que sais-je ?, PUF, 1992. Très belle synthèse, vue sous l'angle des Sciences de la Terre.

[2] Cl. Valsardieu, *Regards sur l'Uranium*, 2 t., Editions Eska, 1997. Belle vue d'ensemble, malheureusement un peu délayée, par un praticien qui a consacré sa vie au sujet.

[3] B. de Vivo *et al.*, *Uranium geochemistry, mineralogy, geology, exploration and resources*, The Institution of Mining and Metallurgy, 1984.

[4] F. J. Dahlkamp, *Uranium ore deposits*, Springer Verlag, 1993. Bon exposé de la géochimie de l'uranium.

[5] P. D. Wilson, *The nuclear fuel cycle from ore to waste*, Oxford Science Publications, 1996. Contient des détails utiles sur le traitement du minerai d'uranium.

[6] *Uranium, Ressources, Production et Demande*, Publication de l'OCDE, 1997.

11 La séparation isotopique

La modification de la composition isotopique naturelle d'un élément ne connaît aujourd'hui qu'une seule application industrielle à grande échelle : l'accroissement de la teneur en isotope 235 de l'uranium, que l'on enrichit de sa teneur naturelle de 0,7 % à la teneur convenant à sa combustion en réacteur thermique à eau légère, soit de l'ordre de 3,5 % pour les combustibles actuels et jusqu'à 5 % dans le futur. L'enrichissement en ^{235}U est imposé par le choix de l'eau ordinaire comme modérateur et caloporteur, et a pour but de compenser les captures de neutrons par l'hydrogène de l'eau. La description du procédé de séparation isotopique français actuel, la diffusion gazeuse, et celle des procédés futurs : ultracentrifugation et SILVA seront nos sujets principaux.

Nous aborderons aussi la résonance cyclotronique ionique, et nous esquisserons des usages plus larges de la séparation isotopique dans le cycle du combustible nucléaire.

1. L'enrichissement de l'uranium

Le réacteur nucléaire le plus représentatif du parc mondial est le réacteur à eau sous pression (REP), qui délivre une puissance d'environ 900 mégawatts électriques (MWe). C'est surtout le développement de ce type de réacteur qui pose le problème de l'approvisionnement en uranium enrichi. Un tel réacteur consomme annuellement 27,2 tonnes d'uranium enrichi à 3,5 %. Ce tonnage est extrait de 150 tonnes d'uranium naturel. La phase d'enrichissement entre pour le tiers du coût du combustible chargé en réacteur, soit encore 7 % du coût total du kilowattheure.

Il y a, à ce jour, surcapacité de production d'uranium enrichi car, suite aux chocs pétroliers, la demande en énergie électrique n'a pas suivi les hausses rapides inscrites dans les scénarios de développement de l'industrie électronucléaire. Cette surcapacité est encore aggravée par la perspective de la commercialisation des stocks militaires.

Les besoins mondiaux annuels sont de 32 millions d'UTS[32] par an. La capacité de production est de 45 millions d'UTS par an, mais la production est seulement de 30 millions d'UTS par an, et la dilution des 500 tonnes d'uranium hautement enrichi

---

[32] L'UTS (unité de travail de séparation) est l'unité de compte commerciale de l'enrichissement. Sa définition est donnée au paragraphe 2.

achetés aux Russes par les États-Unis équivaut à 5 millions d'UTS par an pendant 20 ans. Les fournisseurs d'uranium enrichi sont actuellement :

- USEC, aux États-Unis, qui exploite deux usines de diffusion gazeuse à Portsmouth et Paducah, avec une capacité totale de 19 millions d'UTS par an. L'usine de Portsmouth a été fermée en 2001 ;
- EURODIF, consortium européen dominé par la France, qui exploite l'usine de diffusion gazeuse Georges Besse au Tricastin, d'une capacité de 10,8 millions d'UTS par an ;
- URENCO, consortium anglo-germano-néerlandais, qui exploite trois usines d'ultracentrifugation, situées à Capenhurst (G-B), Gronau (D) et Almelo (NL), d'une capacité totale de 4,5 millions d'UTS par an ;
- TENEX, en Russie, qui commercialise sur le marché occidental environ 10 millions d'UTS par an d'uranium enrichi produit dans plusieurs usines d'ultracentrifugation utilisées antérieurement pour la production d'uranium militaire.

Les scénarios actuels prévoient au moins une constance ou une hausse modérée de la demande d'uranium sur les trente ans à venir. Vers la fin de cette période interviendra une chute de l'offre d'uranium enrichi, liée au vieillissement des usines actuelles de séparation d'isotopes, principalement aux États-Unis. Or ce ne sont pas seulement les usines de diffusion gazeuse « historiques » qui ont vieilli, mais aussi le procédé de diffusion lui-même, dont la voracité en énergie ne convient plus à nos économies.

Le « créneau » pour l'introduction de procédés nouveaux, moins coûteux, moins énergivores et moins producteurs de rejets, est donc ouvert à moyen terme (2005-2015).

2. Définitions

Tout procédé de séparation peut être assimilé à un système avec une voie entrante, l'alimentation (ou *feed*) d'une masse F du produit d'intérêt à la teneur N_F, et deux voies sortantes : la voie enrichie (ou *product*) sortant une masse P à la teneur N_P, et la voie appauvrie (ou *waste*) sortant une masse W à la teneur N_W ($N_W < N_F < N_P$ par définition). La figure 11.1 schématise les notations communes à tous les procédés de séparation.

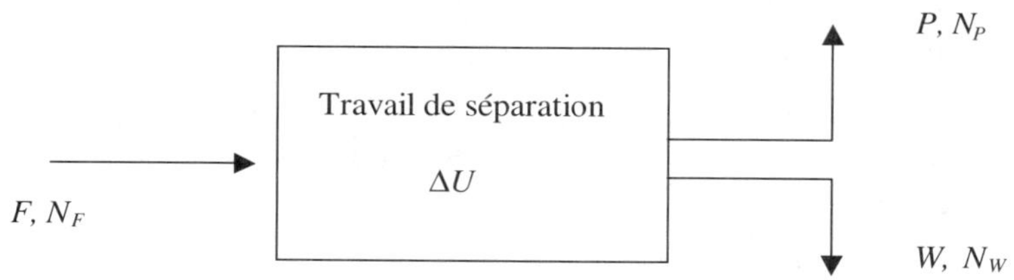

Figure 11.1. Une installation de séparation isotopique.

Définitions et notations

Les définitions et notations usuelles en séparation des isotopes de l'uranium sont :

- teneurs ^5N_F, ^5N_P, ^5N_W : proportion d'isotope ^{235}U dans les flux d'alimentation F, de produit riche P et de produit pauvre W ;
- richesses : $^5R_i = \dfrac{^5N_i}{1 - {}^5N_i}$ $(i = F, P, W)$;
- facteur d'enrichissement $\alpha = \dfrac{^5R_P}{^5R_F}$;
- facteur d'appauvrissement $\beta = \dfrac{^5R_W}{^5R_F}$;
- facteur de partage $\vartheta = \dfrac{P}{F}$.

Les relations de conservation de masse s'écrivent :

- $F = P + W$: masse totale d'uranium ;
- $F \times {}^5N_F = P \times {}^5Np + W \times {}^5N_W$: masse totale d'isotope 235.

Des valeurs numériques caractéristiques pour l'enrichissement électronucléaire sont :

- $N_F = 0{,}7\ \%$ (teneur naturelle en ^{235}U du minerai d'uranium) ;
- $N_P = 5\ \%$ (teneur maximale envisagée des combustibles pour des réacteurs producteurs d'électricité) ;
- $N_W = 0{,}2\ \%$ (teneur de rejet visée dans les conditions économiques actuelles) ;
- soit $\alpha = 7{,}4$ et $\beta = 0{,}28$.

Les propriétés physiques d'un élément pur (densité, températures de fusion ou de vaporisation…) dépendent de la composition isotopique de cet élément. Pourtant, ces différences de propriétés sont en général faibles, et il est difficile de les exploiter pour la séparation isotopique.

Quant aux propriétés chimiques des éléments, elles dépendent en général très peu de l'isotope considéré, ce qui rend d'autant plus difficile la séparation isotopique par voie chimique.

À l'exception du procédé SILVA, toutes les méthodes de séparation ont un pouvoir séparateur élémentaire très petit, ce qui oblige à constituer des cascades en recommençant plusieurs fois l'étape élémentaire pour obtenir l'enrichissement désiré N_P (figure 11.2). La cascade est souvent constituée de deux parties : la plus importante est consacrée à l'enrichissement proprement dit. Quelques étages sont aussi utilisés pour appauvrir les résidus, le but étant de maximiser le travail de séparation de la cascade.

Le choix de la teneur de l'appauvri résulte d'une optimisation économique entre le prix de l'uranium naturel et le coût de l'enrichissement. Plus N_W est élevé, plus l'enrichissement est facile, mais plus on consomme de matière première. Afin de

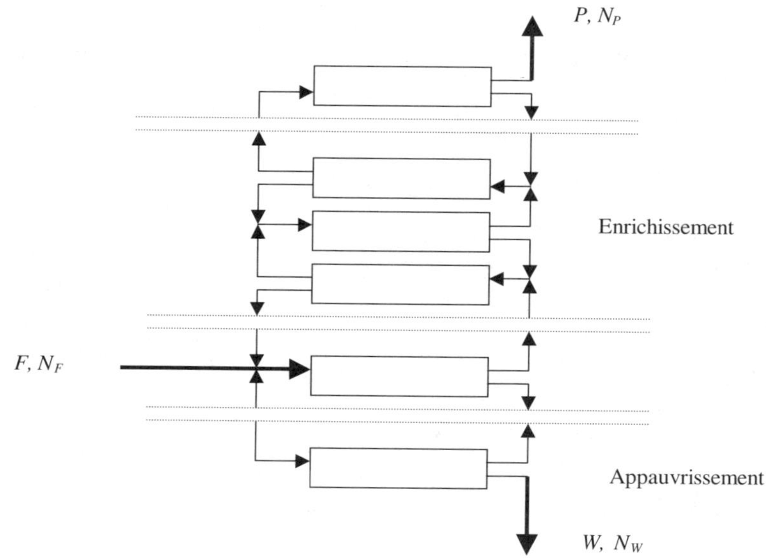

Figure 11.2. Un exemple de cascade. Chaque rectangle représente une étape de séparation élémentaire.

mener à bien cette optimisation, on introduit la notion d'unité de travail de séparation (UTS, ou SWU – *separation work unit*), combinant les teneurs et les débits des trois flux.

La définition de l'UTS fait appel à un *potentiel séparatif* $V(N)$, fonction sans dimension[33] associée à une teneur N :

$$V(N) = (2N - 1) \ln (N/(1 - N)). \quad (11.1)$$

$V(N)$ est nulle pour un mélange à parts égales ($N = 1/2$), et prend des valeurs grandes pour un mélange presque pur (N proche de 0 ou 1).

À partir du potentiel séparatif, on définit une *fonction de valeur* $U = P \cdot V(N)$, qui donne la valeur relative d'une quantité P de produit à la teneur N.

Le *travail de séparation* ΔU est alors défini comme l'accroissement de valeur introduit par l'installation d'enrichissement, soit :

$$\Delta U = P \cdot V(N_P) + W \cdot V(N_W) - F \cdot V(N_F).$$

[33] Le choix de la forme analytique (11.1) pour le potentiel séparatif $V(N)$ comporte une part d'arbitraire, et n'est complètement justifié que dans le cas particulier d'un procédé d'enrichissement en cascade, pour lequel le travail de séparation des étages est indépendant de la teneur du mélange.

ΔU a la dimension d'une masse, et est exprimé en unités de travail de séparation (UTS).

La figure 11.3 illustre les valeurs typiques de ces paramètres dans le cas de l'enrichissement de l'uranium civil :

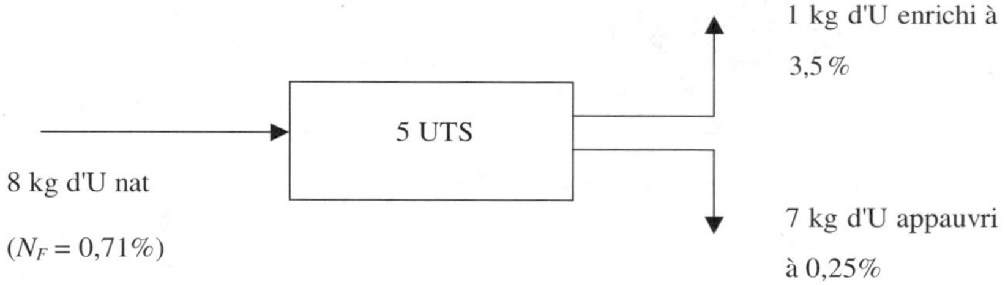

Figure 11.3. Paramètres d'UTS pour l'enrichissement de l'uranium civil.

L'UTS est aussi l'unité de compte commerciale de l'enrichissement, puisque le calcul fait intervenir à la fois le débit d'uranium naturel consommé (coût de la matière première), le débit et la teneur en ^{235}U du produit enrichi (valeur marchande du produit), et le débit et la teneur du produit appauvri (rejet sans valeur commerciale immédiate). L'importance d'un bon appauvrissement, à enrichissement fixe, croît avec le coût de la matière première.

Le réacteur « typique » de 900 MWe consomme annuellement environ 150 000 UTS/an, à raison d'environ 5 UTS/kg d'uranium enrichi à 3,5 % à partir d'uranium naturel.

3. La diffusion gazeuse

La diffusion gazeuse est, parmi les procédés d'enrichissement isotopique de l'uranium, celui qui le premier a fait l'objet de réalisations industrielles importantes. D'abord consacrées à des productions militaires, les installations de diffusion gazeuse furent peu à peu essentiellement dédiées à des productions civiles. Aujourd'hui la diffusion gazeuse fournit plus de la moitié des UTS qui, de par le monde, sont consommées à des fins civiles.

La France a réalisé sur son territoire deux usines de diffusion gazeuse. La première, à vocation purement militaire, est aujourd'hui arrêtée. La seconde, à vocation purement civile, l'usine Georges Besse à Pierrelatte fournit aujourd'hui plus de 25 % des UTS consacrées à des fins civiles dans le monde.

Le procédé d'enrichissement de l'uranium par diffusion gazeuse (DG) utilise un composé gazeux de l'uranium : l'hexafluorure d'uranium (UF_6). Le fluor n'ayant qu'un seul isotope (de masse atomique 19), les différences de masse qui peuvent

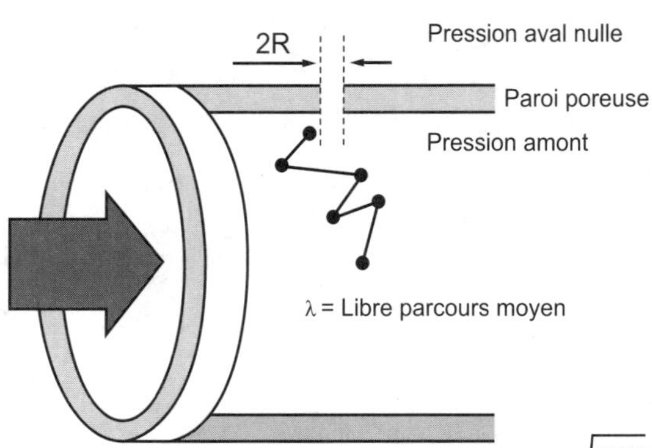

Théorie cinétique des gaz ⇒ entre deux collisions : $\overline{V_i} = \sqrt{\dfrac{8RT}{\pi . M_i}}$

Si $\lambda >> 2R$: régime moléculaire (Knudsen)

séparation idéale : $\alpha_0 = \sqrt{\dfrac{M_2}{M_1}} = 1+\varepsilon_0$

α_0 = Facteur d'enrichissement idéal

ε_0 = Coefficient d'enrichissement idéal

Si $\lambda << 2R$: régime visqueux (Poiseuille) pas d'effet séparatif

Si $\lambda \sim 2R$: écoulement mixte

Figure 11.4 : Effet élémentaire de la diffusion gazeuse.

exister entre deux molécules d'UF_6 résultent des différences de masse entre les isotopes de l'uranium (entre ^{238}U et ^{235}U). Ainsi, conformément à la loi de Knudsen (selon laquelle, à une température donnée, les molécules de gaz se déplacent avec une vitesse moyenne inversement proportionnelle à la racine carrée de leur masse moléculaire) :

$$V_i = (8RT / (\pi M_i))^{1/2}.$$

En conséquence, les molécules de $^{235}UF_6$ (de masse 349) se déplacent plus vite que les molécules de $^{238}UF_6$ (de masse 352), et durant un même intervalle de temps, elles viennent frapper un plus grand nombre de fois la paroi du récipient qui les contient.

Dans ces conditions (figure 11.4), si on fait diffuser de l'UF_6 gazeux à travers une paroi poreuse dont les pores ont un diamètre sensiblement inférieur au libre parcours moyen des molécules, les molécules de $^{235}UF_6$ ont un plus grand nombre d'occasions de passer au travers des pores de la paroi que les molécules de $^{238}UF_6$. Nous appellerons barrière un tube dont la paroi est poreuse, et dans lequel on injecte le gaz sous pression. On trouvera donc en aval de la barrière (dans le compartiment basse pression) une fraction de gaz légèrement plus enrichi en ^{235}U que ne l'était la totalité du gaz mis au départ en amont de celle-ci (dans le compartiment haute pression).

Nous noterons dès à présent que l'effet élémentaire est faible puisque l'on a, pour l'UF_6 et dans le cas d'une séparation idéale (notée par l'indice 0) :

$$\alpha_0 = (352/349)^{1/2} = 1{,}00429.$$

Ce coefficient d'enrichissement, déjà très petit, est encore réduit en pratique à environ 1,002 par un certain nombre d'écarts à la situation idéale.

3.1. L'élément séparateur de base

Une usine de diffusion gazeuse est conçue à partir de cet effet élémentaire faible. L'élément séparateur de base est constitué de trois composants principaux (figure 11.5) :

- un diffuseur, qui est une enceinte de géométrie cylindrique, à l'intérieur de laquelle sont fixées, en parallèle, un grand nombre de barrières. Celles-ci sont des tubes constitués d'une couche finement poreuse déposée sur un support à pores plus gros, destiné à donner à la barrière une résistance mécanique suffisante pour résister aux gradients de pression. Les barrières séparent l'intérieur du diffuseur en deux compartiments : le compartiment à haute pression (à l'intérieur des barrières), et le compartiment à basse pression (à l'extérieur des barrières) ;
- un compresseur, qui assure la circulation du gaz, notamment en le portant à la pression requise à l'entrée du diffuseur ;
- un échangeur de chaleur, qui évacue les calories produites par la compression.

À ces trois sous-ensembles, il conviendra, bien sûr, d'ajouter le jeu des tuyauteries et vannes permettant un fonctionnement normal avec possibilité d'isolement, de dérivation, ou de soutirage.

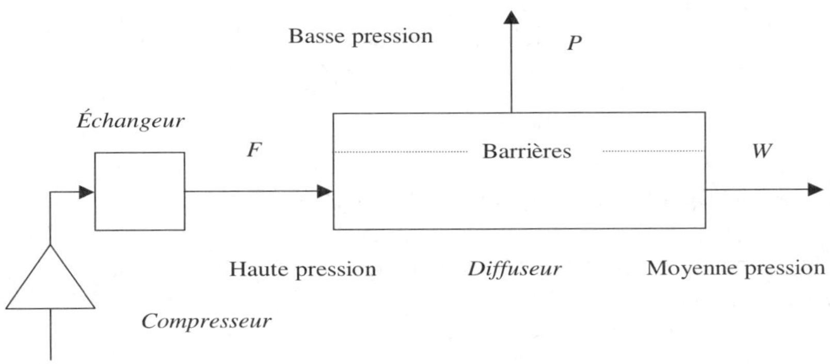

Figure 11.5. L'arrangement des trois composants principaux d'un élément séparateur de base.

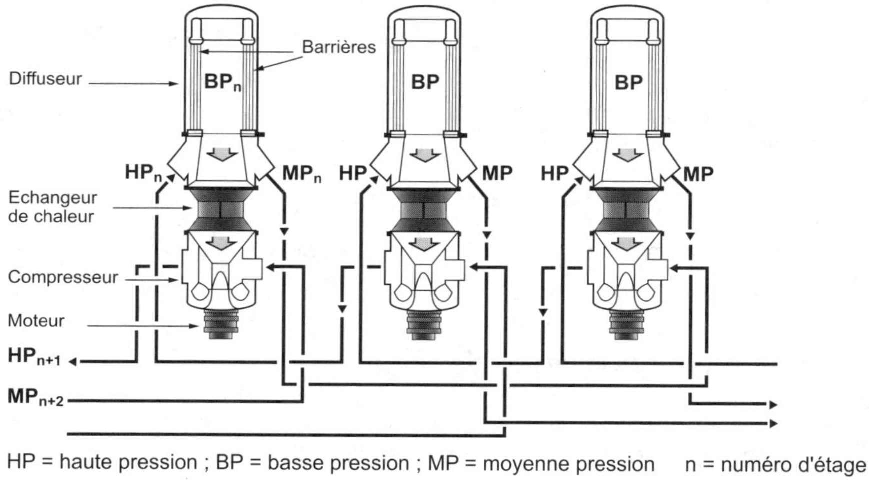

Figure 11.6. Trois diffuseurs de l'usine Georges Besse.

Dans les anciennes usines américaines, les diffuseurs sont horizontaux, et les supports de barrières en nickel fritté. Dans l'usine EURODIF du Tricastin, les diffuseurs sont placés verticalement, et les supports de barrière sont en céramique.

La figure 11.6 montre trois éléments séparateurs de base de l'usine Georges Besse, couplés entre eux en cascade.

3.2. L'étage et la cascade

3.2.1. L'étage de séparation

On réalise un étage de séparation par la mise en parallèle d'autant d'éléments séparateurs de base que nécessaire pour assurer le débit total demandé en un point de la cascade.

3.2.2. La mise en série d'étages et la cascade

Le facteur d'enrichissement d'un étage, quel que soit le débit qui le traverse (aussi appelé « largeur uranium »), restera toujours de l'ordre de $\alpha = 1{,}002$ à 1,003. Il faut donc répéter l'effet élémentaire un très grand nombre de fois pour obtenir un enrichissement significatif. Rappelons que l'on cherche à obtenir α de l'ordre de 7, et que $(1{,}002)^{1000} = 7{,}3$. L'enrichissement voulu se fait en assemblant en série de l'ordre d'un millier d'étages, autrement dit en constituant une cascade.

La façon la plus simple de mettre des étages en série consiste à envoyer le flux diffusé (donc enrichi en constituant léger) de l'étage s à l'entrée de l'étage $s + 1$, tandis que le flux non diffusé (donc appauvri en constituant léger) de ce même étage s est renvoyé à l'entrée de l'étage $s - 1$. On réalise ainsi ce qu'on appelle un montage ($s + 1$, $s - 1$), dans lequel on fait en sorte qu'il n'y ait en aucun endroit de mélange de flux à des teneurs isotopiques différentes (figure 11.2).

3.3. L'usine Georges Besse (EURODIF)

L'usine d'EURODIF (Usine Georges Besse), située à Pierrelatte, est à vocation purement civile. Sa première mise en exploitation partielle a eu lieu en 1978 et la mise en service industrielle complète date de 1982. Elle fournit en gros le quart des UTS produites chaque année de par le monde. Elle est essentiellement constituée de trois cascades carrées, constituées chacune de groupes d'étages montés en série :

- la cascade UFEG (Usine Faible Enrichissement Grosse) comportant 14 groupes (de 20 étages, avec 23 000 barrières par étage) dont 11 constituent le sommet de l'usine et 3 le pied ;
- la cascade UTG (Usine Très Grosse) comportant 20 groupes (de 20 étages, avec 62 000 barrières par étage) dont 14 sont dans la partie enrichissante, et 6 dans la partie appauvrissante de l'usine ;
- la cascade USG (Usine Super Grosse) comportant 36 groupes (de 20 étages, avec 120 000 barrières par étage) dont 16 sont dans la partie enrichissante, et 20 dans la partie appauvrissante de l'usine.

Les étages – quelle que soit la cascade – sont tous du même type. Seule la taille des matériels varie d'une cascade à l'autre.

Nous terminerons cet aperçu sur EURODIF par une photo du diffuseur USG qui comporte en bas à droite une tache blanche (derrière la rampe). Cette tache étant la blouse d'un technicien, la figure 11.7 permet d'apprécier la taille des diffuseurs USG...

La séparation isotopique par diffusion gazeuse est très gourmande en énergie : environ 2 400 kWh par UTS. Pour alimenter l'usine George Besse à sa pleine capacité de production de 10,8 millions d'UTS par an, il faut rien moins que les deux réacteurs EDF de 900 MWe situés sur le même site du Tricastin !

Autre caractéristique importante du procédé d'enrichissement par diffusion gazeuse : le grand nombre d'étapes élémentaires impose un « hold-up » élevé (grosse quantité d'uranium en transit dans l'usine). D'autre part, l'usine met un temps long avant d'atteindre le régime de fonctionnement stationnaire. Enfin, ce type d'usine n'a aucune souplesse : une fois construite, une cascade conçue pour produire de l'uranium faiblement enrichi ne peut guère être remaniée pour produire des teneurs différentes, par exemple à des fins militaires. Le procédé est donc peu proliférant.

Figure 11.7. Diffuseurs USG de l'usine Georges Besse.

Procédé de référence actuel, la diffusion gazeuse ne sera pas reprise pour des usines futures, en raison de ses coûts trop élevés, et notamment de sa consommation énergétique considérable. On doit donc prévoir, entre 2005 au plus tôt et 2020 au plus tard, le renouvellement de la majorité de capacités de production mondiales d'UTS.

4. L'ultracentrifugation

Ce procédé, fort ancien, assure aujourd'hui la production d'une modeste fraction des UTS produites dans le monde, à l'exception notable de l'ex-URSS où il constitue le procédé majoritaire.

C'est un procédé statistique en phase gazeuse, où l'on fait tourner à très haute vitesse un bol cylindrique contenant du gaz UF_6 (figure 11.9). Par entraînement visqueux, s'établit une distribution radiale des pressions dans le bol selon une loi exponentielle :

$$P(r) = P(0) \exp(M^2\Omega r^2 / (2RT))$$

avec $\Omega \equiv$ vitesse angulaire, et $M \equiv$ masse molaire du gaz.

Dans le cas d'un mélange de plusieurs gaz (ou isotopes), on voit apparaître une séparation par stratification : les molécules les plus lourdes se concentrent à la périphérie, tandis que les plus légères migrent préférentiellement vers le centre.

Cette loi dépendant de la masse de la molécule de gaz, l'écart de masse entre $^{235}UF_6$ et $^{238}UF_6$ se traduit par une différence du rapport des pressions partielles entre la paroi

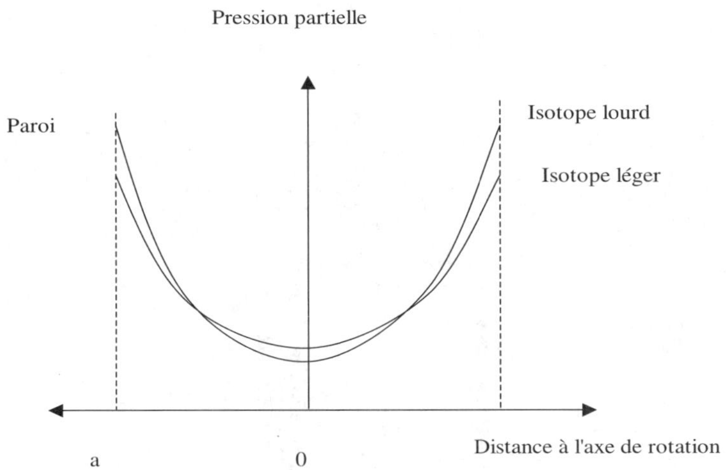

Figure 11.8. Rapport des pressions partielles à la paroi en rotation.

et le centre (figure 11.8). Si on suppose que la centrifugeuse a un rayon a, le facteur de séparation entre le centre de la machine et la périphérie vaut :

$$\alpha_0 \equiv (N / (1 - N))_0 / (N / (1 - N))_a = \exp((M_8 - M_5)\,\Omega^2 a^2 / (2RT)).$$

Avec une vitesse périphérique Ωa de 700 m/s et une température de 320 K, le facteur d'enrichissement α_0 vaut 1,3, une valeur nettement plus grande que pour la diffusion gazeuse. On notera que le facteur d'enrichissement ne dépend pas de la nature du composé chimique de l'élément dont on veut séparer les isotopes, mais seulement de la différence de masse entre les deux isotopes.

Cependant, le gradient isotopique ci-dessus est inexploitable en l'état, car il est statique et maximal soit au centre du bol, où la pression est pour ainsi dire nulle, soit au contact d'une paroi en rotation rapide, où le prélèvement est impossible. Le prélèvement des fractions appauvries et enrichies se fait au moyen d'écopes, petits tubes placés aux deux extrémités du bol à des distances de la paroi soigneusement optimisées. L'alimentation et le prélèvement du gaz par ces écopes provoque le long de l'axe de rotation de la centrifugeuse, qui est vertical, un contre-courant qui transforme le gradient isotopique radial en un gradient axial. Ce contre-courant peut être renforcé par un chauffage du bol qui déclenche des rouleaux de convection le long de la paroi en rotation ; il peut aussi être créé par frottement mécanique visqueux du gaz contre une écope de prélèvement non écrantée et située en partie basse du bol (figure 11.9).

On règle les débits d'entrée et de sortie de gaz dans la centrifugeuse pour que le temps de séjour moyen d'une molécule d'UF_6 soit égal au temps caractéristique de séparation des isotopes par diffusion à travers l'atmosphère de la centrifugeuse. Un temps de séjour plus long diminuerait le débit sans améliorer la richesse du

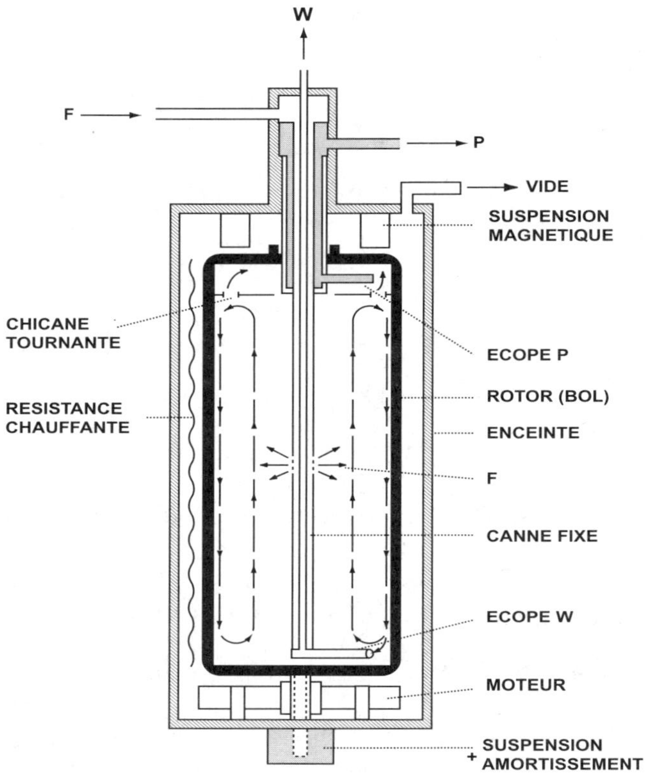

Figure 11.9. Schéma de principe d'une centrigugeuse.

produit ; un temps de séjour plus court ne permettrait pas de bien séparer les isotopes.

Avec ce courant axial optimisé, une centrifugeuse fonctionne un peu comme une colonne de distillation : le courant montant est progressivement enrichi en ^{235}U tandis que le courant descendant est appauvri.

Dirac a démontré que la puissance de séparation maximale d'une ultracentrifugeuse est proportionnelle à la hauteur du bol et à la quatrième puissance de la vitesse périphérique :

$$\Delta U_{max} = \frac{\pi}{2} h.\rho.D.\left(\frac{\Delta M.\Omega^2.a^2}{2R.T}\right)^2 \quad (11.2)$$

où h est la hauteur du bol, ρ la densité du gaz à la paroi, et D la constante de diffusion moléculaire dans le gaz.

Dans la pratique, le ΔU_{max} de l'équation (11.2) a été approché d'assez près pour des machines tournant à basse vitesse, mais l'accord n'est pas aussi bon pour les machines rapides ($\Omega a > 400$ m/s). Pour ces dernières, les gradients de densité et de pression deviennent énormes ; les écoulements au voisinage des nez d'écopes (d'ailleurs très difficiles à modéliser) sont supersoniques et proches du seuil de turbulence. Les dissipations d'énergie au nez d'écope imposent des contraintes supplémentaires sur leur positionnement. Ces écarts à l'idéalité font que ΔU n'est plus proportionnel à la quatrième puissance de la vitesse périphérique $(\Omega a)^4$, mais plutôt à $(\Omega a)^n$, avec n tendant vers 2 pour les vitesses élevées.

Quoi qu'il en soit, tous les modèles indiquent qu'on a intérêt à utiliser des centrifugeuses hautes, et à les faire tourner à la vitesse la plus élevée possible, dans les limites imposées par la résistance des matériaux.

La température de fonctionnement de la centrifugeuse est imposée à 55 °C par les propriétés de l'UF_6 : la température du gaz ne doit pas descendre au-dessous du point de solidification, car la condensation du gaz sur le rotor causerait des déséquilibres mortels pour la machine.

Mais il faut tenir compte de nombreuses autres limitations : le matériau des pièces tournantes doit être capable de résister aux énormes contraintes imposées par la force centrifuge. Il doit aussi résister à la corrosion par le gaz UF_6. Une fois maîtrisé le principe hydrodynamique, l'obtention de centrifugeuses performantes est donc surtout un problème de matériaux et de mécanique.

Le choix des matériaux pour les pièces tournantes va conditionner la vitesse périphérique acceptable sans rupture, donc ΔU.

Si on désigne par ρ_m la masse volumique du matériau et par σ_r sa résistance à la rupture, la vitesse périphérique maximale d'un bol cylindrique mince est $(\Omega.a)_{\max} = \sqrt{\sigma_r/\rho_m}$, ce qui privilégie les matériaux légers et à haute résistance. Parmi les matériaux envisageables ou déjà utilisés, on trouve les alliages légers, l'acier maraging et surtout la fibre de carbone.

Le rapport d'aspect (hauteur/rayon) de la centrifugeuse détermine les fréquences propres de vibration du bol en rotation ; le passage des résonances de vibration lors de la mise en régime ou de l'arrêt est un moment critique pour la résistance mécanique. Si le comportement hydrodynamique est commun à toutes les filières de centrifugeuses, les choix technologiques essentiels résident dans le choix des matériaux en rotation (métaux, alliages, fibres...) et dans celui des régimes mécaniques de vibration (vitesse constamment sous-critique, ou devant franchir une ou plusieurs résonances). Le choix des dispositions internes des écopes est aussi un point délicat, sans oublier celui du mode de sustentation du bol (paliers mécaniques, fluides ou magnétiques).

La formule (11.2) indique que la puissance de séparation d'une machine de base est faible, de l'ordre d'une centaine d'UTS par an pour une machine de base de 3 m de haut tournant à 700 m/s. Il faut donc un nombre énorme de machines pour produire une quantité significative d'UTS. En revanche, comme le facteur d'enrichissement d'une machine est significatif (typiquement 1,2), il suffit d'un nombre limité d'étages (de l'ordre d'une dizaine) pour produire l'enrichissement à 5 % désiré. L'assemblage de nombreuses centrifugeuses de faible puissance de séparation de base pour former une usine se fait donc selon les mêmes principes que ceux que nous avons évoqués pour la diffusion gazeuse : assemblage en étages puis en cascades, avec un nombre important de machines en parallèle. La petite taille de l'élément séparateur de base permet ici de bien approximer le profil de la cascade idéale.

Les centrifugeuses les plus modernes, avec des rotors en fibre de carbone, ont des vitesses périphériques supérieures à 700 m/s, et un pouvoir séparateur entre 30 et 100 UTS par an. Même avec cette dernière valeur, une usine de 5 millions d'UTS par an comprendrait 50 000 machines arrangées en cascades parallèles d'environ 10 étages. Le principal défi pour une telle usine est celui de la fiabilité.

L'ultracentrifugation est proche de son asymptote technologique et semble près d'avoir épuisé ses possibilités de progrès en performances et en coût. La structure de coûts d'une usine d'ultracentrifugation est dominée par un fort coût d'investissement et un coût de fonctionnement des plus faibles. La fiabilité des centrifugeuses est excellente pour les modèles ayant atteint la maturité technologique. Les machines peuvent tourner dix ans sans arrêt ni maintenance. La séparation isotopique dans une centrifugeuse étant un processus thermodynamique proche de la réversibilité, la consommation en énergie d'une usine UCG est très réduite, de l'ordre de 50 kWh par UTS, soit 50 fois moins qu'une usine de diffusion gazeuse de même capacité.

La technologie d'enrichissement par ultracentrifugation peut être qualifiée de proliférante, car il n'est pas difficile de faire des installations de petite taille. D'autre part, des cascades initialement destinées à produire de l'uranium faiblement enrichi peuvent assez facilement être réarrangées pour produire de l'uranium hautement enrichi, utilisable à des fins militaires.

C'est actuellement la technologie d'ultracentrifugation qui permet de produire l'UTS au coût le plus bas. On sait désormais que c'est la technologie qui se déploiera pour remplacer la diffusion gazeuse dans les quinze ans à venir.

Les entités qui maîtrisent cette technologie d'avenir sont au nombre de deux : les Russes utilisent des machines simples où la faible production d'UTS par centrifugeuse (quelques UTS par centrifugeuse et par an) est compensée par le grand nombre de centrifugeuses élémentaires. La capacité de production des usines russes est supérieure à 10 millions d'UTS par an. Le consortium européen URENCO (Allemagne, Pays-Bas, Royaume-Uni) a développé une voie intermédiaire où la puissance unitaire de séparation est de quelques dizaines d'UTS par an. Les trois usines de ce consortium produisent actuellement 4,5 millions d'UTS par an au total. D'autres pays ont mené des études, sans aller jusqu'à maîtriser vraiment la technologie ou la déployer à grande échelle : les Japonais ont développé des centrifugeuses modernes jusqu'à un stade très avancé, mais sans aller jusqu'à une usine de production de taille significative. Les États-Unis ont étudié puis abandonné la voie à haute performance unitaire (quelques centaines d'UTS par an dans des centrifugeuses géantes). Les études ont été arrêtées en France depuis une vingtaine d'années. Pourtant, seule l'acquisition de cette technologie, puis son déploiement rapide permettront à la France de rester présente à terme sur le marché de l'enrichissement, au-delà de la durée de vie de l'usine Georges Besse.

5. SILVA : la séparation par laser

5.1. Principe

L'acronyme regroupe les éléments essentiels du procédé : il s'agit d'effectuer la séparation isotopique par laser d'une vapeur atomique d'uranium. Le mécanisme élémentaire est la photo-ionisation d'un atome d'uranium 235 par trois photons, qui fournissent par étapes successives de l'ordre de 2 eV une énergie supérieure aux 6,18 eV nécessaires à l'ionisation de l'uranium. La sélectivité entre les isotopes 235 et 238 est rendue possible par l'existence de décalages isotopiques des raies électroniques optiques, ceux-ci étant au plus de l'ordre de quelques 10^{-5} de l'énergie de la raie, soit quelques GHz, l'excitation sélective d'un isotope suppose que l'on éclaire avec des photons ayant une largeur spectrale inférieure à cet écart.

Seuls des lasers combinent une telle pureté spectrale avec une densité de flux de photons suffisante.

L'ionisation sélective de l'uranium suppose en amont et en aval que l'uranium passe par tous les états de la matière : introduit dans le séparateur sous forme de solide métallique, l'uranium pur ou allié est fondu sous l'impact d'un faisceau d'électrons, et élevé à une température suffisante pour que la surface de bain métallique évapore un jet de vapeur collisionnelle, qui se détend et se raréfie jusqu'à former au-dessus du bain, à plusieurs dizaines de centimètres, un jet de vapeur ascendante non collisionnelle, ou jet atomique. C'est dans ces conditions de faible densité (10^{12} à 10^{14} atomes par cm^3) qu'a lieu l'interaction avec les faisceaux laser, en propagation horizontale.

Après irradiation par le flux de photons laser, la fraction ionisée du jet, essentiellement composée d'ions 235, forme un plasma froid et peu dense dont sont extraits les ions, par un champ électrique qui leur imprime une vitesse latérale nettement supérieure à la vitesse d'agitation thermique transverse de la vapeur.

Les lasers délivrent une lumière spectralement plus fine que les décalages isotopiques. Cela suffit à créer une sélectivité infinie (en principe seulement), et autorise la séparation en une seule étape, ce qui est radicalement nouveau par rapport à tous les procédés antérieurs.

Le découpage fonctionnel (figure 11.10) illustre les différentes étapes de préparation du jet de vapeur atomique et de collecte des produits après séparation.

5.2. Les chaînes laser

La puissance optique est obtenue par des chaînes de lasers YAG doublés ou à vapeur de cuivre (LVC), choisies pour leur cadence de répétition élevée (5 kHz). Les

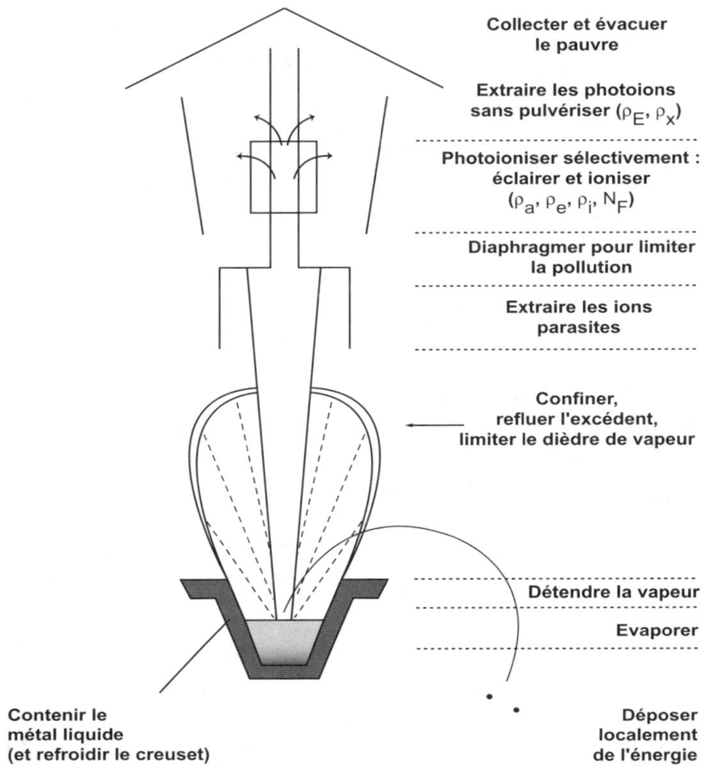

Figure 11.10. Découpage fonctionnel simplifié.

longueurs d'onde d'émission, fixes, ne sont pas directement utilisables pour exciter les atomes d'uranium.

La conversion de longueur d'onde et l'ajustement très précis aux énergies de résonance de l'isotope 235 se font dans les chaînes de lasers à colorants, pompées par les photons issus des lasers de pompe, YAG ou LVC. Les molécules de colorants, en solution alcoolique, ont des bandes de vibration moléculaire très larges et quasi continues. La sélection de la longueur d'onde autorisée en émission se fait dans un oscillateur comportant une cavité résonnante semi-réfléchissante fermée par un réseau, dont l'orientation précise fixe la longueur d'onde transmise. La faible puissance délivrée à cette fréquence est ensuite amplifiée dans le reste de la chaîne (figure 11.11).

Les photons peuvent se propager à travers plusieurs centaines de mètres de vapeur peu dense avant que leur débit de fluence ou leur homogénéité spatiale et temporelle ne soient dégradés. Des dispositifs de transport et de repliement des faisceaux assurent un recouvrement aussi complet et homogène que possible des taches élémentaires d'éclairement de la vapeur. La bonne utilisation de photons très finement accordés et

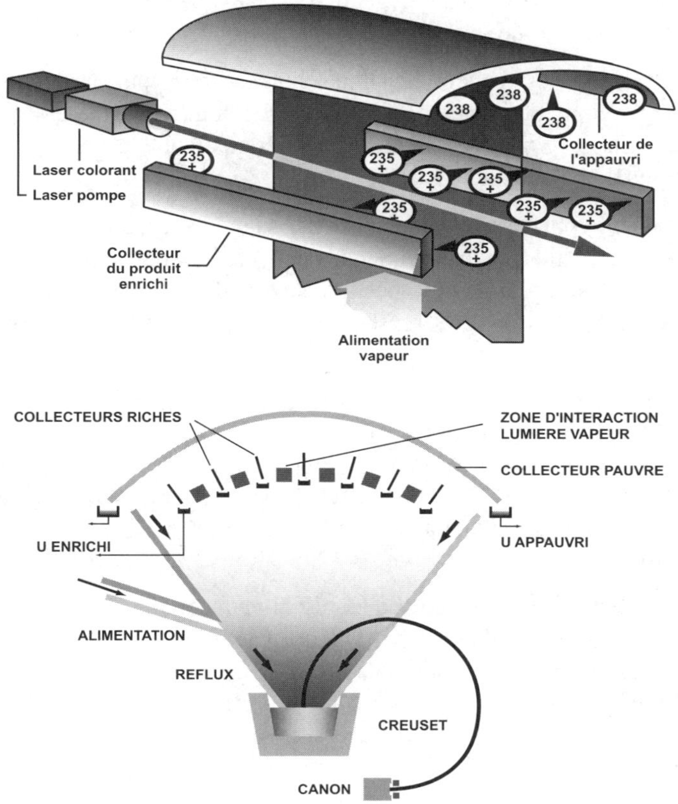

Figure 11.11. Les chaînes laser.

produits avec un rendement énergétique de quelques pourcents est un enjeu économique important, puisqu'elle conditionne la taille de l'usine laser.

5.3. Le séparateur

On donne ce nom au module élémentaire de traitement de l'uranium. La partie basse, ou évaporateur, est constituée d'un creuset en cuivre refroidi par circulation d'eau. L'uranium métal injecté régulièrement sous forme de billes dans le creuset est fondu et vaporisé par bombardement électronique.

Le rendement d'évaporation (puissance emportée par le débit de vapeur ramenée à la puissance émise par le canon) reste inférieur à la dizaine de pourcents, sous le double effet du rebond des électrons incidents contre le métal et des mécanismes de transfert thermique dans un métal liquide soumis à des gradients de quelques centaines de kelvins par centimètre. Avec le rendement des lasers, le rendement de production de vapeur est ce qui dégrade le coût énergétique « idéal » de 6 eV par atome à quelques centaines de keV par atome.

Ce bilan énergétique est encore largement concurrentiel puisqu'il équivaut à un vingtième de l'énergie par atome séparé par diffusion gazeuse, qui est le procédé de séparation dominant le marché actuel. Il serait comparable au bilan énergétique de l'ultracentrifugation à un facteur 2 près.

Le bloc extracteur-collecteur est situé en partie haute du séparateur, où se propagent les faisceaux laser. Un ensemble de plaques collectrices sous tension délimitent des cellules d'irradiation. La taille et le positionnement des plaques collectrices dans le flux d'alimentation *F* issu du creuset sont des paramètres cruciaux puisqu'ils déterminent le taux de dilution du mélange enrichi.

L'ensemble des surfaces collectrices, pauvres et riches, est soumis à la corrosion de l'uranium à haute température (1 000 °C) pendant des centaines d'heures, et doit de plus conserver des propriétés de mouillage aptes à évacuer le produit déposé sous forme de films ou de gouttes, l'écoulement étant assuré par gravitation. Le décrochage de gouttes de produit qui chuteraient à contre-courant du flux de vapeur est bien entendu proscrit.

Le procédé SILVA a atteint le stade de la faisabilité technologique aux États-Unis et en France mais n'est pas exploité industriellement aujourd'hui. Le projet AVLIS a été abandonné aux États-Unis en 1999, mais SILVA fait encore l'objet d'un programme limité en France. Outre une consommation d'énergie réduite, un des avantages importants d'une usine SILVA serait un coût d'investissement faible. Un inconvénient majeur de SILVA est qu'il utilise de l'uranium métal, ce qui rompt la chaîne de l'UF_6, autrement continue depuis le raffinage jusqu'à la fabrication du combustible. Malgré ce handicap, SILVA pourrait être le procédé pour le futur « long terme » (après l'UCG), si des progrès significatifs étaient réalisés sur le coût des lasers, les rendements d'évaporation, et la tenue à la corrosion des matériaux du séparateur.

Pour être complet, il faut mentionner ici le procédé SILMO (séparation isotopique moléculaire par laser, en anglais MLIS) : des lasers infrarouges excitent sélectivement la molécule $^{235}UF_6$, dans un mélange gazeux d'UF_6 et d'un autre gaz à basse température (vers 100 K). Ces molécules excitées sont ensuite photodissociées en UF_5 et fluor. La faisabilité technique de ce procédé n'était pas encore complètement établie quand il a été abandonné en France et aux États-Unis vers le milieu des années 1980.

6. La résonance cyclotronique ionique

Nous décrirons le principe de cette méthode, non pas dans l'optique de l'enrichissement de l'uranium, pour lequel les débits traités seraient trop faibles, mais en pensant aux séparations isotopiques pour lesquelles la demande serait plus versatile et de plus faible tonnage.

Le procédé par RCI fait appel à la voie plasma : le plasma forme une colonne cylindrique de plusieurs mètres de long et de plusieurs dizaines de centimètres de

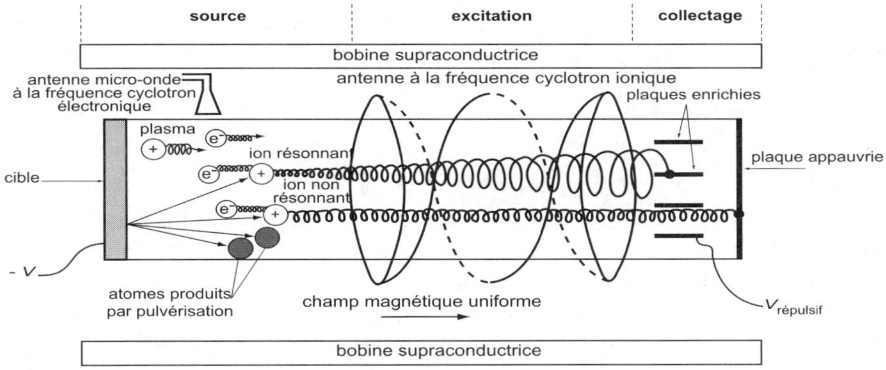

Figure 11.12. Principe de la résonance cyclotronique ionique.

diamètre, confiné par un champ magnétique statique solénoïdal (figure 11.12). À titre d'exemple, le projet russe MCIRI prévoit une colonne de 4 m de long et de 50 cm de diamètre, dans un champ magnétique de 3 teslas. La bobine supraconductrice qui crée le champ mesure 7 m de long et 0,9 m de diamètre, pour assurer l'homogénéité de champ requise dans le cylindre de plasma.

L'étape de séparation, qui donne son nom au procédé, consiste à exciter les ions que l'on veut séparer en leur imprimant sélectivement une vitesse transverse à leur direction de propagation principale, qui est un mouvement hélicoïdal autour d'une ligne de champ le long du solénoïde. L'oscillation cyclotron d'un ion autour de cette ligne de champ magnétique est amplifiée par l'application d'un champ électrique transverse oscillant. La sélectivité d'un ion de masse donnée est assurée par le réglage de la fréquence d'excitation sur la fréquence cyclotron propre à cet ion.

L'étape de collectage consiste à placer en bout de la colonne plasma des lames collectrices parallèles au flux d'ions. Les ions ayant acquis une forte vitesse transverse sont collectés préférentiellement sur ces lames ; les ions non résonnants n'ont pas acquis de vitesse transverse significative et poursuivent leur chemin vers le collecteur « pauvre » qui termine la colonne de plasma. La question du flux de dilution se pose en des termes proches de ceux de SILVA : il s'agit d'interceptions du flux d'alimentation par effet d'ombre ou par agitation transverse résiduelle.

La RCI prend tout son intérêt pour des productions moyennes d'isotopes de masse moyenne, comme nous l'illustrons ci-dessous.

7. La séparation isotopique et le cycle du combustible nucléaire

Nous aborderons ici quelques idées sur la manière dont les divers procédés de séparation isotopique pourraient aider à modifier l'agencement du cycle de combustible actuel, pour accroître à moindres frais la qualité du service rendu, à savoir d'extraire plus d'énergie électrique du « minerai isotopique » (plus de TWh), tout en diminuant le détriment apporté aux hommes et à l'environnement (moins de sieverts).

Sans quitter le réacteur nucléaire, on peut envisager trois usages d'éléments à composition isotopique modifiée.

Le premier est l'amélioration de poisons consommables. On donne ce nom à des isotopes de très forte section efficace de capture neutronique, qui sont ajoutés au combustible nucléaire frais pour modérer la réactivité de celui-ci. Lorsque le combustible vieillit et perd de sa réactivité, le poison disparaît progressivement à condition que les captures successives de neutrons le transmutent vers des isotopes à faible capture neutronique. C'est le cas des isotopes 155 et 157 du gadolinium, forts absorbeurs de neutrons, qui se transmutent à terme en des isotopes plus riches en neutrons et de faible section efficace. Le réglage précis des compositions isotopiques initiales permettrait de fabriquer des poisons dont l'efficacité évoluerait selon les besoins en cours de vieillissement, pour disparaître (neutroniquement parlant) en fin de vie du combustible, lorsque la réactivité a bien diminué.

Le deuxième usage concerne les combustibles qui seraient constitués à base de nitrures d'actinides et non plus d'oxydes comme c'est la règle aujourd'hui. Un des obstacles à leur développement, hormis toutes les considérations liées aux matériaux, est la faible transparence neutronique de l'azote 14. L'enrichissement en azote 15 permettrait de modifier la capture neutronique moyenne de l'azote, de la même façon que l'on accroît la multiplicité η du combustible par enrichissement en uranium 235.

Le troisième usage touche la question de la réduction globale de la radiotoxicité par TWh produit. Elle se décline elle-même en trois rubriques : recycler, transmuter et réduire le volume des déchets ultimes.

Une limitation majeure à l'exploitation de la valeur énergétique du combustible nucléaire par multirecyclage est la présence dans le combustible recyclé d'isotopes neutrophages qui ont été créés lors de l'irradiation première. Les isotopes pairs du plutonium ^{240}Pu et ^{242}Pu sont à la fois des puits de capture (fertile pour ^{240}Pu et stérile pour ^{242}Pu) et des dégradeurs du coefficient global de vidange du combustible, paramètre essentiel de stabilité et de sécurité d'un réacteur. Ceci limite la teneur en Pu d'un combustible recyclé, ainsi que le nombre de recyclages envisageable. Une correction de la composition isotopique du plutonium entrant dans le combustible MOX supprimerait les limitations au multirecyclage, en quantité et en nombre.

Extraire le ^{242}Pu du multirecyclage apporte un autre avantage majeur : la rupture de la chaîne de captures neutroniques $^{242}\text{Pu} \rightarrow ^{243}\text{Am} \rightarrow ^{244}\text{Cm}$, génératrice de radio-isotopes très actifs et très résistants à la transmutation. L'effet global est analogue à la réduction de radiotoxicité mise en avant par les défenseurs du cycle de combustible thorium/uranium, centrée sur des masses d'actinides plus faibles en moyenne que celles du cycle uranium/plutonium. La séparation isotopique du ^{242}Pu produit dans une filière U/Pu est un moyen de créer un nouveau cycle artificiel, que l'on pourrait appeler « U/Pu court ». Ce troisième type de combustible, dépeuplé en actinides de haute masse (Am, Cm...) cumulerait les avantages en radiotoxicité offerts par le cycle Th/U à la commodité d'utilisation du seul isotope fissile naturellement présent sur terre (l'uranium 235), nous affranchissant ainsi des complexités d'amorçage d'un cycle à partir de thorium 232 fertile.

Nous illustrerons la problématique de la transmutation et du stockage par les isotopes du césium. Le ^{135}Cs est un produit de fission à vie longue (3 millions d'années) que l'on peut envisager de transmuter. Le ^{137}Cs est un produit de fission à vie courte (30 ans) responsable d'une grande part de la dissipation thermique des déchets pendant les premières décennies, s'il y est incorporé. Le ^{133}Cs est stable, mais un flux de neutrons le transmute en ^{135}Cs par captures successives. Une stratégie de gestion du césium serait donc de séparer l'isotope ^{135}Cs des autres isotopes, notamment de ^{133}Cs et ^{137}Cs.

Le lot enrichi en ^{135}Cs pourrait être transmuté en réacteur, tout en limitant la production de ^{137}Cs. Le lot (^{133}Cs + ^{137}Cs) relèverait d'un entreposage de surface pendant les quelques décennies de décroissance de la charge thermique, puis alors seulement d'un stockage profond. Cette approche (dont la viabilité économique reste extrêmement douteuse) permettrait à la fois de réduire la toxicité à long terme et le volume du colis de déchets, qui est au premier ordre déterminé par la densité de puissance thermique acceptable pour le conteneur de déchets.

Si de telles stratégies de recyclage et de transmutation devaient se développer, les divers procédés de séparation isotopique décrits ci-dessus pourraient être employés pour augmenter l'efficacité de chacune des étapes de traitement du combustible, par spécialisation des installations, réduction des flux à traiter et de la production d'isotopes indésirables. On pourrait par exemple séparer le ^{242}Pu par un procédé dérivé de SILVA, voire même par centrifugation si la contrainte de sélectivité n'était pas trop forte. La séparation des isotopes du césium pourrait faire appel à la séparation par résonance cyclotronique ionique, dont les performances et les débits sont adaptés au sujet.

Imposée dans le cycle du combustible nucléaire par les besoins en combustible enrichi de la filière dominante des réacteurs électrogènes, la séparation isotopique peut donc aussi contribuer à mieux exploiter les combustibles des parcs actuels de réacteurs et à réduire la radiotoxicité de leurs déchets.

12 Le traitement des combustibles usés

Le retraitement et le recyclage des combustibles usés déchargés du cœur des réacteurs nucléaires répondent à la double exigence du développement durable :

- recycler les matières valorisables : uranium et plutonium ;
- diminuer autant que raisonnablement possible les nuisances potentielles des déchets ultimes.

La COGEMA dispose à La Hague, à l'extrémité de la presqu'île du Cotentin, de deux usines ayant chacune une capacité de retraitement de 850 tonnes par an. Le programme d'EDF est de faire retraiter en priorité le combustible à l'oxyde d'uranium. Il a été démontré par COGEMA qu'il est également possible de retraiter le combustible MOX.

L'exposé qui suit décrit les opérations techniques de déchargement du combustible usé d'une centrale nucléaire française jusqu'à la préparation pour stockage et le traitement des effluents de l'ensemble des produits issus du retraitement des combustibles usés (les questions de stockage à long terme font l'objet du chapitre 14). Il s'agit donc d'une description technique de la filière française de retraitement du combustible usé.

1. Le déchargement du combustible usé

Au cours de sa période de production d'énergie, un élément combustible contient de moins en moins de matière fissile et s'empoisonne progressivement à cause de l'accumulation de produits de fission neutrophages (figure 12.1).

Il devient nécessaire de le décharger et de le remplacer par un élément neuf pour pouvoir continuer la production d'énergie. Le cœur d'un REP (réacteur à eau pressurisée) est renouvelé par quart une fois par an. Au moment de son déchargement, l'élément combustible, très radioactif, émet beaucoup de chaleur. Il reste entreposé pendant environ un an dans la piscine de déchargement de la centrale nucléaire.

Ensuite, lorsque son activité est tombée à environ 70 000 térabécquerels par tonne (TBq/t), il est possible de le transférer vers l'usine de retraitement dans un château de transport. Ces châteaux, tels que celui qui est présenté sur la figure 12.2, sont conçus

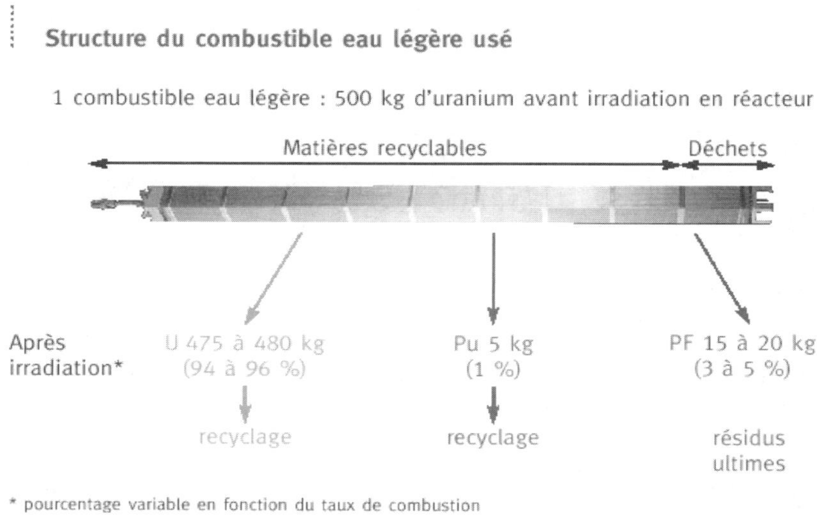

Figure 12.1. Contenu d'un élément combustible UOX (constitué d'oxyde d'uranium seul).

Figure 12.2. Château de transport TN 12.

pour assurer confinement des matières radioactives pendant le transport de l'élément combustible usé sur la voie publique. Leurs principales fonctions sont :

- arrêter les radiations émises par le combustible,
- retenir les émissions gazeuses ou liquides,
- assurer la dissipation de la chaleur produite par la radioactivité de l'élément.

Figure 12.3. La Hague : Piscine d'entreposage des éléments combustibles usés. Les taches claires sont dues à l'effet des rayonnements émis dans l'eau de la piscine.

Ils sont décontaminables, c'est-à-dire qu'ils peuvent être nettoyés à fond en cas de fuite de la gaine d'un crayon de combustible. Enfin, ils sont conçus et testés pour supporter sans perte d'étanchéité les conséquences des chocs pouvant se produire durant un transport et de l'échauffement résultant d'un incendie.

Le château contenant l'élément combustible usé est transporté soit par camion, soit par train, en direction de l'usine de retraitement. À l'arrivée dans l'usine, il subit un contrôle rigoureux pour déterminer si les gaines de l'élément combustible sont restées étanches. Si c'est le cas, l'élément combustible sera entreposé dans une piscine où il peut attendre plusieurs années avant le retraitement (figure 12.3).

Dans le cas d'une contamination, l'élément combustible sera séparé des autres et placé dans un colis étanche.

2. Aperçu général des opérations de retraitement

Les opérations de retraitement comportent des opérations mécaniques de cisaillage, des opérations chimiques de dissolution et enfin des opérations physico-chimiques de séparation entre les produits de fission, l'uranium et le plutonium. À la fin du processus, on trouve des produits finis : l'uranium sous forme de nitrate d'uranyle, le plutonium sous forme d'oxyde. On trouve également des effluents liquides ou gazeux

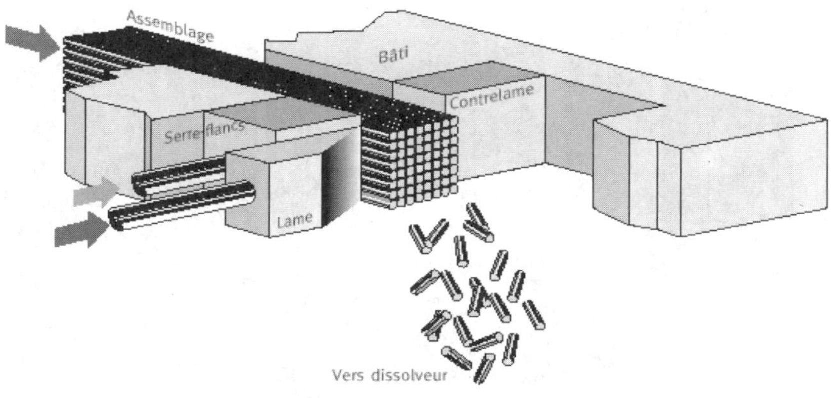

Figure 12.4. Principe du cisaillage.

traités et contrôlés, et enfin, des déchets radioactifs triés et conditionnés pour l'entreposage et le stockage.

L'élément combustible se présente sous la forme de pastilles d'oxyde d'uranium fritté, empilées à l'intérieur de tubes en zircaloy de 5 m de long environ. Une bonne centaine de tubes, appelés crayons, sont tenus par des embouts dans ce que l'on appelle un assemblage. La première opération va consister à séparer les embouts et à cisailler l'élément combustible par passes de quelques centimètres de long (figure 12.4).

Figure 12.5. Cuve et dissolveur : roue de l'atelier de cisaillage et dissolution.

Les coques, c'est-à-dire les morceaux de gaine, tombent avec leur contenu directement dans de l'acide nitrique concentré et bouillant. Les coques sont insolubles dans l'acide. Après contrôle et rinçage, elles vont être évacuées du dissolveur et transférées avec les embouts dans un silo en vue d'un conditionnement pour entreposage ou stockage définitif. La solution résultant de la dissolution est ensuite clarifiée par filtration ou centrifugation puis envoyée vers les cycles d'extraction (figure 12.5).

Toutes ces opérations sont effectuées sur des matériaux extrêmement radioactifs. Elles sont donc réalisées par des machines automatiques. Le tout se trouve à l'intérieur de halls entièrement étanches et décontaminables, recouverts sur toute leur surface interne de feuilles d'acier inoxydable soudées entre elles et polies. Le cisaillage et la dissolution libèrent des corps gazeux issus de la fission de l'uranium. Ces corps gazeux, en particulier l'iode et le tritium, sont aspirés par des gaines et envoyés sur des filtres destinés à les piéger. Après filtrage, l'air de circulation est contrôlé puis rejeté dans une cheminée. Tous les bâtiments de l'usine de retraitement où sont situés des éléments radioactifs sont maintenus à une pression inférieure à la pression atmosphérique afin que tout rejet soit contrôlé. Les opérations suivantes sont une succession de séparations chimiques, filtrages, recyclages et finalement extraction et conditionnement.

3. Le procédé « PUREX » de retraitement

Partant d'une dissolution dans l'acide nitrique, le procédé PUREX a pour but de séparer l'uranium, le plutonium et les produits de fission et de récupérer efficacement l'uranium et le plutonium. Ce procédé, mis au point dans les années 1950 aux États-Unis à Savannah River et à Hanford, a également été mis en œuvre dès 1953 en Grande-Bretagne, à Windscale, et en France, à partir de 1958, à Marcoule puis en 1967, à La Hague. Depuis, deux usines supplémentaires ont été construites à La Hague en 1976 et 1989.

Une très grande part des corps chimiques présents dans le combustible se trouvent dissous par l'acide. Rappelons que le combustible usé contient encore environ 95 % de l'uranium initial inchangé, tandis que sont apparus quelque 4 % de produits de fission sous des formes chimiques très variées, 1 % de plutonium et 0,1 % d'actinides mineurs. La solution d'acide nitrique subit d'abord une opération de clarification. Il s'agit de supprimer tous les insolubles, toutes les particules solides présentes dans la solution sans entraîner les matières fissiles qui doivent rester en solution. Cette opération est effectuée par centrifugation pour la partie la plus grossière, puis par filtration.

Le but de l'opération de séparation qui va suivre consiste à obtenir de l'uranium et du plutonium aussi purs que possible, car ils devront pouvoir être recyclés pour fabriquer à nouveau des éléments combustibles. Il s'agit en particulier de la fabrication de combustible MOX (mélange d'oxydes), constitué d'un mélange d'uranium enrichi et de plutonium. Cette technique permet d'exploiter le pouvoir énergétique du plutonium produit dans les centrales et de réduire l'inventaire de plutonium. Il est essentiel d'obtenir une grande pureté des matières combustibles extraites du retraitement, car la majeure partie de leur activité radiologique provient de leur contamination résiduelle en produits de fission hautement radioactifs. Les spécifications retenues pour les usines de La Hague sont d'obtenir un uranium contenant moins de 20 GBq/t d'activité β et moins de 0,25 GBq/t d'activité α. Pour le plutonium, on cherche à avoir une activité inférieure à 40 GBq/t.

Le procédé PUREX consiste à extraire les nitrates d'uranium et de plutonium hors de la solution d'acide nitrique concentré à l'aide de l'affinité sélective qu'a pour ces corps un liquide huileux non miscible dans l'eau : le tributylphosphate. Il se produit une solvatation sous forme d'espèces neutres qui se concentrent dans la solution de tributylphosphate. L'agitation énergique des phases aqueuse et organique dans des colonnes pulsées fonctionnant à contre-courant provoque une migration de l'uranium et du plutonium dans la phase organique. Ensuite, les solutions aqueuse et organique se séparent efficacement par simple décantation.

Plusieurs cycles d'extraction sont nécessaires.

Pour séparer ensuite l'uranium du plutonium, on s'appuie sur la propriété du plutonium d'être insoluble en phase organique à la valence 3. Le solvant contient au départ l'uranium à la valence 6 et le plutonium à la valence 4. Il est mis en contact avec une phase aqueuse réductrice (sel ferreux ++ et sel uraneux ++). Le plutonium passe à la valence 3 et sort de la phase solvant. L'uranium est ensuite extrait par un procédé similaire.

Le tributylphosphate libéré est recyclé. Il subit toutefois une dégradation progressive sous l'effet des rayonnements. Le plutonium est concentré sous forme de nitrate par évaporation, puis précipité par l'acide oxalique. Après filtration et séchage, l'oxalate est calciné à 450 °C pour donner de l'oxyde de plutonium PuO_2, forme stable pour le stockage. Quant à l'uranium, il est simplement concentré sous forme de nitrate d'uranyle avant stockage.

4. Le traitement des effluents liquides et gazeux

Le défi principal de cette activité de retraitement est le maintien permanent d'une frontière entre la biosphère et le domaine qui contient la matière radioactive. Ce sont d'abord les barrières statiques, c'est-à-dire toutes les parois exerçant une fonction d'étanchéité. Mais ce sont aussi les barrières dynamiques dans les zones d'entrée et de sortie de matière.

Sas d'entrée ou de sortie, décontamination, lavage, rinçage, concentration, filtrage, etc. sont les maîtres mots de ce métier. On doit sans cesse compter une, deux, éventuellement trois barrières, les reconstituer chaque fois que l'on passe d'un stade à un autre, s'assurer de leur indépendance. À la fin, comme aucune barrière n'est totalement étanche, on comptabilisera les quantités rejetées dans l'environnement. Celles-ci devront être inférieures à une valeur définie par autorisation administrative selon des normes garantissant leur inocuité. Ainsi l'usine UP3 de la COGEMA à La Hague, qui traite 800 tonnes par an, ne doit pas rejeter d'effluents liquides contenant par an plus de 800 000 GBq d'émetteurs β hors tritium, 20 millions de GBq de tritium et 800 GBq d'émetteurs α. Pour les effluents gazeux, les limites pour la même usine sont de 1 million de GBq de tritium, 2,5 milliards de GBq de krypton et de carbone 14, 50 GBq d'iode et 40 GBq d'aérosol.

La majeure partie du tritium, radioélément de courte période radioactive (11,2 ans) et surtout de très courte période biologique (quelques jours), est rejetée en mer. De même le krypton 85 (période radioactive : 10 ans) est rejeté par la cheminée de l'usine.

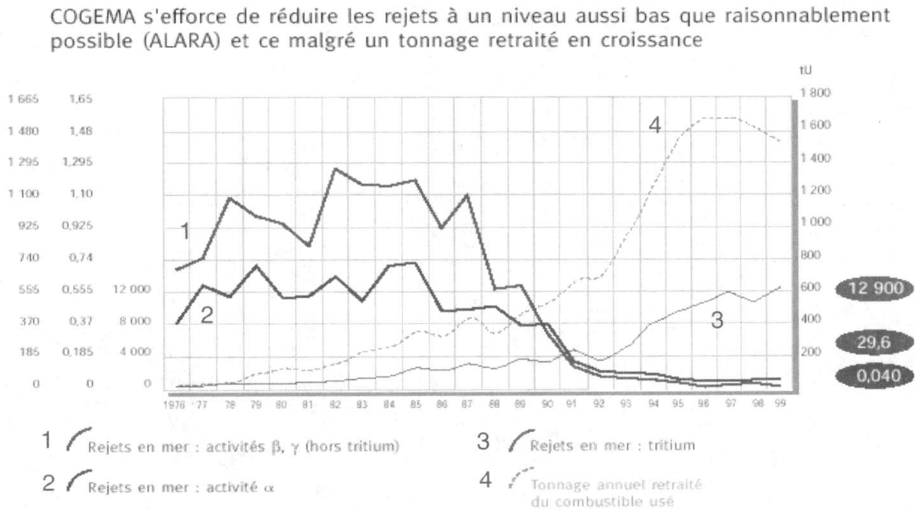

Figure 12.6. Rejets en mer des usines de La Hague.

La possibilité qu'il se fixe sur des cellules vivantes est quasiment nulle par suite de son absence d'activité chimique.

L'iode 129 qui a une période radioactive de 16 millions d'années est piégé dans les effluents gazeux par la soude avec une efficacité de 99 %. L'iode retenu par la soude est ensuite piégé sur des supports solides imprégnés de nitrate d'argent. Ces supports seront ensuite transférés dans le circuit des effluents liquides et l'iode 129 est rejeté en mer. Là il subit une dilution isotopique dans l'iode marin, ce qui rend son impact biologique totalement négligeable.

Par suite des progrès continus dans la mise au point du procédé de retraitement, l'activité rejetée par les usines de La Hague a sans cesse diminué comme le montre la figure 12.6.

L'impact sur l'environnement également n'a cessé de décroître. Au niveau du groupe de référence, le plus exposé, il est aujourd'hui de quelques dizaines de microsieverts, soit environ 100 fois moins que les doses reçues par l'habitant du Cotentin pour d'autres raisons (radioactivité naturelle et médecine principalement).

5. Le traitement des déchets solides

Les 99 % de l'activité totale issue du combustible usé se trouvent en solution dans l'acide nitrique sous forme de produits de fission. Il faut compter en plus tous les insolubles : produits de décantation, de centrifugation, boues d'épuration. S'y ajoutent les coques et embouts provenant des structures et gaines de l'élément combustible et

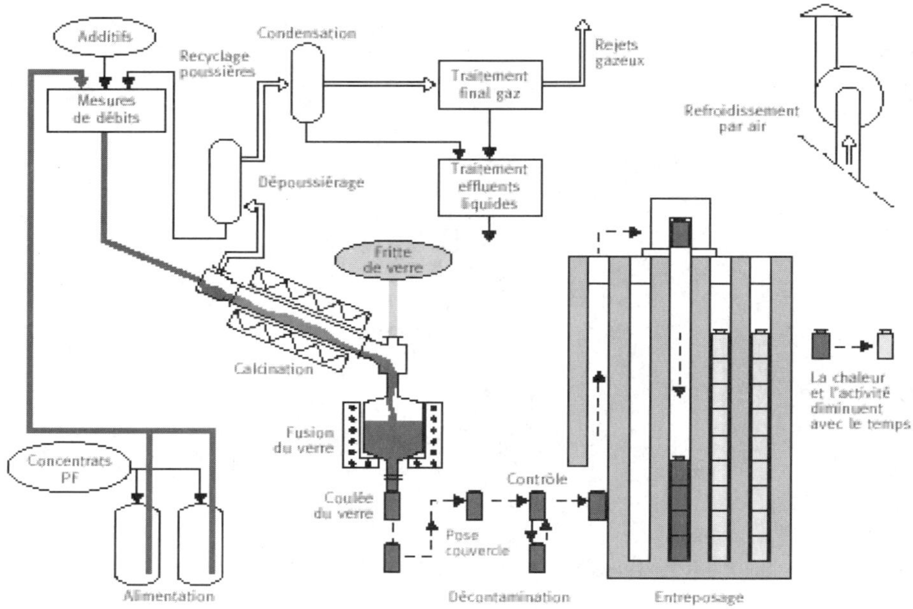

Figure 12.7. Procédé français de vitrification.

enfin les filtres et tous les produits contaminés en cours de fonctionnement, de maintenance ou de réparation, tels que les vêtements, le vinyle, l'outillage, les pièces de rechange, etc.

Les produits de fission sont d'abord entreposés sous forme liquide dans des cuves en acier inoxydable, refroidis, agités et ventilés en permanence. Ce stockage dure plusieurs années afin de profiter de la diminution d'activité liée aux périodes courtes. Ensuite les produits de fission sont calcinés et mélangés à une fritte de verre. L'ensemble est chauffé dans un four jusqu'à ce qu'il forme du verre en fusion qui est coulé dans des conteneurs en acier inoxydable (figure 12.7).

Ces conteneurs sont soudés puis entreposés dans des silos refroidis à l'air. Il est prévu de maintenir cet entreposage pendant plusieurs dizaines d'années (potentiellement de 50 à 100 ans dans les entrepôts actuels).

Les déchets métalliques de structure, coques et embouts, sont fortement activés et contaminés. Jusqu'en 1994, ils étaient enrobés dans du ciment en vue d'un stockage. Depuis cette date, ils ont été entreposés en attente d'un nouveau conditionnement appelé « supercompactage » qui a démarré en 2002. Les boues et résines échangeuses d'ions sont enrobées dans du bitume et mises dans des fûts métalliques. Les restes des déchets technologiques sont séparés en déchets α et autres déchets. Les premiers sont enrobés dans des coques en béton, les seconds sont compactés puis également enrobés dans des coques en béton. L'ensemble des déchets ainsi conditionnés est destiné à l'entreposage puis éventuellement à un stockage en formation géologique profonde.

6. Bilan du retraitement

L'ensemble des opérations de retraitement, qui a constitué un défi technologique majeur, est actuellement bien maîtrisé. Les recherches effectuées dans le cadre de la loi de 1991 ont permis de démontrer la possibilité de séparer les actinides mineurs : américium, curium et neptunium ainsi que les produits de fission les plus susceptibles de provoquer un détriment : technétium 99, iode 129 et césium 135.

Le retraitement apparaît aujourd'hui comme la meilleure voie pour un nucléaire durable par l'excellence du confinement par les verres et par la possibilité d'une réduction substantielle de la radiotoxicité à long terme des déchets.

Bibliographie

[1] B. Boullis, communication privée, 1994.
[2] S. Quinquis, *Le retraitement des combustibles* (CEA/DPG/I/86/949).

13 La séparation et la transmutation

1. L'objectif de la transmutation

La France produit annuellement 375 TWhe (térawatts-heures électriques ou milliards de kWh électriques) d'origine nucléaire, soit environ 75 % de sa production totale d'électricité [1]. Cette production se fait dans 58 réacteurs à eau sous pression (REP), dont 34 d'une puissance de 900 MWe, 20 de 1 300 MWe et 4 de 1 450 MWe (type N4), soit une puissance totale de 62,4 GWe.

Chaque année, environ 1 200 tML (tonnes de métal lourd) de combustibles usés sont déchargées des réacteurs après utilisation et sont entreposées pour un refroidissement de 3 à 5 ans. Ces combustibles usés contiennent principalement de l'uranium (U) non brûlé mais aussi des éléments transuraniens (TRU), principalement du plutonium (Pu, environ 12 t) et des actinides mineurs (AM, un peu plus de 1 t) ; ils contiennent également des produits de fission (PF). La plupart des métaux lourds présents et une partie des PF sont radioactifs. La période radioactive de certains de ces isotopes radioactifs est très longue. Le tableau 13.1 présente la période radioactive et la quantité produite pour les principaux éléments à vie longue présents.

Les combustibles usés présentent donc une radiotoxicité potentielle qui est la somme, sur l'ensemble des éléments présents, de leur radioactivité pondérée par un facteur de toxicité à l'ingestion qui dépend du nucléide considéré. Si l'on ne fait rien, c'est-à-dire si l'on entrepose les combustibles usés sans aucun retraitement (on parle alors de « cycle ouvert »), leur radiotoxicité potentielle reste, pendant une très longue période, très supérieure à la radiotoxicité dite de « $U_{naturel}$ » (celle du minerai d'uranium naturel utilisé pour produire la quantité d'électricité qui a engendré les déchets considérés). La figure 13.1 donne l'évolution de l'activité des actinides mineurs en fonction du temps ; celle due aux produits de fission, un peu plus forte au départ que celle des AM, redescend au niveau « $U_{naturel}$ » en quelques centaines d'années, car la plupart ont des périodes radioactives beaucoup plus courtes : la plupart des produits de fission sont stables ou leur période radioactive n'excède pas quelques dizaines d'années.

La France, qui a décidé de traiter les combustibles issus des centrales pour en séparer le plutonium et le réutiliser comme combustible, s'interroge actuellement, dans le cadre de la loi moratoire de 1991, sur l'opportunité de séparer et « d'incinérer » aussi

Tableau 13.1. Demi-vie et quantités produites dans les réacteurs pour les principaux éléments à vie longue (J.-P. Schapira, INPC95, Beijing, 21-25 Août 1995).

Noyau	Demi-vie (années)	Facteur de dose [a)] (Sv/Bq)	Masse [b)] (g/tML)	Masse [c)] (kg/TWh)	Masse [d)] (kg/an)
Uranium					
^{232}U	68,9	$2{,}9\ 10^{-7}$	$9{,}76\ 10^{-4}$	$3{,}7\ 10^{-6}$	$22{,}7\ 10^{-6}$
^{233}U	$1{,}58\ 10^{5}$	$5{,}0\ 10^{-8}$	$1{,}43\ 10^{-3}$	5,42	33,2
^{234}U	$2{,}45\ 10^{5}$	$4{,}9\ 10^{-8}$	166	0,63	3,9
^{235}U	$7{,}03\ 10^{8}$	$4{,}6\ 10^{-8}$	$10{,}270\ 10^{3}$	38,9	238,5
^{236}U	$2{,}34\ 10^{7}$	$4{,}6\ 10^{-8}$	$4{,}383\ 10^{3}$	16,6	101,8
^{238}U	$4{,}46\ 10^{9}$	$4{,}4\ 10^{-8}$	$940{,}6\ 10^{3}$	3563	21 948,3
total U			**$955{,}4\ 10^{3}$**	**3625**	**22 228,5**
Plutonium					
^{238}Pu	87,7	$4{,}9\ 10^{-8}$	$0{,}176\ 10^{3}$	0,67	4,1
^{239}Pu	24 110	$2{,}5\ 10^{-7}$	$5{,}673\ 10^{3}$	21,46	131,6
^{240}Pu	6 560	$2{,}5\ 10^{-7}$	$2{,}214\ 10^{3}$	8,39	51,4
^{241}Pu	14,4	$4{,}7\ 10^{-9}$	$1{,}187\ 10^{3}$	4,5	27,6
^{242}Pu	$3{,}7\ 10^{5}$	$2{,}4\ 10^{-7}$	$0{,}490\ 10^{3}$	1,86	11,4
total Pu			**$9{,}740\ 10^{3}$**	**36,9**	**226,3**
Actinides mineurs					
^{237}Np	$2{,}14\ 10^{6}$	$1{,}1\ 10^{-7}$	433	1,64	10,06
^{241}Am	432,6	$2{,}0\ 10^{-7}$	222,5	0,84	5,2
^{242m}Am	152	$1{,}9\ 10^{-7}$	0,731	$2{,}769\ 10^{-3}$	$16{,}98\ 10^{-3}$
^{243}Am	7 380	$2{,}0\ 10^{-7}$	101,3	0,384	2,36
^{242}Cm	0,45	$1{,}3\ 10^{-8}$	0,131	$0{,}496\ 10^{-3}$	$3{,}04\ 10^{-3}$
^{243}Cm	28,5	$2{,}0\ 10^{-7}$	0,321	$1{,}22\ 10^{-3}$	$7{,}48\ 10^{-3}$
^{244}Cm	18,1	$1{,}6\ 10^{-7}$	24,0	0,091	0,56
total actinides mineurs			**581,7**	**2,203**	**13,5**
Produits de fission					
^{99}Tc	$2{,}1\ 10^{5}$	$7{,}8\ 10^{-10}$	813	3,08	18,9
^{129}I	$1{,}57\ 10^{7}$	$1{,}1\ 10^{-7}$	169,5	0,64	3,92
^{135}Cs	$2{,}3\ 10^{6}$	$2{,}0\ 10^{-9}$	1 307	4,95	30,35

a) par ingestion, suivant les valeurs récentes données par ICPR-68.

b) dans une tonne de métaux lourds (tML) de combustible usé déchargé d'un REP de 900 MWe avec un taux de combustion de 33 000 MWj/t, après 3 ans de refroidissement

c) même chose pour une production d'électricité de 1 TWh (1 milliard de kWh).

d) pour la production annuelle d'un REP de 1 000 MWe, avec un facteur de charge de 70 %.

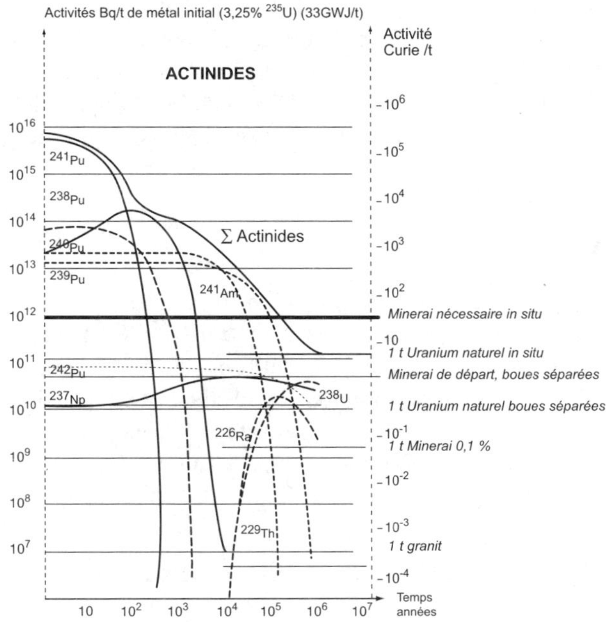

Figure 13.1. Évolution de l'activité des actinides présents dans le combustible usé, déchargé d'un réacteur nucléaire au cours du temps [2].

les actinides mineurs et peut-être les produits de fission, et sur les méthodes pour le faire. Cette incinération peut se faire dans les réacteurs eux-mêmes, au moyen de la transmutation par fission des actinides mineurs en éléments plus légers et à période radioactive plus courte. Pour les produits de fission, l'incinération se fait par capture de neutrons conduisant à des isotopes stables ou de période radioactive courte. La transmutation des actinides mineurs et des produits de fission suppose bien sûr que ces produits soient séparés au cours du retraitement du combustible usé afin d'être réintroduits dans les réacteurs. L'objectif est de réduire significativement l'inventaire radiotoxique à long terme des résidus de la séparation (les déchets que, finalement, on stockera), de façon à ramener dans un laps de temps à échelle humaine (environ 200 à 300 ans) cet inventaire au niveau de celui du minerai d'uranium naturel utilisé au départ. Les différentes stratégies peuvent être évaluées en comparant divers indicateurs de risque : les masses des déchets résiduels, leur radioactivité, leur radiotoxicité, le dégagement de chaleur, les impacts environnementaux des stockages intermédiaires ou définitifs, etc.

2. Les éléments à transmuter en priorité

Il est clair (figure 13.1) que l'activité du plutonium (Pu) domine très largement celle des actinides mineurs dans les combustibles usés : l'inventaire radiotoxique est donc essentiellement dû au plutonium présent dans ces déchets, pour 75 à 95 % au cours des 10^5 années nécessaires au retour au niveau « naturel ». La stabilisation de l'inventaire du plutonium dans le parc (en brûler autant que l'on en consomme) est donc le problème numéro 1 à résoudre dans l'aval du cycle. Les implications techniques et stratégiques concernant le plutonium gouvernent donc de façon primordiale tous les scénarios envisagés.

2.1. Le plutonium

Chaque année, environ 12 tonnes de plutonium sont produites dans les centrales du parc français, dont plus de la moitié est du ^{239}Pu (fissile). La France a choisi de retraiter les combustibles usés et de réutiliser le plutonium, tant par intérêt économique que pour diminuer la radiotoxicité résiduelle de l'aval du cycle. Pour ceci, la COGEMA et l'EDF ont, avec le CEA, mis au point le combustible MOX (*mixed oxides*, oxyde mixte de plutonium et d'uranium), qui est déjà utilisé en conjonction avec l'UOX (oxyde d'uranium seul) dans plusieurs centrales du parc actuel (voir § 4).

2.2. Les actinides mineurs et les produits de fission

Le plutonium présent dans le combustible déchargé des réacteurs contient environ 15 % de l'isotope ^{241}Pu dont la période radioactive de 14,4 ans est suffisamment courte pour qu'une large part soit transformée en ^{241}Am par décroissance β pendant la période de refroidissement, dont la durée, sous cet aspect, est un paramètre important. Compte tenu de cette décroissance et des actinides mineurs présents au déchargement, l'activité de la masse d'environ 1 tonne d'actinides mineurs produits annuellement est la seconde source de radiotoxicité à long terme en aval du cycle actuel. La troisième composante de l'inventaire radiotoxique, moins élevée sur le long terme, provient des produits de fission à vie longue présents dans les déchets nucléaires. Il faut noter toutefois que, en cas de stockage, leur migration plus facile dans les couches géologiques à cause d'une plus grande solubilité pourrait renforcer leur impact relativement à celui des transuraniens, très insolubles.

Le degré de réalisation de l'objectif d'incinération, les incidences techniques et économiques et, bien sûr, le bénéfice sur les risques potentiels de longue durée seront les critères de jugement des stratégies à mettre en œuvre pour la transmutation des actinides mineurs et produits de fission. Les actinides mineurs qu'il semble plus nécessaire de transmuter sont les américiums, le curium et, dans une moindre mesure, le neptunium. Quant aux produits de fission, on parle surtout de technétium (^{99}Tc), d'iode (^{129}I) et de césium (^{135}Cs).

3. La séparation des éléments à transmuter

Le plutonium que l'on veut réutiliser et les radionucléides que l'on veut transmuter doivent être séparés des déchets pour pouvoir être réintroduits et incinérés dans les réacteurs. Cette séparation, effectuée dans le cycle du combustible, est avant tout chimique (isoler les divers éléments : plutonium, américium, neptunium, curium...).

L'efficacité de la transmutation est conditionnée par les performances de la chimie de séparation : pour chaque élément séparé, une fraction x (faible) subsiste dans les résidus du retraitement des déchets, à stocker définitivement. Pour un élément que l'on recycle à l'infini, un raisonnement simple sur les flux de matière montre que la réduction de radiotoxicité est :

$$R = \{1 - (1 - B)(1 - x)\} / x \sim B/x \text{ (car } x \text{ est petit)}$$

où B est le taux de combustion (*burn-up*) qui est la fraction incinérée à chaque passage en réacteur et x est la fraction non séparée, partant aux déchets lors du retraitement. Actuellement, on estime souvent que la fraction x des résidus non séparés dans l'ensemble du cycle, à chaque recyclage, pourrait être environ 1 % pour les actinides mineurs et 0,1 % pour le plutonium. B est égal à 4-5 % en REP et 20-50 % en réacteur à neutrons rapides et donc le facteur de réduction R passe de 5 environ pour un REP à plus de 20 pour un RNR.

L'inventaire radiotoxique des résidus ultimes de la séparation représente la limite basse de l'inventaire ultime, que l'on atteindrait si l'on transmutait avec multirecyclage infini les transuraniens séparés dans le cycle du combustible. Actuellement, il n'y a pas de multirecyclage. On ne passe qu'une fois et on entrepose le combustible moxé.

La R&D sur la séparation poussée des éléments radioactifs à vie longue en vue de leur transmutation, qui fait partie de l'axe 1 de la loi de 1991, s'effectue au CEA (Commissariat à l'énergie atomique). Participent aussi à ce programme l'EDF, COGEMA, FRAMATOME et des équipes du CNRS ou de l'Université. La figure 13.2 présente le schéma de référence des procédés envisagés actuellement pour la séparation chimique complète des éléments considérés, des variantes étant bien sûr envisagées suivant les scénarios considérés. Sur cette figure, chacune des « boîtes » représente un programme de R&D incluant des moyens humains et matériels importants et dont le but est de mettre au point des procédés industriels de séparation des radioéléments (établir la faisabilité scientifique, puis la faisabilité technique en vue de passer à l'échelle industrielle).

La séparation du plutonium s'effectue déjà industriellement à l'usine de La Hague avec un taux de pertes x d'environ 0,1 %, par utilisation du procédé PUREX. Ce procédé, ainsi que tous les procédés de référence de la figure 13.2, sont basés sur des extractions par solvants liquides, qui permettent d'atteindre des taux d'extraction élevés tout en ne générant que peu de déchets technologiques, comme le montre le retour d'expérience de La Hague.

Cependant, certains types de combustibles peuvent difficilement être retraités par voie aqueuse. D'autres voies que l'extraction par solvants liquides sont donc explorées. L'une d'entre elles, la pyrochimie (extraction en sels fondus), très prometteuse mais

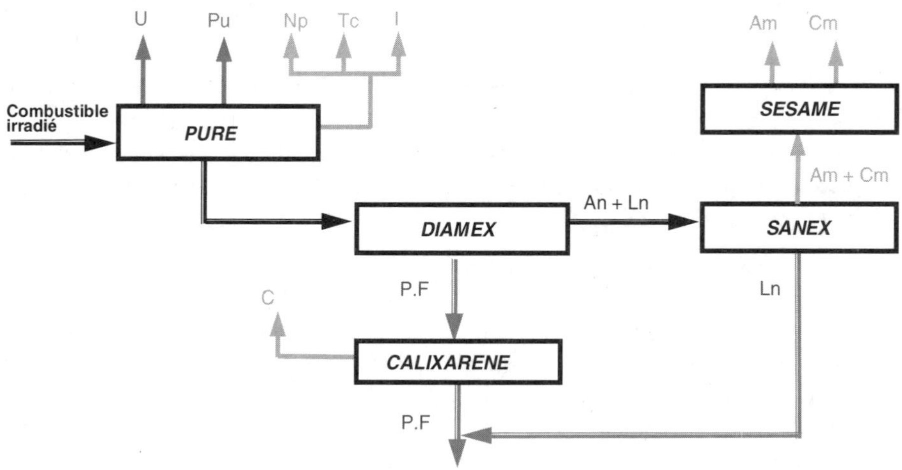

Figure 13.2. Procédés de référence entrant en jeu dans la séparation chimique poussée des transuraniens et des produits de fission dans les combustibles usés.

difficile à mettre en œuvre (hautes températures, corrosion, déchets technologiques, etc.), fait l'objet d'un effort important de R&D. Par ailleurs, l'aide que peut apporter la chimie théorique à la modélisation de l'extraction des radionucléides à vie longue est précieuse, à la fois pour comprendre les phénomènes en jeu et pour trouver de nouvelles molécules extractantes et de nouveaux procédés.

La séparation isotopique, quant à elle, a déjà des applications industrielles (enrichissement de l'uranium pour fabriquer le combustible des REP). Mais elle serait aussi intéressante pour la transmutation dans plusieurs cas, notamment :

- certains produits de fission devraient être séparés isotopiquement pour que leur incinération soit efficace. Par exemple, le ^{135}Cs, radioactif à vie longue, devrait être séparé du ^{133}Cs avant d'être réintroduit pour incinération dans les réacteurs, car le ^{133}Cs, stable, redonne du ^{135}Cs par capture de neutrons ;
- les isotopes pairs du plutonium sont très consommateurs de neutrons et il pourrait être avantageux de ne pas les réintroduire en réacteur, d'autant plus que le ^{242}Pu conduit, par capture de neutrons et décroissances β, à de l'^{243}Am et du ^{244}Cm, très radioactifs et difficiles à transmuter.

4. L'incinération du plutonium dans les REP (le MOX)

La transmutation en réacteur est une option du futur : les problèmes posés par l'incinération en réacteurs et les solutions que l'on peut y apporter sont donc développées au chapitre 16. Cependant, nous traiterons immédiatement ici de la réutilisation du plutonium comme combustible des REP, déjà commencée sur une large échelle dans le parc français.

Le plutonium est, suivant les isotopes, très fissile ou très fertile (conduisant par capture de neutron à un isotope fissile). C'est donc, du point de vue de l'économie des neutrons dans les réacteurs, un excellent combustible : la valeur énergétique du plutonium issu des combustibles usés est grande. Par ailleurs, la proportion de neutrons retardés[34] est plus faible que pour l'uranium mais suffisante pour que son utilisation comme combustible soit possible dans des combustibles mixtes uranium-plutonium avec une teneur limitée en plutonium.

Comme on l'a dit ci-dessus, ces raisons ont conduit la France à réutiliser le plutonium comme combustible des REP. Le combustible MOX (oxydes mixtes d'uranium et de plutonium) a été mis au point dans ce but. Actuellement, le combustible qui est fabriqué pour les REP comporte 5 à 7 % de plutonium par rapport à l'uranium. Il est utilisé dans 20 des REP 900 MWe. Sur les 14 restants, 8 autres pourraient être habilités à son utilisation, car ils sont équipés comme les précédents de passages permettant la mise en œuvre de barres de commande supplémentaires. Cette utilisation se fait dans des conditions telles que les paramètres de sûreté du cœur restent satisfaisants, malgré le durcissement du spectre de neutrons qui abaisse tous les facteurs d'antiréactivité et malgré la moindre proportion de neutrons retardés (β_{eff} plus faible).

Le premier combustible MOX, fabriqué à Cadarache, a été chargé à Saint-Laurent-des-Eaux en 1987. L'usine de fabrication MELOX à Marcoule (120 t/an) a été ouverte en 1994. Avec l'usine belge de Dessel, la capacité totale de fabrication de MOX pourrait permettre de recycler tout le plutonium produit par le retraitement à La Hague du combustible usé français.

5. Les problèmes posés par le MOX

Plusieurs remarques peuvent être faites à propos de la séparation et de l'utilisation du plutonium comme combustible dans les REP.

Un large débat existe sur l'opportunité de la séparation en ce qui concerne le risque de prolifération de cette matière nucléaire. Les États-Unis sont opposés pour ce motif à la séparation du plutonium et à sa réutilisation ; cependant, leur attitude semble évoluer et beaucoup de voix se font jour en faveur des concepts de séparation et transmutation. La solution alternative consiste à stocker directement les combustibles usés sans les traiter (voir chapitre 14).

En ce qui concerne l'inventaire radiotoxique, la stabilisation de la masse du plutonium supprimerait une grande part du problème, puisqu'il est la principale composante dans les combustibles usés. Cependant, il faut modérer cette conclusion car l'incinération du plutonium produit une quantité assez importante d'actinides mineurs. Pour le parc

[34] Neutrons émis avec un retard moyen de quelques secondes lors des fissions, ce qui donne le temps de contrôler la réactivité, notamment avec les barres de contrôle. C'est la base du fonctionnement des réacteurs qui, sans cette propriété physique de la fission, seraient ingouvernables.

français, le parc en cycle ouvert (dont nous sommes encore proches avec le MOX non recyclé) produit chaque année 12 t de plutonium et 1,1 t d'actinides mineurs ; le parc de même puissance où le plutonium serait complètement recyclé produirait des traces de plutonium et environ 3 à 4 t d'actinides mineurs.

Actuellement, le combustible MOX déchargé après utilisation n'est pas recyclé : le plutonium restant n'est pas de même composition isotopique, ce qui ne permet pas, dans l'état actuel de l'utilisation du MOX, de pouvoir le recycler une seconde fois. L'utilisation actuelle du MOX n'est donc pas suffisante pour stabiliser l'inventaire (la masse totale) du plutonium dans le parc électronucléaire français et ce n'est qu'une première étape d'un processus qu'il faut définir complètement. Les études en cours pour mettre au point de nouveaux combustibles permettant cette stabilisation de l'inventaire du plutonium sont développées au chapitre 16.

Bibliographie

[1] *Mémento sur l'énergie*, CEA/DES/Service des Études Économiques du CEA, CEA-Saclay, Édition 2000.

[2] R. Dautray, « Cinquante ans de nucléaire dans le monde », *La Vie des Sciences*, C.R. **10**, 359, 1993.

14 Le stockage géologique des déchets nucléaires

Les déchets nucléaires sont l'ensemble des produits provenant de l'industrie nucléaire au sens large, devenus inutiles (dans l'état actuel de notre technologie), mais qui présentent une radiotoxicité non négligeable. Il est nécessaire d'en assurer une gestion rigoureuse : le retraitement permet de séparer les différents éléments, dont certains peuvent être réutilisés, et certains autres transmutés ; le résidu doit être solidifié et/ou enrobé, puis mis hors de portée. L'envoi dans l'espace étant pour l'instant irréaliste, la dispersion dans la nature (mer, atmosphère ou surface des continents) étant inacceptable en raison des quantités en jeu, et l'enfouissement au fond de la mer dans les zones de subduction étant peu sûr, il ne reste que l'option du stockage géologique. La concentration du colis initial de déchets rend envisageable une réversibilité. Le stockage permet la décroissance radioactive *in situ* avant que la dispersion dans le milieu géologique, puis dans la biosphère, n'intervienne. L'importance des échelles de temps est alors évidente.

Il faut reconnaître que, par le passé, on a fait preuve de beaucoup d'inconscience en regard du sérieux avec lequel le problème des déchets nucléaires est traité aujourd'hui. Ainsi, le site de Hanford aux États-Unis a été très fortement pollué par des décharges sauvages lors d'une production intensive de plutonium après la Seconde Guerre mondiale. En ex-URSS, des déchets sous forme de solutions liquides hautement actives ont été injectées directement dans des stockages profonds [1]. La Grande-Bretagne surtout mais aussi d'autres pays, et même la France, ont jeté des bidons de déchets dans les eaux internationales, pratique maintenant prohibée.

1. La nature des déchets considérés

1.1. Le combustible militaire

L'arrêt de la guerre froide entre l'Est et l'Ouest rend le stock d'armes nucléaires redondant, et une grande quantité de plutonium militaire (de l'ordre d'une centaine de tonnes) doit être mise à l'écart des risques de détournement (prolifération). Son utilisation comme combustible nucléaire est envisagée. Sinon, il serait considéré comme un déchet et le programme de désarmement nucléaire conclurait au stockage des matériaux constitutifs des bombes. Quant à l'uranium hautement enrichi, il peut être incorporé au combustible civil par dilution dans de l'uranium naturel ou appauvri.

1.2. Le combustible civil irradié et non retraité

Certains pays, dont les États-Unis, considérant les risques de prolifération et les difficultés des filières à neutrons rapides, ont décidé de ne pas recycler le combustible, c'est-à-dire de ne pas considérer le plutonium comme une ressource, mais comme un déchet dangereux. Pour éviter les risques de prolifération, le plus simple était alors de laisser le plutonium dans le combustible non retraité et de stocker celui-ci, c'est-à-dire de mettre les assemblages usagés dans des sites où ils seront hors de portée pendant des temps de l'ordre de 100 000 ans. En l'absence de solution alternative au nucléaire dans un futur proche (les combustibles fossiles sont épuisables et modifient le climat, et la fusion n'est pas encore une alternative fiable), une autre option adoptée par la France, la Grande-Bretagne et le Japon consiste à retraiter le combustible brûlé, ce qui permet de récupérer plus de 99,5 % du plutonium formé et de l'uranium non brûlé, le reste étant entraîné avec les produits de fission dans les déchets. Ce retraitement conduit à une utilisation plus rationnelle de l'uranium (le non-retraitement apparaît comme un gaspillage des ressources d'uranium), à une réduction de volume des déchets, ce qui permet un fonctionnement en régime permanent pendant une longue période. De plus grâce à l'utilisation du plutonium et donc son élimination, on obtient une réduction de leur toxicité, non seulement au moment du stockage, mais aussi dans les temps futurs.

1.3. Le combustible retraité

La France, ainsi que d'autres pays, a donc choisi la politique du retraitement. Les combustibles usagés sont soumis à des opérations chimiques (en France, le procédé PUREX décrit au chapitre 12) qui extraient l'uranium ainsi que le plutonium pour recyclage ou stockage séparé après conditionnement spécifique. L'uranium de retraitement (dont la teneur en uranium 235 est d'environ 1 % contre 0,7 % pour l'uranium naturel) et le plutonium peuvent être réutilisés, soit dans des réacteurs à eau pressurisée (combustible MOX ; on peut ici remarquer que les combustibles MOX usagés seront plus radiotoxiques que les combustibles usagés de premier passage[35]), soit dans des réacteurs à neutrons rapides ou dans des hybrides.

Il y a trois types de déchets à considérer :

- Catégorie A : à vie courte (période moins de 30 ans) de faible et moyenne activité :
  - radioactivité comparable à la radioactivité naturelle d'ici à 300 ans,
  - rayonnement β et γ,
  - origine : laboratoires, médecine nucléaire, industrie (agroalimentaire, métallurgie, etc.), usines nucléaires (objets contaminés : gants, filtres, résines, etc.),
  - quantité : moins de 500 000 m^3 accumulés en France en 2020.

---

[35] Ceci est vrai dans une comparaison par tonne de combustible neuf, mais il est clair que le recyclage du plutonium en réduit la quantité totale accumulée et diminue donc la radioactivité que ce stock représente.

- Catégorie B : à vie longue (plusieurs dizaines de milliers d'années) de faible et moyenne activité :
  - rayonnement α, β et γ,
  - quantité : 50 000 m^3 en France en 2020.
- Catégorie C : à haute activité et dégagement de chaleur pendant plusieurs centaines d'années :
  - rayonnement α, β et γ,
  - origine : retraitement des combustibles usés issus des centrales nucléaires (cendres de la combustion),
  - quantité : entre 4 000 et 6 000 m^3 en France en 2020.

Les déchets de catégorie A, une fois compactés, sont mis dans des fûts métalliques avec des surconteneurs en béton et stockés en surface. Une surveillance des sites de stockage en surface est prévue pendant 300 ans, temps au bout duquel la radioactivité aura pratiquement disparu.

Les déchets de catégorie B sont surtout constitués d'éléments métalliques provenant des gaines du combustible usagé ou des éléments de structure issus du démantèlement.

Les déchets de catégorie C sont les produits de fission et les actinides à longue période : ils contiennent 99,5 % de la radioactivité α et 98 % de la radioactivité β et γ. En France, ces déchets sont vitrifiés.

Ce sont les déchets de catégorie B et plus encore ceux de catégorie C qui relèvent d'un stockage géologique (dans les pays où le retraitement a été écarté, l'ensemble de l'assemblage combustible usagé est considéré comme de catégorie C). Les prévisions des volumes à stocker sont approximatives et dépendent de l'évolution des techniques.

Les organismes impliqués en France dans les recherches sur l'aval du cycle sont le Commissariat à l'Énergie Atomique et l'ANDRA (Agence nationale pour la gestion des déchets radioactifs), ainsi que la COGEMA, EDF et FRAMATOME ANP.

1.4. Le concept du stockage

Le concept de stockage géologique est simple : il s'agit de placer les déchets dans un endroit où leur radiotoxicité ne pourra agir sur l'environnement, et ce sur une période assez longue pour que l'impact sur la biosphère soit négligeable. Mais le temps à prendre en compte est de l'ordre de 10^5 à 10^6 ans (par exemple : le ^{239}Pu a une période de 24 000 ans, le ^{237}Np est beaucoup moins abondant et a une période de 2×10^6 ans), de sorte que seuls des sites profondément enfouis dans un milieu stable et imperméable sont envisageables.

2. Le stockage profond

Seul le cas des déchets de catégorie C sera examiné, car hormis le problème du volume, les exigences sont plus faciles à satisfaire pour la catégorie B. On trouvera dans la référence [2] une revue intéressante. Les déchets B sont conditionnés dans des matrices de bitume ou de béton sous des formes favorables au stockage[36].

2.1. Le concept des trois barrières

L'idée directrice du stockage est d'opposer à la migration des radionucléides trois barrières successives :

- la matrice de confinement (verre, céramique, bitume, béton) dans laquelle sont inclus ces radionucléides ;
- la barrière ouvragée qui sert à colmater les puits et galeries d'accès creusés lors de la construction du site ainsi qu'à enrober les colis radioactifs ;
- le milieu géologique où le site est implanté, et dont le rôle est non seulement de freiner la migration des radionucléides vers la biosphère, mais aussi, si des fuites existent, d'en assurer la dilution dans un volume important. Le choix de ce milieu est important par le rôle qu'il peut jouer quant à la stabilité chimique du site, laquelle protégera les colis et limitera leur corrosion.

2.2. Les sites géologiques envisagés

Les sites envisagés sont essentiellement les granites, les argiles (ces deux options étant les seules retenues en France), les basaltes, les schistes et le sel. Pour être complets, on ajoutera les sables en zone désertique, au-dessus de la nappe phréatique, mais cette option paraît abandonnée en raison des évolutions climatiques possibles. Reste néanmoins le projet de stockage dans le tuf à Yucca Mountain (États-Unis, Nevada).

2.3. Les configurations possibles

Les premières études de faisabilité ont été faites sur des concepts en puits verticaux. La possibilité d'accumulation par gravité de matières fissiles, et surtout le problème d'encombrement, ont poussé à s'orienter vers des sites de stockage en galeries horizontales desservies par des puits (figure 14.1). Les puits et les galeries d'accès au site proprement dit seraient obturés en fin d'exploitation, à l'issue d'une période d'observation éventuelle (figure 14.2). Si une période d'observation prolongée est envisagée (« préstockage » de 150 ans), on peut adopter une configuration dans laquelle la barrière ouvragée et les éléments de calage sont préfabriqués, ce qui permettra un réaménagement du site avant sa fermeture définitive.

[36] On ne peut pas donner de formulation plus précise tant que les critères d'acceptation dans un centre de stockage ne sont pas définis.

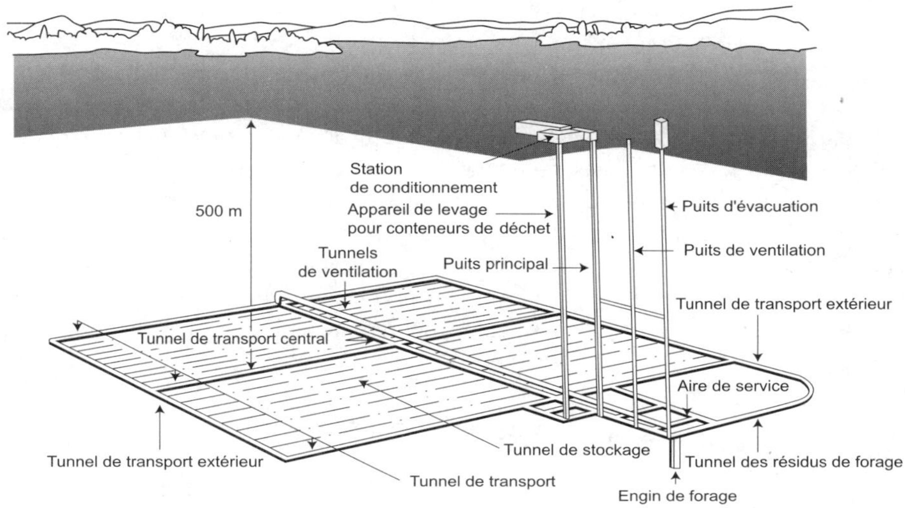

Figure 14.1. Représentation schématique d'un stockage souterrain de déchets nucléaires [2].

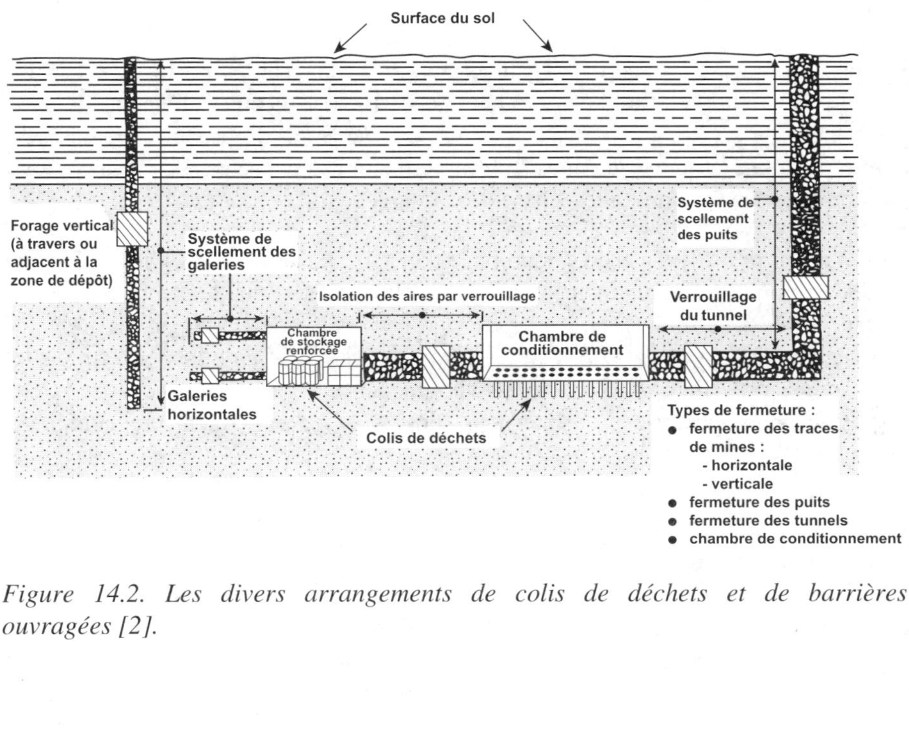

Figure 14.2. Les divers arrangements de colis de déchets et de barrières ouvragées [2].

2.4. Le problème de la réversibilité

Le problème de l'obturation est indissociable du concept de réversibilité : faut-il chercher à rendre le site – une fois atteinte sa capacité maximale – le plus inaccessible possible à toute intervention humaine, ou faut-il au contraire chercher à rendre possible une réextraction des colis pour un retraitement ou une transmutation ultérieure en tablant sur un progrès des techniques ? Un élément de réponse est que ce qui est déchet aujourd'hui peut devenir ressource demain (en particulier pour les pays qui n'ont pas choisi la voie du retraitement). Cette question est plus politique (ou économique) que scientifique. Le gouvernement français a décidé que les concepts de stockage actuellement à l'étude devaient comporter une exigence de réversibilité.

3. La première barrière

La première barrière est la matrice de confinement. Dans le cas de combustibles non retraités, comme on ne peut pas rajouter une véritable matrice, ce rôle est joué par un étui étanche, puis un conteneur externe en fonte ou en acier, dans lequel sont directement enfermés les éléments de combustible. La Suède (qui a décidé de cesser toute production d'énergie nucléaire) prévoit des conteneurs en cuivre massif, ce qui offre de très bonnes caractéristiques de durabilité, mais cette option n'est pas économiquement généralisable. Se pose en outre le risque de rendre attractif le pillage du site...

En ce qui concerne les combustibles retraités, la meilleure matrice capable d'incorporer toute la variété des produits de fission est incontestablement le verre. Cette méthode est homologuée par neuf pays. Pour le cas de produits séparés, leur pureté chimique et leurs quantités faibles permettent d'envisager de les incorporer dans des matrices performantes à base de céramique.

Il est à noter qu'il n'y a pas de surenrobage non actif. La surface du cylindre de verre ou de céramique a donc la même densité de radionucléides que le cœur du cylindre. Une période de refroidissement en stockage de surface de l'ordre d'une trentaine d'années est généralement considérée comme nécessaire, afin de laisser refroidir les colis et ainsi de minimiser les effets thermiques sur le site de stockage. Cette disposition permet aussi de détecter ceux des colis qui se seraient prématurément dégradés.

3.1. Le métal

Pour permettre leur manutention, les cylindres de déchets vitrifiés sont coulés dans un conteneur en acier inoxydable. Il y a accord pour admettre que l'intégrité (absence de piqûre traversante) de conteneurs métalliques soumis aux conditions de stockage ne saurait être garantie au-delà de quelques centaines d'années, même s'ils sont faits avec les meilleurs aciers[37].

3.2. Le verre

C'est la matrice verre qui doit être prise en compte comme première barrière. Dès les années 1950 en France, des déchets de haute activité sont solidifiés sous forme de verres borosilicatés. Tous les éléments radioactifs entrent facilement dans la composition de ces verres, avec des teneurs pouvant varier dans d'assez grandes plages. Leur point de fusion n'étant pas très élevé, ces verres sont faciles à produire. Ils résistent bien à la chaleur et aux radiations. À Marcoule (1978), puis à La Hague, a été appliqué le procédé de vitrification (voir chapitre 12). De fonctionnement très souple, il est aisément contrôlable à distance et peu coûteux : un premier four cylindrique en rotation reçoit la solution nitrée issue du retraitement et la calcine entre 600 et 900 °C en transformant les nitrates en oxydes ; ceux-ci sont mélangés dans une proportion de 13 à 14 % à du verre borosilicate fritté à l'entrée d'un deuxième four à induction où la fusion s'opère à 1 100 °C. Le four se vide de lui-même toutes les 8 heures par la fusion d'un bouchon de verre dans le tuyau de vidange, en remplissant un conteneur en acier de 360 kg de verre.

3.2.1. La dégradation du verre : lixiviation et résistance à l'auto-irradiation

Dans un scénario normal d'évolution d'un site de stockage, des eaux souterraines resaturent le site avec un débit très faible ; elles percent le conteneur et mouillent en surface le verre, dissolvant dans un premier temps les ions alcalins et le bore tandis qu'un gel poreux se forme avec la silice hydratée et les matières insolubles, dont les actinides. Cette dégradation superficielle se stabilise lorsque l'eau qui baigne le gel a atteint la limite de solubilité de la silice. Si la concentration en silicium diminue, le gel est dissous, et la dégradation se poursuit en profondeur.

La structure du verre pourrait être dégradée sous l'effet des déplacements atomiques consécutifs aux désintégrations radioactives des éléments incorporés. Des études sur l'incorporation d'éléments très radioactifs comme le ^{238}Pu ou le ^{244}Cm montrent que la structure du verre, déjà naturellement amorphe, est peu affectée par cet effet.

[37] Il ne faut pas confondre cette situation avec celle des métaux envisagés pour le stockage direct des combustibles usagés en formation géologique profonde. La Suède envisage un conteneur en cuivre résistant à la corrosion. D'autres pays, dont la France, envisagent des aciers non alliés de forte épaisseur, qui ne subissent pas de corrosion par piqûre, mais une corrosion généralisée dont la vitesse de progression est prédictible.

3.2.2. Phénomènes particuliers

Une fissuration en profondeur est possible en raison des contraintes thermiques élevées : l'interface eau-verre est ainsi accrue, mais la formation de gel tend à obturer les fissures et à empêcher un lavage par de l'eau insaturée.

3.2.3. Étude expérimentale et modélisation du vieillissement

Les mécanismes de lixiviation peuvent être étudiés expérimentalement, mais sur des échelles de temps très inférieures à celles nécessaires ; on considère que leur cinétique est régie par une loi du premier ordre ; et des codes prédictifs de dégradation des colis verres ont été écrits [3]. Les programmes AQUAMIGR et AQUASAT de l'ANDRA par exemple simulent une dégradation sur plusieurs milliers d'années. Actuellement, les modèles de comportement à long terme des colis de déchets vitrifiés, en situation de stockage, montrent qu'après 10 000 ans, seule une proportion de 1 pour mille du verre serait dissoute. Cette durée est à comparer à la durée de vie des radionucléides incorporés qui, pour la plupart, auraient cessé d'être radioactifs.

3.2.4. Analogues naturels

La durabilité des verres naturels, ainsi que de certaines roches éruptives, montre une très bonne tenue dans le temps de ce type de matériaux lorsqu'ils sont soumis aux agressions naturelles. Plus pertinente encore est l'étude du site d'Oklo au Gabon, où des réacteurs nucléaires naturels ont fonctionné, et où le confinement de certains radionucléides dans le site a pu être mesuré.

3.3. Les céramiques

Une autre méthode initialement proposée en Australie (1978) et étudiée aux États-Unis consiste à incorporer les déchets dans des roches polycristallines synthétiques (procédé SYNROC pour *synthetic rock* [4]) choisies pour leur grande stabilité géochimique et leur capacité à accepter tous les éléments radioactifs. Composées essentiellement de titanates et de rutile (TiO_2), elles peuvent incorporer 10 à 20 % de déchets et offrir une résistance exceptionnelle aux fuites quelle que soit l'agressivité de l'eau à leur contact. Leur résistance à l'amorphisation et leur facilité d'emploi sont moins bonnes que celles des verres qui ont été plus généralement adoptés.

Des études sont faites en France sur des matrices phosphates : apatites, monazites, zirconolites, britholites. Les radionucléides sont insérés dans le réseau cristallin où, par substitution, ils forment des liaisons chimiques fortes, ce qui réduit le taux de diffusion. Les résultats indiquent une vitesse de dégradation cent fois plus faible que celle des verres nucléaires. De telles matrices sont réservées aux éléments issus de la séparation poussée pour le cas où certains d'entre eux ne pourraient pas faire l'objet de transmutation.

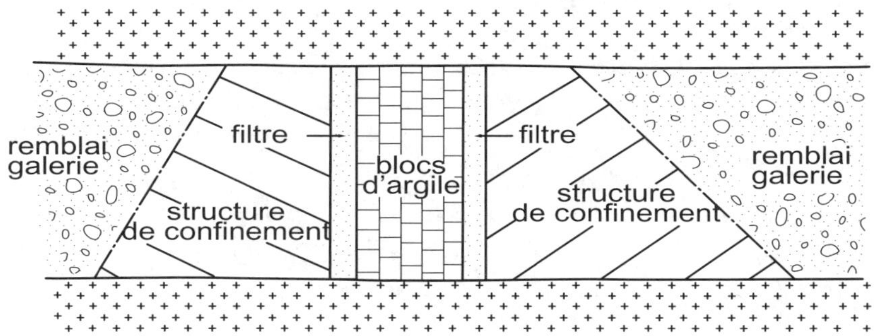

Figure 14.3. Exemple de barrière ouvragée : schéma d'un serrement à base d'argile gonflante pré-compactée [11].

4. La barrière ouvragée

4.1. Le surconteneur et les scellements

Cette barrière comprend d'abord un enrobage autour du conteneur fait d'argile très absorbante, comme la bentonite préalablement séchée et compactée, et sous forme de briques ou d'anneaux cylindriques. Ce remplissage est d'abord un bouclier thermique et radiologique entre la roche et le conteneur. En outre, en devenant humide, la bentonite gonfle (d'un facteur jusqu'à 10 ou 20), faisant à la fois bouchon mécanique et chimique, car l'eau piégée dans la bentonite se concentre en silice jusqu'à atteindre la limite de solubilité, ce qui bloque l'attaque du verre lorsque le conteneur est percé. Un bon surconteneur peut ainsi prolonger efficacement la résistance du verre. À l'intérieur du site, les galeries, les puits d'accès, les ouvertures pour ventilation sont, après une période de surveillance (de l'ordre de 150 ans), obturés par des scellements (figure 14.3) également constitués d'argile très absorbante (argile FoCa en France) qui gonfle à l'humidité.

4.2. Les mécanismes de dégradation

Les problèmes sont ceux des argiles considérées comme barrière géologique, avec un effet accru de la chaleur (d'où des fissurations possibles) lié à la proximité du colis. Des modélisations des effets respectifs du dessèchement par effet thermique et du gonflement par réhydratation sont en cours [5]. Les effets liés à la chaleur sont surmontés par un temps de refroidissement suffisant avant stockage et par une limitation de la densité de stockage de telle sorte que la surface des conteneurs reste toujours inférieure à 100 °C.

5. La troisième barrière : le site géologique

La problématique est celle des flux hydriques (la circulation des eaux souterraines), et de leur interaction avec les colis stockés, ces flux pouvant conduire à une remontée des radionucléides vers la biosphère. Cette remontée dépend très fortement des propriétés de la couche géologique.

5.1. Le sel

Les sites salins se présentent sous forme soit de grands massifs de sel pur (quelques km^3) essentiellement anhydres, soit de couches sédimentaires de sel impur. Des poches de saumure peuvent exister dans les deux cas. Un autre inconvénient est que la radiolyse des impuretés peut générer des gaz corrosifs et éventuellement explosifs. Enfin, les risques liés à une exploration involontaire du site sont très élevés, le sel et ses impuretés étant des ressources précieuses. Par contre, le sel, contrairement au granite, peut fluer, ce qui lui permet de colmater des fissures éventuelles.

5.2. Le granite

Le granite a une teneur en eau faible et une perméabilité variable. Les flux hydriques sont dominés par la convection dans les fractures, la microporosité étant beaucoup moins importante. Chimiquement, c'est un milieu réducteur, dans lequel peuvent apparaître des complexes inorganiques (ligands) ; des colloïdes inorganiques et des sulfures sont présents. La sorption (absorption ou adsorption) est non négligeable et peut causer un retard significatif à la migration des radionucleides.

5.3. L'argile

La teneur en eau est de 15 à 20 % dans les argiles vraies, de 5 % dans les marnes. La perméabilité est très faible, mais répartie, les flux hydriques sont dominés par la diffusion (convection dans les poches, et dans les fissures dans le cas d'argile non saturée). La plasticité de l'argile lui permet, encore plus aisément qu'au sel, de fluer et ainsi de colmater des fissures. Le revers de cette qualité est la nécessité de faire d'importants soutènements dans les galeries. C'est aussi un milieu réducteur, qui peut complexer des ligands organiques ; des colloïdes organiques, des hydroxydes et des sulfates sont présents. La sorption est très forte.

6. Les scénarios d'évolution : l'évaluation de l'impact biologique

Pour s'assurer de la qualité d'un stockage, on évalue des scénarios de dégradation. Par exemple, on fait l'hypothèse que le site de stockage serait envahi par les eaux souterraines à partir d'une nappe aquifère moins profonde par exemple, atteinte par une fissure créée au moment de la construction et qui s'est agrandie sous l'action de la chaleur et du rayonnement. L'eau se met à suinter à travers le site ; éventuellement, l'eau contaminée pourrait retourner à la nappe d'origine par convection naturelle sous l'action de la chaleur. On évalue les conséquences d'un transport de matières radioactives par les eaux souterraines jusqu'au sol à l'aide de simulations. Dans les modèles actuellement utilisés, on suppose la roche assimilable à un milieu poreux et la migration de chaque noyau contaminant est décrite par une équation de diffusion standard :

$$\frac{\partial C_i}{\partial t} = -V\frac{\partial C_i}{\partial x} + D\frac{\partial^2 C_i}{\partial x^2} - \lambda_i C_i + \lambda_{i+1} C_{i+1} - \frac{\partial S_i}{\partial t} \qquad (14.1)$$

où $[(\partial C_i) / (\partial t)]$ est la dérivée par rapport au temps de la concentration du contaminant i, V est la vitesse interstitielle (à travers les pores) de l'eau, x la distance parcourue depuis le site de stockage, D est le coefficient de dispersion-diffusion qui exprime la dilution en cours de trajet, λ_i et λ_{i+1} les constantes radioactives du noyau i et de son descendant $i + 1$; le dernier terme rend compte des phénomènes de sorption et désorption par lesquels un contaminant est retenu un certain temps dans la roche, ce qui entraîne un retard (par rapport à l'eau) de sa migration. La vitesse interstitielle est prise comme la vitesse de Darcy, $V = -1/\eta_e \cdot K \cdot DH$ où K est le coefficient de conductivité hydraulique, η_e mesure la porosité du milieu et DH est la hauteur piézométrique (pression en hauteur d'eau). Si la roche est très fissurée, on l'assimile à un milieu constitué de pores plus gros (c'est fréquent dans le granite). La figure 14.4 [6] montre la succession de phénomènes aboutissant à un relâchement de radionucléides vers la surface.

Les actinides, peu solubles dans l'eau, sont très sensibles aux interactions chimiques avec la roche poreuse, ce qui peut se traduire par un facteur de retard 10^3 à 10^4 fois celui des produits de fission. Basés sur le modèle ci-dessus, les calculs sont soit déterministes, c'est-à-dire que partant de valeurs uniques des paramètres ils permettent d'évaluer un risque radioactif (figure 14.5), soit « stochastiques » : des distributions de valeurs des paramètres sont alors en entrée du calcul, ce qui permet d'évaluer des écarts-types et de faire une analyse de sensibilité aux différents paramètres (figure 14.6).

Enfin des « modèles de biosphère » sont utilisés pour décrire le transport (dilution ou concentration) de la radioactivité à travers l'environnement jusqu'à l'homme et l'impact sur le corps humain. Les doses ainsi obtenues sont extrêmement sensibles aux hypothèses qui sont faites, pour des temps très éloignés du nôtre, sur les densités de population, les habitudes alimentaires, l'utilisation de l'eau dans l'agriculture et l'élevage.

Il faut noter que l'évaluation de l'impact de la radioactivité sur le vivant a été établi à partir de situations pour des cas d'exposition brutale et événementielle à la radioactivité (Hiroshima…). Elles sont donc mal adaptées pour estimer l'effet d'une source permanente d'exposition à de très faibles doses intégrée tout au long de la vie sur de nombreuses générations. Seule la comparaison à l'exposition à la radioactivité naturelle fournit aujourd'hui un repère fiable.

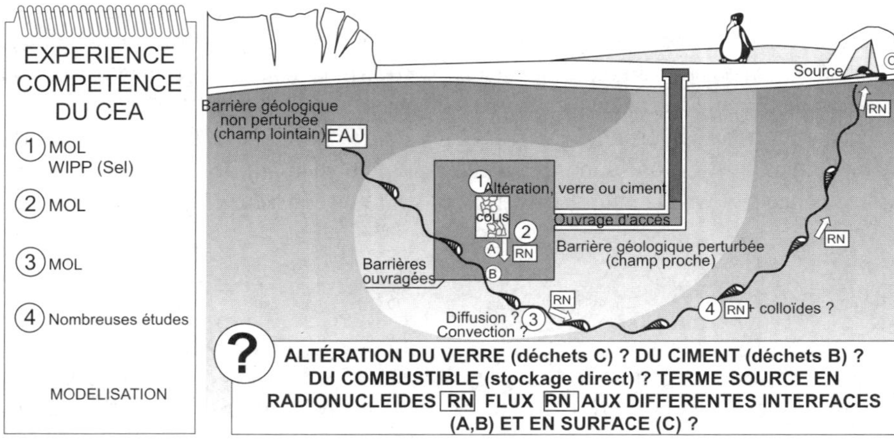

Figure 14.4. Dégradation des colis, relâchement d'activité et migration des produits relâchés : phénomènes essentiels (d'après [6]).

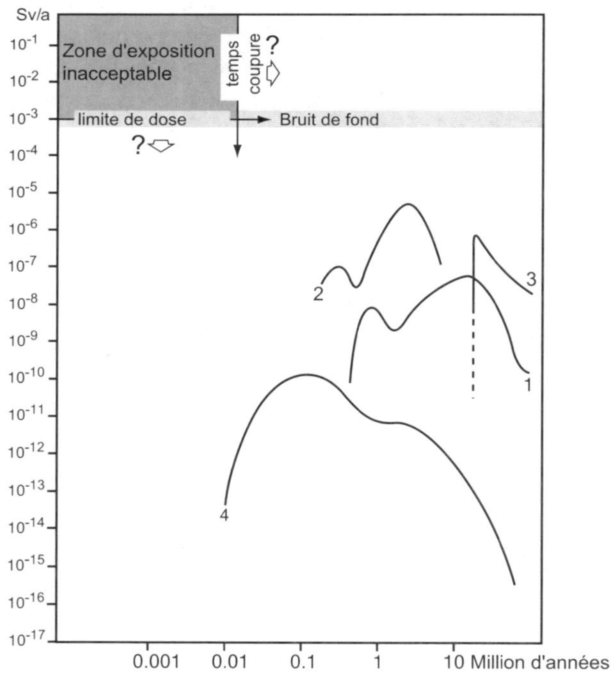

Figure 14.5. Radiotoxicité en Sv/an, estimée pouvoir atteindre un être humain dans un scénario normal, en provenance d'un stockage souterrain, en fonction du temps de stockage et de la roche hôte (1 = argile, 2 = granite, 3 = sel, 4 = sédiments sous-marins) [7].

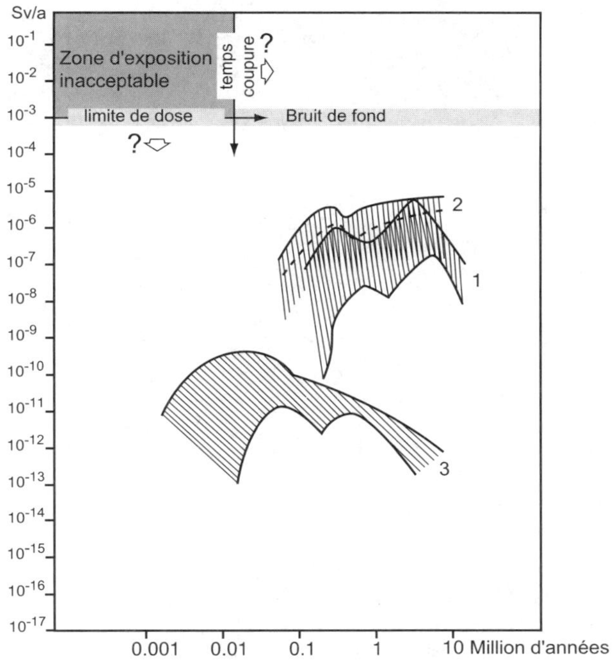

Figure 14.6. Analyse de sensibilité. Des facteurs 10 à 100 peuvent affecter un résultat pour des qualités différentes de roche hôte [7].

On doit donc s'attendre à de grandes incertitudes dans ces calculs qui associent donc sur l'ensemble de la chaîne : la lixiviation du verre, la percolation dans le « champ proche » (le site et ses barrières ouvragées), la percolation de « champ lointain » (la roche hôte), la contamination de l'homme par la chaîne alimentaire, et ses effets sur la santé. Cependant, là aussi, des analogues naturels ont aidé à la calibration de certains modèles.

Une conclusion, peut-être optimiste, à une telle étude est présentée dans le rapport Pagis [7] programme cadre européen, où ont été étudiés trois stockages (dans l'hypothèse d'une quantité de déchets enfouis aussi importante qu'une à dix fois la production annuelle mondiale) dans l'argile, le sel et le granite, et qui conclut que la dose de radiation au sol est nulle pendant au moins 20 000 ans après la fermeture du stockage et qu'il faut attendre de l'ordre du million d'années pour que cette dose atteigne 10 μSv/an, soit une fraction très faible de la radioactivité naturelle (figure 14.6).

7. Les scénarios perturbés

Dans l'évaluation des risques liés à des événements improbables, l'analyse de risque est de type pessimiste (*worst case analysis*), voir figure 14.7.

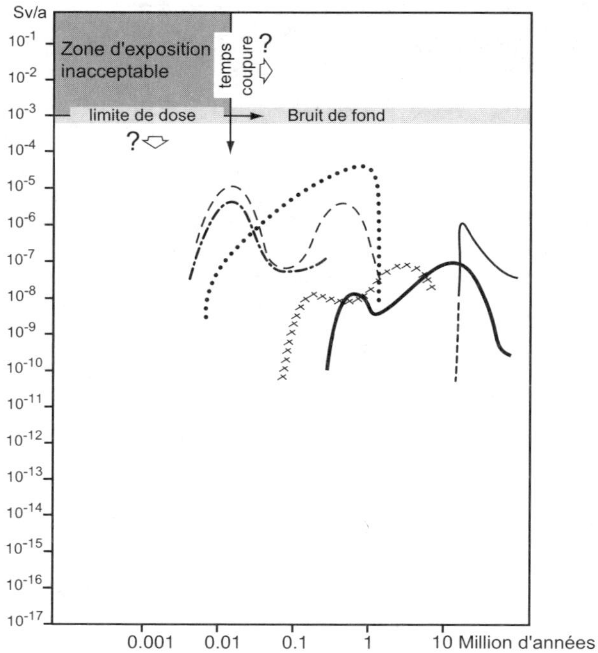

Figure 14.7. Radiotoxicité en Sv/an de la figure 14.5 précédente, calculée pour des scénarios d'évolution anormale du stockage :
- une faille rejoue dans l'argile (croix à comparer au trait gras qui donne l'évolution normale) : la radiotoxicité n'est pas augmentée, mais apparaît plus précoce ;
- même effet dans le sel, en plus accentué (traits et point à comparer avec le trait fin continu de droite pour une évolution normale) ;
- dans le sel toujours, une inondation précoce du site (tirets) ou une intrusion humaine peuvent faire apparaître la radiotoxicité dès 10 000 à 20 000 ans, mais celle-ci reste cependant inférieure à la radioactivité naturelle (d'après la référence [7]).

7.1. Le risque anthropique

Il peut prendre quatre formes : volonté de nuire (terrorisme), tentative de récupération des matériaux stockés, accès accidentel lié à la présence de ressources naturelles exploitables (cas du sel par exemple), accès purement accidentel (forage phréatique). On cherche à empêcher que ce type d'accident ait des répercussions (supérieures aux irradiations naturelles) en dehors des personnes accédant au stockage. Dans le cas de la malveillance, il est difficile de trouver des parades sûres ; néanmoins, il semble plus aisé pour des terroristes de se procurer en surface du plutonium plutôt que d'avoir à aller en chercher des mélanges vitrifiés à grande profondeur, où il n'existerait qu'en quantités insignifiantes en compagnie d'un peu d'actinides mineurs.

7.2. Les risques géologiques et climatiques

Ces risques comprennent principalement l'impact de météorites, les éruptions volcaniques, l'apparition d'une faille majeure, une sismicité intense et anormale, l'érosion par des glaciers, un changement majeur des flux hydriques profonds en raison de l'évolution climatique. Les deux premiers sont hautement peu probables ; en outre leur nuisance directe serait plus élevée que celle due au relâchement accru des radionucléides (comme d'ailleurs le serait l'effet d'un bombardement nucléaire à l'aplomb d'un stockage). Les modifications climatiques d'origine anthropique font actuellement l'objet de nombreuses études internationales (*Global Change Program*), et s'il n'y a pas de consensus sur la rapidité de l'échauffement, tous les modèles tendent à prévoir un accroissement de température et donc une fonte des glaces. *A contrario*, le retour d'une période glaciaire, comme il y en a eu par le passé (en raison des modifications d'ensoleillement dues à la mécanique céleste et/ou à la variabilité solaire) pourrait entraîner une érosion glaciaire très importante dans les zones aujourd'hui tempérées. La profondeur du stockage doit être suffisante pour éliminer ce risque.

7.3. Le risque de criticité *in situ*

Une étude assez poussée mais très irréaliste par son pessimisme excessif (fissuration à cœur des verres, reconcentration optimisée, etc.) a montré qu'un scénario d'accumulation de matière fissile par gravité dans un site de stockage pouvait conduire à des accidents de criticité d'amplitude croissante jusqu'à une véritable explosion [8]. Un choix pas trop absurde des topologies de stockage doit permettre d'éviter totalement ce risque.

8. Perspectives

8.1. Le régime permanent est-il possible ?

La décision du niveau de retraitement (sépare-t-on, pour les transmuter, les actinides à longue période des produits de fission ?) influe sur le volume à stocker et sur la durée de retour à une radiotoxicité acceptable (c'est-à-dire de l'ordre de celle d'un minerai uranifère). Le maintien pendant plusieurs siècles d'une industrie basée sur la fission impose de minimiser le volume de déchets.

8.2. La réévaluation du risque anthropique

Il est par essence impossible de faire des prédictions à long terme sur le comportement humain ; les progrès en matière de sociologie prédictive ne sont guère probables à court et moyen terme. Il est par contre envisageable de chercher à définir des signaux d'avertissement compréhensibles par n'importe quelle civilisation assez avancée pour forer à grande profondeur, mais qui ne disposerait pas des archives du stockage : on peut envisager de contaminer, volontairement et à bas niveau, le voisinage du stockage par deux isotopes artificiels de périodes différentes.

8.3. L'éthique et son coût

La notion de garantie absolue de sûreté n'existe pas. On peut cependant se convaincre d'une très faible probabilité de nuisances. Puis, on sera amené à prendre des décisions influant sur l'environnement de nombreuses générations à venir. Il est difficile de choisir les poids relatifs. Une technique possible est de choisir des solutions minimisant les nuisances sur la génération la plus défavorisée. Les rôles respectifs des technodécideurs, des politiques, et du public doivent être soigneusement pesés [9].

9. Les alternatives

9.1. La transmutation

La possibilité de changer la nature des isotopes contenus dans les déchets (transmutation) est limitée par le coût de l'opération. Des études sont faites sur l'utilisation des réacteurs rapides, sur les hybrides accélérateur/réacteur et, dans une moindre mesure, sur les hybrides fusion/fission (voir partie IV).

9.2. Le stockage dans les sédiments marins

Un des scénarios les plus sûrs d'un point de vue scientifique est l'enfouissement dans les sédiments des fonds océaniques (loin des zones de subduction) de colis qui s'y enfonceraient profondément (plus de 50 m), soit par simple gravité, soit dans des puits forés depuis la surface. Ce scénario est inconcevable actuellement sur le plan juridique et de plus l'opinion publique ne l'accepterait pas (risque de confusion avec la simple immersion de fûts pratiquée naguère). Pourtant un tel site aurait de nombreux avantages : intrusion quasiment exclue, dilution dans l'océan en cas d'incident, absence de circulation d'eau à l'endroit du stockage, ce qui en assure la stabilité chimique. Un inconvénient cependant : il serait irréversible.

9.3. La dilution

Quoique envisagée (et même assez largement utilisée) aux débuts de l'ère nucléaire, la dilution dans les océans ou dans l'atmosphère (hormis les relâchements encore pratiqués de tritium, d'iode et de krypton) n'est plus considérée comme acceptable, pas plus que l'épandage en surface des continents : l'augmentation des quantités à considérer et la sensibilisation du public expliquent cette évolution des pratiques.

9.4. Les zones de subduction

Il est tentant de profiter des mouvements tectoniques du manteau pour envoyer dans le magma les déchets. Il existe actuellement un consensus parmi les géologues pour rejeter cette voie, des mouvements chaotiques imprévisibles se superposant au lent mouvement moyen à grande échelle.

9.5. L'envoi dans l'espace : le canon électromagnétique

Il avait été proposé d'envoyer dans l'espace les déchets les plus gênants. Outre le risque d'échec au lancement, ce projet a été mis à l'écart en raison du coût si le propulseur est classique. Un voie peu explorée semble mériter un nouvel examen : l'utilisation de canons électromagnétiques.

9.6. Les calottes polaires

Les conditions géologiques et les incertitudes de la prévision climatologique font du pôle Nord un piètre candidat ; le pôle Sud fait actuellement l'objet de réglementations internationales très contraignantes qui rendent cette option inacceptable.

Le moratoire décidé par la France est une période extrêmement utile pour mûrir des technologies et peser des choix qui engagent de nombreuses générations. Il paraît probable que, au moins si l'option de retraitement poussé est retenue, des solutions satisfaisantes puissent être trouvées.

Bibliographie

[1] *Nature*, **383**, 376 (oct. 1996).

[2] C.M. Koplik *et al.*, *Rev. Modern Phys.*, **54**, 269, 1982. Une référence plus récente est : *The Scientific and Regulatory Basis for the Geological Disposal of Radioactive Waste*, livre édité par David Savage, chez John Wiley and Sons, 1995.

[3] Rapport Pagis pour la Commission de la Communauté européenne, 3e fascicule, EUR 1177-FR (granite) p. 218 et annexe 2 p. 333.

[4] A.E. Ringwood *et al.*, *Nature*, **278**, 219, 1979.

[5] M. Jorda (CEA) *et al.*, « Engineering solution for the backfilling and sealing of radioactive waste repositories », Comptes rendus de la 3e conférence internationale *Radioactive waste management and disposal*, Luxembourg, sept. 90, ed. L. Cecille, Éditions de la Commission de la Communauté européenne. Aux travaux européens résumés dans cette référence, il faut en ajouter d'autres comme ceux du Hard Rock Laboratory sous l'île d'Äspö en Suède et ceux des États-Unis à Carlsbad (Laboratoire WIPP).

[6] R. Guérin, Rapport CEA, R.T. DESD 95/131, 1995.

[7] Rapport Pagis pour la Commission de la Communauté européenne, EUR 1175-EN (sommaire), EUR 1176-EN (argile), EUR 1177-FR (granite), EUR 1178-EN (sel) EUR 1179-EN (sédiments sous-marins), 1988.

[8] C.D. Bowman et F. Veneri Los Alamos Report, LA-UR-94-4022A, 1994.

[9] J.-C. Petit, Thèse, Mines de Paris, 1993.

[10] R. G. Cochran et N. Tsoulfanidis, *Nuclear fuel cycle analysis and management*, Ed. American Nuclear Society, La Grange Park, 60525 Ill, États-Unis.

[11] Stockage en souterrain, Actes des journées d'études, Paris 13-15 nov. 1990, Ed. Presses de l'École nationale des ponts et chaussées.

15 L'entreposage de longue durée

La question du devenir des déchets radioactifs à haute activité et à vie longue reçoit depuis des décennies une réponse scientifique et technique invariante, qui fait le consensus des experts et des institutions à travers le monde : il est techniquement faisable et sans risques pour les populations de stocker définitivement ces déchets dans une formation géologique à plusieurs centaines de mètres de profondeur qui agit comme un coffre-fort naturel hors de contact avec la biosphère (voir chapitre 14). Mais ce consensus technique soulève tout aussi systématiquement la réticence, voire l'hostilité des populations et des décideurs politiques qui auraient à accueillir de tels sites de stockage.

Ces oppositions sont souvent repérables par le choix du mot « enfouissement », avec ses connotations de honte et d'oubli, aux dépens du terme technique plutôt rassurant de « stockage géologique ».

C'est de cette tension persistante entre la solution techniquement acceptable et son refus par la société qu'est issu le concept d'entreposage de longue durée, réponse technique proposée à la question politique de la réversibilité. Il s'agit en effet de proposer un choix de conservation en sûreté des déchets nucléaires sur des périodes de l'ordre du siècle avec possibilité à tout moment de reprise des déchets. Cette reprise est impérative à l'échéance de la durée maximale pour laquelle l'installation a été conçue. Même si elles ne consistent encore qu'en études exploratoires, les réflexions techniques que nous allons décrire constituent une originalité qui s'intègre dans l'approche large que la France a choisie pour traiter du devenir des déchets nucléaires.

Nous examinerons les principes directeurs de conception d'entrepôts de longue durée et nous verrons enfin comment sont appliqués ces principes dans différentes combinaisons techniques.

1. Pourquoi l'entreposage réversible sur 300 ans

La construction d'entrepôts assurant pour 50 ans la protection et l'intégrité des colis entreposés est une pratique industrielle bien établie. Une génération peut donc créer et résoudre un problème à l'échelle de 50 ans. Les longues durées propres à la désactivation des déchets nucléaires amènent à dépasser notablement cette durée.

L'émergence depuis quelques décennies d'une conscience écologique planétaire et de principes de solidarité entre générations renforce le poids politique des décisions qui portent sur plusieurs générations. Puisque nous ne faisons que l'emprunter à nos propres enfants, nous devons envisager de leur transmettre ce capital écologique soit avec le problème des déchets nucléaires définitivement résolu par notre génération, selon nos choix (stockage), soit avec des dispositions techniques réversibles (entreposage), charge aux descendants de prendre eux-mêmes les décisions ou d'en transmettre la charge à leur tour à leurs propres descendants. La façon pratique de rendre ces choix possibles est de disposer de capacités d'entreposage sur des durées supérieures à 50 ans et qui soient encore techniquement et socialement réalisables. La limite supérieure de durée de tels entreposages est aujourd'hui prise à 300 ans. Quoique arbitraire, cette durée de trois siècles est confortée par les exemples historiques de bâtiments ayant atteint cet âge sans détériorations majeures, et de régimes sociaux et politiques ayant duré tout autant, dans les pays de l'OCDE par exemple.

On s'intéresse donc ici à l'entreposage de longue durée de déchets nucléaires à haute activité et à vie longue, défini comme une installation industrielle d'entreposage, relevant de la réglementation en vigueur pour les installations nucléaires et placée sous le contrôle de la société. Une telle installation doit assurer sur une période de 50 à 300 ans le chargement, la mise en attente et la préservation de colis de déchets nucléaires à haute activité et à vie longue (HAVL), ainsi que leur reprise au cours de cette période. Ces fonctions doivent bien entendu être accomplies dans des conditions de sûreté réglementées et de viabilité économique raisonnable.

2. Les principes directeurs

L'objectif technique et politique est donc posé : offrir aux générations suivantes, sur les trois siècles à venir, un choix de décisions aussi large que le nôtre, dans des conditions de sûreté au moins aussi bonnes qu'aujourd'hui.

Cet objectif est traduit en termes de sûreté d'exploitation d'une installation d'entreposage de déchets HAVL par une dizaine de principes directeurs, que nous reprenons librement ci-dessous :

- l'installation connaît plusieurs phases de vie distinctes (chargement, attentes, reprise...) ;
- la phase d'attente, qui assure la longue durée, est essentielle. Dans cette phase l'installation doit être particulièrement sûre, robuste et passive. L'évolution principale sera le vieillissement propre des colis, que l'on aura maîtrisé ;
- la phase de reprise, la plus éloignée dans le temps, impose une capacité à démontrer que l'on saura la maîtriser, et ceci durant toutes les phases précédentes ;
- les charges laissées aux générations futures seront aussi légères que possible ;

- les colis de déchets seront intègres au moment de la reprise, sûrs à la manutention et aptes à la gestion ultérieure des déchets (transport, stockage, retraitement...) ;
- l'historique des informations et leur préservation font partie des dispositions contribuant à la sûreté ;
- on prévoira dès la conception les moyens de surveillance de toutes les phases de vie et des transitions entre elles ;
- on décrira dès la conception les impacts sur la santé publique et les règlements lors de toutes les phases de vie ;
- la société elle-même, en charge du contrôle, pouvant connaître des défaillances, des scénarios de perte de maîtrise technique pour des durées limitées seront étudiés à la conception ;
- on définira dès la conception les règles et conditions d'acceptation des colis à venir, connus ou non ;
- la définition même de l'entreposage de longue durée comme une installation où la reprise des colis est certaine, mais au bout d'un temps très variable, fait qu'il y a nécessairement trois grandes phases de vie successives et nettement différentes :
  - une phase active allant jusqu'à la fin de chargement, dont les objectifs et les modes de travail sont bien maîtrisés, dans un environnement bien connu ;
  - une phase passive d'attente, durant laquelle les colis vieillissent sous surveillance et où l'on maintient en l'état un minimum d'équipements, (notamment ceux utiles à la phase active ultérieure). Cette phase peut comprendre des périodes de perte de contrôle technique, qui ne peuvent aller jusqu'à l'abandon du site, car la possibilité d'intrusion sur un site abandonné est inacceptable en raison du risque d'irradiation qu'il fait courir aux intrus ;
  - une dernière phase active de reprise de colis intègres, après un temps long d'évolution de la société, de ses besoins et de ses capacités technologiques. Ceci suppose de prévoir beaucoup de flexibilité et de redondance, notamment pour la manutention qui pourrait avoir à se dérouler dans des conditions très différentes de celles de la phase de mise en place ;
- enfin, un étalement des phases et un cloisonnement de l'installation en sous-secteurs conduira probablement à une cohabitation partielle d'ensembles dans des phases de vie différentes, et donc à des interférences mutuelles possibles.

3. Conséquences sur la conception des sites

Plusieurs concepts clés énoncés dans les principes directeurs ont des conséquences directes sur la conception d'installation d'entreposage de longue durée (ELD).

La minimisation des charges aux générations futures a déjà été prise en compte dans les choix de passivité de la phase d'attente et de flexibilité dans la phase de reprise. L'enjeu est que la charge de travail transmise soit assez faible pour être assurée, même par une société aux capacités d'action dégradées.

Le vieillissement des colis est un phénomène naturel inéluctable ; il s'agit non pas de le contrer mais d'en maîtriser l'impact, notamment par des mesures de surveillance procurant un délai suffisant de préavis pour intervention.

La traçabilité des informations sur l'installation, son contenu, sa maintenance et le vieillissement suivi par surveillance constitue l'indispensable mémoire qui doit traverser sans dommage plusieurs générations.

Une notion supplémentaire apparaît en réponse aux incertitudes acceptées sur l'évolution de la société et de l'environnement de l'installation : c'est celle de réévaluation périodique, qui permet de ramener la nécessité de prédiction scientifique de l'évolution de l'installation à des périodes de quelques décennies, en intégrant les changements connus et reprévoyant le comportement dans un futur aux incertitudes réduites.

En conclusion, il apparaît donc possible, en partant de ces principes simples et de techniques connues, de construire des installations assurant pour de longues durées et sous surveillance de la société, le maintien du confinement des déchets radioactifs et l'absence d'impact pour la santé et l'environnement.

Quatrième partie

Les options du futur

Sommaire

L'énergie nucléaire est aujourd'hui dans une phase de stagnation, en partie parce que les besoins actuels en énergie sont largement couverts (du moins dans les pays riches), mais surtout à cause des craintes du public concernant la sûreté et la gestion du plutonium et des déchets nucléaires à vie longue. La poursuite du développement de la production d'énergie à partir de la fission est donc liée à la capacité de l'industrie nucléaire de répondre de façon convaincante à ces craintes. Au-delà du remplacement des réacteurs actuels par une filière du même type optimisée en terme de sûreté et de rentabilité (le réacteur EPR), il est nécessaire d'étudier des options nouvelles. L'objectif est d'obtenir à terme un parc de réacteurs produisant, à l'équilibre, moins d'actinides mineurs et de plutonium ou comprenant des systèmes spécifiquement dédiés à la transmutation des isotopes à vie longue tout en étant intrinsèquement sûrs. L'étude des possibilités de transmutation des déchets à vie longue est d'ailleurs l'un des axes de la loi du 30 décembre 1991 (voir chapitre 9) qui a édicté un moratoire de 15 ans avant toute décision définitive concernant la gestion de ces déchets.

Par ailleurs, il est très possible que la prise de conscience du problème de l'effet de serre dû aux énergies fossiles et l'impossibilité probable de les remplacer totalement à un coût raisonnable par des énergies renouvelables entraîneront (à plus ou moins long terme) une reprise durable de la demande d'énergie nucléaire. Se posera alors la question des ressources (les réserves d'uranium étant limitées) et donc de l'utilisation du plutonium comme combustible et de sa (sur-)génération à partir de l'uranium ou du passage du cycle U/Pu au cycle du thorium ($^{232}Th/^{233}U$).

Dans un futur plus lointain, des réacteurs nucléaires à fusion pourraient voir le jour. On pourrait alors envisager qu'ils remplacent progressivement les réacteurs à fission. Dans le cas d'abandon de la production d'énergie par fission, soit pour passer à la fusion, soit pour des raisons politiques, la question d'une incinération rapide des combustibles et déchets devra être posée et pourrait être résolue par des systèmes spécifiques.

Dans cette partie, sont examinées certaines des options qui se présentent pour le futur du nucléaire à plus ou moins long terme et qui sont susceptibles de répondre aux préoccupations évoquées plus haut, notamment minimisation ou incinération des déchets à vie longue, optimisation de la gestion des ressources dans l'hypothèse d'un développement durable, sûreté accrue. Diverses options font actuellement l'objet d'efforts de recherche plus ou moins importants, à la fois en recherche fondamentale, où de nouvelles données nucléaires sont nécessaires, et dans le développement de technologies innovantes et l'étude de nouveaux cycles du combustible. Ces options sont présentées en partant d'une possible évolution des filières et du cycle du combustible actuels jusqu'à des types de réacteur complètement nouveaux comme les systèmes hybrides ou, pour le futur plus lointain, les réacteurs à fusion.

Le chapitre 16 est consacré aux possibilités de transmutation des déchets à vie longue dans les réacteurs classiques : REP avec des combustibles spécialement étudiés ou réacteurs à neutrons rapides fonctionnant en mode sous-générateur. On montre que des scénarios de parc de réacteurs et de cycle du combustible optimisés peuvent conduire à une stabilisation de l'inventaire en plutonium et en actinides mineurs à un niveau nettement inférieur au niveau actuel.

Les chapitres suivants traitent de quelques filières (dont certaines ont déjà été étudiées ou même essayées par le passé) qui pourraient être développées pour se substituer aux réacteurs actuels et répondraient mieux aux problèmes évoqués. Ces filières peuvent être mises en œuvre dans le cadre de réacteurs critiques ou sous-critiques associés à un accélérateur :

- cycle du thorium (dont les réserves sont supérieures à celle de l'uranium) qui présente l'avantage de ne pas produire de plutonium et d'éléments plus lourds et donc conduit à des déchets moins radiotoxiques à court et long terme (chapitre 17) ;
- réacteurs à sels fondus qui autorisent une grande souplesse d'utilisation avec des combustibles variés dans le cas de la transmutation des déchets et un retraitement en ligne simplifiant le cycle du combustible et permettant l'élimination des poisons neutroniques formés au cours du fonctionnement (chapitre 18) ;
- réacteurs à haute température refroidis au gaz (HTR) qui présentent un très haut rendement énergétique et certains avantages au niveau de la sûreté (chapitre 19).

Le chapitre 20 s'intéresse aux systèmes hybrides accélérateur-réacteur constitués par une source de neutrons de spallation entourée d'un réacteur sous-critique. Ces systèmes ont été envisagés pour produire de l'énergie ou comme unité dédiée à la transmutation des déchets. Ils présentent un avantage évident en terme de sûreté du fait de la sous-criticité qui peut être mise à profit dans le cas de combustibles à haute teneur en actinides mineurs. Ils pourraient permettre de transmuter de grandes quantités d'actinides mineurs dans le cas d'une sortie du nucléaire (fission). Dans ce chapitre, seront détaillés le principe puis les différents éléments constitutifs d'un système hybride (accélérateur de haute intensité, cible de spallation, réacteur sous-critique) ainsi que leurs avantages et inconvénients. Plusieurs projets de réacteurs assistés par accélérateurs présentés font appel aux filières décrites dans la partie II.

Enfin, le chapitre 21 fait le point des études sur la fusion qui pourrait à terme remplacer la fission pour la production d'énergie nucléaire. On traite surtout de la fusion par confinement magnétique qui fait l'objet de la majorité des efforts internationaux (avec le projet ITER), mais on parle aussi brièvement de la fusion par confinement inertiel et des hybrides fusion-fission associant un réacteur à fusion entouré par une couverture fissile sous-critique.

16 La transmutation en réacteur

Les objectifs de la transmutation des éléments radioactifs à vie longue présents dans les combustibles usés déchargés des centrales ont été décrits dans le chapitre 13. Rappelons qu'il s'agit de transformer en éléments stables ou à durée de vie courte ces produits radioactifs à vie longue, qui sont principalement des isotopes du plutonium, des actinides mineurs (le neptunium 237, mais aussi des isotopes de l'américium et du curium) et certains produits de fission (surtout l'iode 129, mais aussi le technétium 99 et le césium 135, et peut-être quelques autres). Le plutonium est l'élément dominant dans la radiotoxicité des éléments radioactifs à vie longue présents dans les combustibles usés : toute stratégie de parc électronucléaire incluant la transmutation des déchets nucléaires (actinides mineurs et/ou produits de fission à vie longue) est conditionnée par celle adoptée pour le plutonium.

La méthode de transmutation, envisagée dès 1972 par H.C. Clairbone [1], consiste à introduire les éléments à incinérer dans un réacteur et à les transmuter par des réactions de capture ou surtout de fission induites par le flux de neutrons du réacteur. Pour les actinides, on recherche plutôt la transmutation par fission qui produit en majorité des éléments à vie courte alors que la capture conduit à d'autres actinides. De plus, la fission produit des neutrons supplémentaires et de l'énergie utilisable. Elle peut s'effectuer dans des réacteurs critiques ou sous-critiques. Ce dernier aspect sera traité dans le chapitre 20 ; le présent chapitre concerne les possibilités de transmutation dans les réacteurs critiques, notamment dans les REP actuels.

L'introduction des éléments à incinérer dans le réacteur peut se faire de façon « homogène » (les éléments à incinérer sont mélangés au combustible) ou « hétérogène » (ils sont alors introduits sous forme d'assemblages spécifiques incorporés dans ou autour du cœur).

Pour évaluer les possibilités de mise en œuvre de l'incinération en réacteur et ses performances, certains paramètres et certaines contraintes doivent être considérés.

1. La consommation neutronique

Le premier paramètre, essentiel, est le coût de la transmutation en termes de consommation de neutrons, c'est-à-dire le nombre D de neutrons nécessaires, lorsqu'on introduit un radio-élément donné dans le flux de neutrons d'un réacteur,

Tableau 16.1 : Valeurs typiques de la demande en neutrons pour la transmutation, par fission ($D > 0$: consommation de neutrons, $D < 0$: production de neutrons) [2].

Isotope (ou type de combustible)	Spectre rapide	Spectre de REP
	$\phi = 10^{15}$ n/cm^2 s	$\phi = 10^{14}$ n/cm^2 s
^{232}Th (avec extraction du ^{233}Pa)	– 0,39	– 0,24
^{232}Th (sans extraction du ^{233}Pa)	– 0,38	– 0,20
^{238}U	– 0,62	0,07
^{238}Pu	– 1,36	0,17
^{239}Pu	– 1,46	– 0,67
^{240}Pu	– 0,96	0,44
^{241}Pu	– 1,24	– 0,56
^{242}Pu	– 0,44	1,76
^{237}Np	– 0,59	1,12
^{241}Am	– 0,62	1,12
^{243}Am	– 0,60	0,82
^{244}Cm	– 1,39	– 0,15
^{245}Cm	– 2,51	– 1,48
D_{TRU} (décharge d'un REP)	– 1,17	– 0,05
$D_{TRPu+Np}$ (décharge d'un REP)	– 0,70	– 1,10
D_{Pu} (décharge d'un REP)	– 1,1	– 0,20

pour le faire disparaître ainsi que tous ses descendants jusqu'à fission. En ce qui concerne les transuraniens (plutonium et actinides mineurs), directement fissiles ou nécessitant une capture ou une réaction (n, $2n$) préalablement à la fission, D peut être positif (on consomme des neutrons du flux) ou négatif (on en fournit). D dépend également du type de flux considéré.

Le tableau 16.1 donne, pour deux types de réacteur, le réacteur à eau sous pression (REP), et le réacteur à neutrons rapides (RNR), la valeur de D pour les principaux isotopes d'intérêt, ainsi que pour l'ensemble des transuraniens (TRU), des isotopes du plutonium et du neptunium (TRPu + Np) ou du plutonium seul (Pu), sortant du parc français de réacteurs. Sachant qu'il faut ajouter environ +0,3 neutron aux chiffres indiqués à cause des absorptions parasites et des fuites, on voit que, dans les REP, il y a un déficit en neutrons pour assurer la transmutation des transuraniens (ce qui oblige à augmenter la proportion de matière fissile pour maintenir la réactivité). Ceci n'est pas le cas pour les rapides pour lesquels le rapport $\sigma_{fission}/\sigma_{capture}$ est plus élevé. Notons toutefois que certaines données expérimentales essentielles pour ces évaluations sont mal connues, certaines sections efficaces ont été ou seront remesurées : les chiffres du tableau 16.1 sont susceptibles d'évoluer, mais sans changer la conclusion qui précède : du point de vue de l'économie neutronique, il est préférable ou même nécessaire d'effectuer la transmutation dans des réacteurs à spectre de neutrons rapides.

La transmutation des produits de fission à vie longue que l'on voudrait détruire (^{99}Tc, ^{129}I, ...) dans les réacteurs est très consommatrice de neutrons, puisqu'elle ne procède que par capture ou par réaction (n, $2n$). La possibilité de transmuter des produits de fission dans les réacteurs est donc limitée et ne peut être envisagée que dans des situations où il y a excès de neutrons.

2. La sûreté

La question de la sûreté est non moins essentielle : l'introduction d'éléments à incinérer dans un réacteur modifie-t-elle de façon notable le cycle du combustible et les paramètres de sûreté du cœur ? La réponse à cette double question, dont les deux aspects sont très imbriqués, dépend bien sûr de la configuration que l'on propose et des contraintes sur le cycle du combustible.

La sûreté du cœur d'un réacteur est d'abord liée à la proportion de neutrons retardés (voir chapitre 6) (plus faible pour le plutonium que pour l'uranium, très faible pour les actinides mineurs) : ces neutrons sont émis avec un retard moyen de quelques secondes lors des fissions, ce qui donne le temps de contrôler la réactivité, notamment avec les barres de contrôle ; c'est la base du fonctionnement des réacteurs qui, sans cette propriété physique de la fission, seraient ingouvernables. On voit donc tout de suite que la teneur en actinides mineurs de combustibles utilisés dans des réacteurs critiques devra être limitée. C'est ce qui limite aussi la proportion de plutonium dans le MOX.

Les autres paramètres de sûreté des réacteurs (comme l'effet Doppler, qui augmente la proportion de neutrons capturés par élargissement des résonances de capture lorsque la température augmente) sont aussi dégradés par l'adjonction de plutonium ou d'actinides mineurs.

3. Les incidences sur le cycle du combustible

Les propriétés physiques et chimiques des actinides mineurs, du plutonium et de l'uranium étant semblables, le mélange homogène avec le combustible semble être le mode naturel d'introduction des actinides mineurs dans un réacteur. Cependant, il présente des inconvénients sur les opérations de tout le cycle du combustible (beaucoup plus forte activité α, γ et neutron : problèmes de protection biologique à la fabrication et au transport, dégagement de chaleur...) qui peuvent limiter la proportion d'actinides mineurs. Ceci peut conduire à choisir le mode hétérogène d'introduction dans les réacteurs.

Tableau 16.2 : Impact de l'introduction d'actinides mineurs sur le cycle du combustible [2] : faible (Np), important (Am), peut-être prohibitif (Cm).

	Mode homogène			Mode hétérogène
	2,5 % Np	2,5 % Am	2,5 % Cm	40 % Am
<u>Combustible frais</u>				
Puissance	× 1	× 4	× 20	× 15
Dose γ	× 4	× 80	× 500	× 1 500
Neutrons	× 1	× 2	× 1 700	× 7
<u>Combustible irradié</u>				
Puissance	× 1	× 1	× 1	× 1
Dose γ	× 1	× 1	× 1	× 1
Neutrons	× 1	× 4	× 6	× 5

L'incidence de l'introduction d'actinides mineurs sur les paramètres essentiels du cycle du combustible est présentée sur le tableau 16.2 par rapport à un combustible MOX pris comme référence. On peut en tirer des orientations générales sur les possibilités de fabrication et de retraitement de combustibles incluant ces éléments, pour leur transmutation dans les réacteurs.

L'introduction de neptunium a en effet des effets relativement faibles sur le cycle du combustible : on pourrait préférer l'incinérer en mode homogène, à condition de limiter la teneur introduite à 1 % (REP) ou 2 à 3 % (RNR) pour garder des paramètres de sûreté acceptables. Il faut noter que le recyclage du neptunium produit du ^{238}Pu, qui redonne des émetteurs α à vie longue : on ne peut donc envisager la transmutation du neptunium qu'associée à un multirecyclage du plutonium. Rappelons qu'actuellement un seul recyclage est effectué (combustible MOX).

Introduire l'américium dans le cycle a des effets importants et conduira peut-être à privilégier le mode hétérogène d'introduction, afin de limiter le nombre d'éléments combustibles concernés.

Dans le cas du curium, dont certains isotopes sont extrêmement actifs, les difficultés de mise au point d'un cycle de retraitement industriel du combustible nécessaire pour sa transmutation sont très grandes et semblent, pour le moment, prohibitives. Toutefois, les ^{243}Cm et ^{244}Cm décroissant par radioactivité α en plutonium avec des périodes de quelques dizaines d'années, le choix du stockage direct temporaire (environ 100 ans) suivi de la transmutation du plutonium de décroissance pourrait être le meilleur ; la petite quantité de ^{245}Cm dont la période est la plus longue (8 500 ans) serait, elle, recyclée de la même façon que l'américium, après séparation du curium en fin d'entreposage temporaire.

Il faut noter enfin que les problèmes posés par la grande activité des combustibles dans un cycle industriel de retraitement des actinides mineurs pourraient conduire à privilégier, s'il est possible, le retraitement local, près de chaque unité de production, plutôt que le retraitement centralisé tel qu'il est pratiqué actuellement à La Hague pour le monorecyclage du plutonium.

4. La transmutation : réacteurs thermiques ou RNR ?

On l'a vu ci-dessus, la disponibilité des neutrons pour la transmutation des éléments transuraniens et des produits de fission à vie longue présents dans les combustibles usés pourrait rendre nécessaire l'utilisation de réacteurs à neutrons rapides (RNR) plutôt que des réacteurs à spectres thermalisés (REP, EPR ou autres concepts), à cause de la valeur nettement plus élevée en RNR du rapport de sections efficaces $\sigma_{fiss}/\sigma_{cap}$ pour les éléments fissiles. En tout cas, l'économie neutronique est toujours plus favorable en RNR. Et qui dit économie neutronique dit économie tout court, bien sûr : l'apport de neutrons supplémentaires (combustibles plus enrichis, sources externes) a toujours un coût, financier et éventuellement conceptuel et de sûreté.

Un apport de neutrons supplémentaires peut se faire par un enrichissement plus élevé de l'uranium en ^{235}U (actuellement de l'ordre de 3,5 %). Le coût financier et l'épuisement plus rapide des ressources naturelles dans le cas d'une utilisation durable de l'énergie nucléaire sont évidents.

Des sources externes, par exemple des neutrons produits par spallation dans des systèmes hybrides accélérateurs + cible + réacteur sous-critique, peuvent aussi permettre de fournir des neutrons supplémentaires. Mais la complexité et le coût économique d'une telle solution demandent, pour qu'elle soit susceptible d'être retenue, que des arguments essentiels la favorisent, en plus de celui de constituer une source externe de neutrons. On verra que les potentialités des systèmes hybrides en tant qu'incinérateurs dédiés d'actinides mineurs, avec une sûreté accrue, pourraient justifier leur utilisation éventuelle dans un parc optimisé du futur (voir § 7).

L'incinération en spectres thermalisés a cependant des avantages. Si le rapport de sections efficaces $\sigma_{fission}/\sigma_{capture}$ favorise la neutronique des réacteurs à neutrons rapides, la valeur absolue des sections efficaces est, globalement, de un à deux ordres de grandeur supérieure en spectres thermalisés qu'en spectres rapides. Ceci signifie que, pour une quantité donnée à transmuter annuellement, l'inventaire en réacteur serait d'autant moins élevé dans des réacteurs thermiques incinérateurs que dans des RNR. La masse dans le reste du cycle, elle, ne changerait pas car elle est fixée par le flux annuel des combustibles usés à retraiter.

On voit donc que le choix du type de réacteurs pour les parcs du futur dépend du devenir du nucléaire :

- si le mode de production de l'électricité continue d'être, ou est même de plus en plus, basé de façon importante sur l'énergie nucléaire (« nucléaire durable »), le choix se portera sur des spectres neutroniques rapides, à l'économie de neutrons meilleure qui, à cause de cette meilleure utilisation des neutrons mais surtout à cause de la surgénération du plutonium, permettent d'allonger considérablement la durée pendant laquelle les ressources naturelles de combustible uranium seront suffisantes (des millénaires, contre environ un siècle avec des REP, si toute l'électricité mondiale était d'origine nucléaire) ;

- si l'on veut s'orienter vers d'autres modes de production de l'électricité (« sortie du nucléaire ») et en supposant que l'on veuille le faire en éliminant les déchets nucléaires de longue durée par transmutation plutôt que de les stocker, le choix de parcs de réacteurs thermiques peut être le meilleur, à cause du plus faible inventaire dans le cycle et de la plus grande rapidité d'incinération liée aux grandes sections efficaces associées à ce régime neutronique, qui permettent donc une élimination plus complète et plus rapide des déchets.

5. Les études expérimentales et conceptuelles liées à la transmutation

Un certain nombre d'études expérimentales relatives aux questions soulevées ci-dessus se déroulent actuellement dans le monde, surtout au Japon, aux États-Unis et en Europe, en particulier en France, où elles sont prises en charge principalement par le CEA, avec, dans un certain nombre de domaines, des contributions importantes du CNRS. Notons que ces recherches se font souvent dans le cadre des projets soutenus par la Communauté européenne à travers le programme commun de recherche et développement EURATOM.

Il s'agit d'abord de bien connaître les sections efficaces neutroniques pour tous les isotopes radioactifs de longue durée présents dans les déchets et susceptibles d'être incinérés en réacteur par capture ou par fission. La connaissance de ces données de base, pour tous les types de spectres de neutrons, est importante pour que l'on puisse estimer correctement le potentiel de transmutation de ces déchets et élaborer des scénarios chiffrés de parcs de réacteurs où elle pourrait être mise en œuvre.

Des mesures de deux types sont effectuées. Les mesures différentielles consistent à irradier des cibles isotopiquement pures par des faisceaux de neutrons d'énergie égale à celle qu'ils ont dans les réacteurs, et à mesurer les probabilités de capture et de fission. Ces mesures donnent directement l'information cherchée (la section efficace de capture et celle de fission sur l'isotope considéré), mais elles sont difficiles et, pour certains isotopes, limitées ou même rendues impossibles par la perturbation induite dans les détecteurs par la radioactivité propre de la cible. C'est le cas, notamment, pour les actinides mineurs, en particulier les isotopes du curium, alors que, précisément, ces actinides font partie des éléments à transmuter. On a donc recours aussi à des mesures intégrales, où des échantillons sont placés dans des réacteurs, puis soumis à une analyse de la composition isotopique après irradiation (éventuellement même plusieurs fois au cours de l'irradiation, ce qui est plus riche d'information, mais possible seulement sur des réacteurs de recherche). Chaque mesure fait intervenir les nombreuses sections efficaces (capture, fission…) qui gouvernent, avec les décroissances selon les chaînes nucléaires, l'apparition et la quantité des radio-isotopes détectés, mais l'addition des informations obtenues sur l'ensemble des échantillons mesurés permet de remonter aux sections efficaces recherchées.

Un autre domaine de recherche conceptuelle et expérimentale actuellement en cours de développement concerne les combustibles incorporant des actinides mineurs ou des produits de fission susceptibles d'être transmutés. Le but des recherches effectuées est de mettre au point des combustibles pouvant être fabriqués à l'échelle industrielle et utilisables dans les REP actuels ou dans des réacteurs du futur. Là encore, une des grandes difficultés à résoudre provient de la radioactivité des déchets à incinérer, qui pose des problèmes de radioprotection importants pour tout cycle industriel incorporant de tels combustibles. Bien sûr, en ce qui concerne les réacteurs du futur, la recherche sur les combustibles est totalement liée au choix du(des) type(s) des réacteurs qui constitueront les parcs à venir. Les principaux points à étudier concernent la tenue sous irradiation des matériaux constituant ces combustibles lors de leur séjour en réacteur où ils subissent des dommages d'autant plus importants que l'énergie et le flux des neutrons sont élevés, le taux de combustion (et donc le degré de transmutation) que l'on peut atteindre, la température maximale qu'ils peuvent endurer sans être dégradés, l'évacuation de l'énergie calorique induite par la fission, etc. Tous ces aspects donnent lieu à des études allant de la recherche la plus fondamentale sur la structure des matériaux et leurs modes de dislocation jusqu'aux études d'ingénierie et de design des réacteurs pour évaluer les divers concepts envisagés.

6. L'optimisation des REP pour une incinération accrue du plutonium

Le plutonium présent dans les combustibles usés est la principale cause de radiotoxicité potentielle (voir chapitre 13). Redisons ici que la stabilisation de son inventaire dans le parc (brûler autant de plutonium que l'on en consomme) est le problème numéro un à résoudre dans l'aval du cycle.

Tant pour sa valeur énergétique que pour diminuer la radiotoxicité potentielle des produits radioactifs à vie longue, la France a choisi, on l'a vu, de retraiter les combustibles usés et de réutiliser le plutonium. La séparation poussée du plutonium est faite à l'échelle industrielle dans l'usine de La Hague en utilisant le procédé PUREX (voir chapitre 12) qui permet d'en récupérer 99,9 %, les pertes de 0,1 % allant aux déchets. Le plutonium, sous forme d'oxyde, est ensuite mélangé à hauteur de 5 à 7 % avec des oxydes d'uranium enrichi pour former le combustible MOX actuellement utilisé dans une partie (à terme, dans tous) des REP 900 du parc français. Mais seule une partie du plutonium produit annuellement est ainsi recyclée. En raison de la dégradation isotopique du plutonium, le combustible MOX usé, déchargé après combustion, n'est actuellement pas retraité. Ce monorecyclage du plutonium actuellement pratiqué dans le parc français n'est pas suffisant, et de loin, pour stabiliser l'inventaire (la masse totale) du plutonium dans le parc électronucléaire français. Du point de vue de l'élimination de la radiotoxicité, il n'en constitue que la première étape.

Dans l'optique de ne pas différer à plus tard la résolution du problème du plutonium, une des priorités actuelles de la R&D, en France, est donc de mettre au point des procédés industriels permettant de mieux incinérer, voire même d'incinérer complètement dans les REP actuels le plutonium qui y est produit lors de la combustion de l'uranium.

Le MOX peut être amélioré. On peut espérer, notamment, augmenter la proportion de plutonium, rechercher de meilleures répartitions et de meilleures microstructures du combustible, augmenter le taux de combustion, etc. Ceci pourrait permettre, dans une ou deux décades, de diminuer sensiblement l'augmentation annuelle du stock de plutonium (actuellement environ 9 t/an). Mais ceci ne permettra pas d'en stabiliser l'inventaire et il faut pour cela mettre au point de nouveaux concepts de combustibles incluant du plutonium, multirecyclables dans des REP innovants.

La démarche commune à toutes les solutions envisagées est d'améliorer la thermalisation du spectre neutronique des REP afin de faciliter l'incinération du plutonium tout en gardant une sûreté de fonctionnement assurée. Ceci peut être atteint par une reconfiguration adaptée de la géométrie du cœur (réacteurs à modération accrue), une diminution de la densité du combustible, une meilleure répartition du plutonium présent (mélanges homogène ou hétérogène d'oxydes d'uranium et de plutonium), une diminution des isotopes capturant les neutrons de basse énergie (par exemple, élimination, à chaque recyclage, du ^{242}Pu par voie laser), etc. Toutes ces solutions donnent lieu à des recherches importantes et doivent être soigneusement comparées sous l'angle de la faisabilité, du coût de la mise en œuvre et de celui de l'exploitation industrielle. Les scénarios envisagés montrent que, si les études de R&D sont poursuivies activement avec les industriels et conduisent aux résultats espérés, ces concepts pourraient déboucher dans 15 à 30 ans et leur mise en œuvre pourrait conduire à la stabilisation, voire même à la décroissance de l'inventaire à long terme du plutonium dans le parc, comme le montre la figure 16.1 qui présente le cas d'un parc français « type », c'est-à-dire produisant 400 TWhe/an.

7. L'incinération dans les réacteurs du futur

Le second volet essentiel de la R&D actuelle, parallèle à la R&D sur le plutonium, concerne les réacteurs du futur. Dans la perspective d'un nucléaire durable, on a vu que l'utilisation de spectres rapides est essentielle, tant pour l'économie de neutrons que pour la gestion pérenne des ressources naturelles d'uranium. On a vu aussi

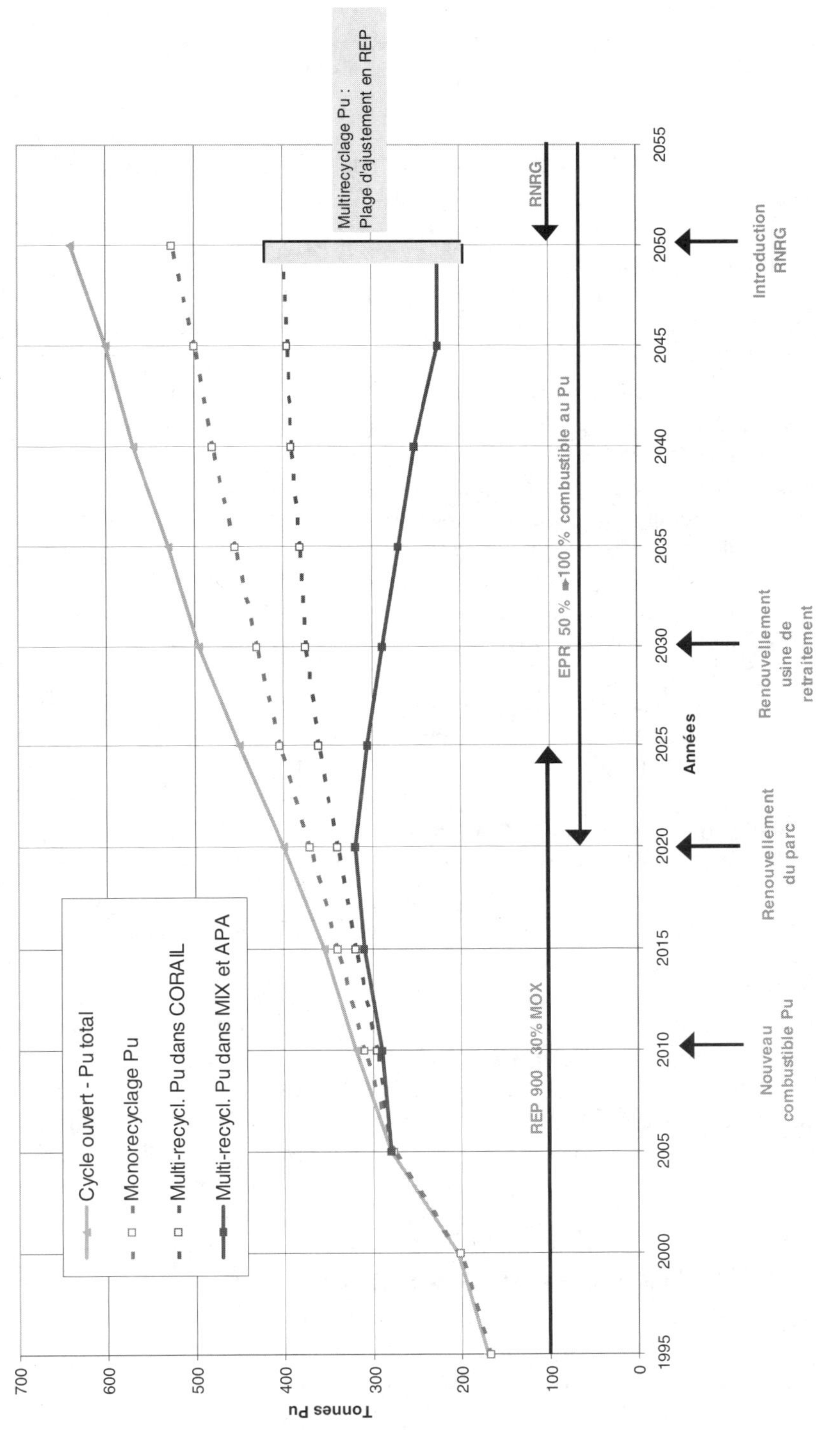

Figure 16.1. Évolution de l'inventaire du plutonium dans un parc de REP produisant 400 TWh/an. La plage grisée correspond à la plage de solutions envisageables avec des REP innovants.

que la transmutation, même en RNR, est coûteuse en neutrons si l'on y inclut celle des produits de fission à vie longue et qu'elle pose des problèmes spécifiques de sûreté à cause de la faible proportion de neutrons retardés pour la fission des actinides mineurs.

La R&D concernant les parcs du futur est donc tout naturellement orientée vers les filières à neutrons rapides, avec des critères à satisfaire qui sont :

- la compétitivité économique ;
- des investissements minimisés (coût à la construction) ;
- des coûts d'exploitation réduits (hauts flux, hauts taux de combustion, grande efficacité de transformation de l'énergie calorifique de la fission en énergie électrique, robustesse, simplicité du cycle de combustible associé) ;
- la sûreté et l'inspectabilité ;
- une minimisation accrue des risques de prolifération ;
- une minimisation de la production de déchets radioactifs à vie longue ;
- une capacité d'incinération suffisante pour stabiliser les inventaires de plutonium, d'actinides mineurs et de produits de fission.

Pour ce qui concerne la gestion des déchets radioactifs à vie longue, ces deux derniers points sont capitaux.

Parmi les très nombreuses filières envisageables, la filière des réacteurs à haute température (HTR) refroidis au gaz présente de nombreux avantages : la haute température, plus de 700 à 800 °C, améliore fortement le rendement de conversion chaleur/électricité, le gaz rend le réacteur plus facile à inspecter. La filière rapide au sodium, qui a l'avantage d'être une technologie connue, peut constituer une solution de repli, mais l'inspectabilité de tels réacteurs est difficile. Le même obstacle existe pour des réacteurs refroidis au plomb ou plomb-bismuth, avec le désavantage supplémentaire que leur technologie n'est pas répandue ailleurs qu'en Russie, où ils ont été utilisés dans les sous-marins nucléaires.

D'autres filières sont à étudier avec intérêt, même si elles paraissent plus futuristes comme les réacteurs à sels fondus, qui ont le très grand intérêt de permettre de coupler directement le traitement du combustible usé au fonctionnement du réacteur, par circulation continue du sel, qui sert à la fois de caloporteur et de milieu multiplicateur. Quelques-unes de ces nouvelles filières seront traitées dans le chapitre suivant.

8. Les scénarios de parcs optimisés : les parcs à l'équilibre

Nous avons vu les solutions envisagées et étudiées pour stabiliser l'inventaire de plutonium dans les réacteurs à eau et les études activement menées sur la capacité des réacteurs du futur à minimiser la production de déchets à vie longue et à les incinérer par recyclage après retraitement des combustibles.

On ne sait pas encore, cependant, quelles seront les performances qui pourront être atteintes *de facto* et, notamment, si on pourra mettre au point industriellement le réacteur omnivore multi-usages satisfaisant tous les critères donnés au paragraphe précédent, à cause des problèmes de sûreté posés par l'utilisation d'actinides mineurs dans les combustibles, par exemple. Pour évaluer l'impact de la transmutation, c'est-à-dire pour évaluer la réduction de radiotoxicité qu'elle permettrait ainsi que son coût, des scénarios de parcs à l'équilibre (production = incinération, pour le plutonium, les actinides mineurs et, éventuellement, les produits de fission) ont été étudiés dans plusieurs hypothèses (tableau 16.3) :

Tableau 16.3 : Exemples de composition de parcs dans les principaux scénarios à l'équilibre envisagés.

Scénario	REP UO_2	REP MIX	EPR	RNR dédié sans U Pu+AM+CM	ADS Sans U (recyclage Am+Cm surtout)
Réf.	100 %				
1		100 %			
2			100 %		
3	44 %		56 % (1)		
4	79 %			21 %	
5	46 %		49 % (2)		5 %

(1) Incinération dans des cibles modérées.
(2) Recyclage du Pu uniquement.

- le parc à une composante : on a réussi à mettre au point le réacteur omnivore à neutrons rapides et le parc est fait à 100 % de réacteurs de ce type ; ou bien on ne s'intéresse qu'au plutonium et le parc est fait de 100 % de REP innovants ;
- le parc à double strate : la principale partie du parc (première strate : REP ou RNR innovants) sert à produire l'électricité et est capable de stabiliser tout ou partie du plutonium ; mais les problèmes de sûreté induits par l'utilisation d'actinides dans les cœurs obligent à dédier une petite partie du parc (deuxième strate ; RNR spécialisés ou plus probablement systèmes hybrides, voir chapitre 20) à l'incinération des actinides dans des réacteurs spécialisés ; cette seconde strate est d'environ 3 à 4 % de la puissance du parc (actinides seuls, plutonium complètement traité dans la première strate) à 8 à 10 % (si le plutonium n'est pas complètement recyclé dans la première strate) ;
- le parc à deux composantes : on utilise des réacteurs à eau REP-EPR pour incinérer partiellement le plutonium (et, éventuellement, le neptunium et même

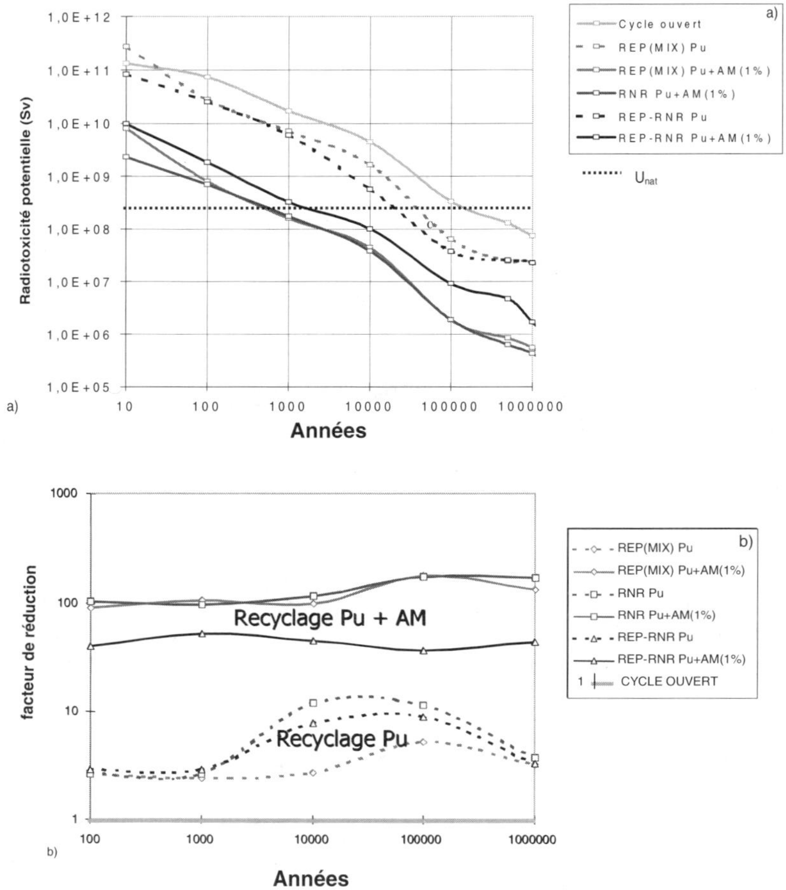

Figure 16.2. Radiotoxicité potentielle par ingestion (CIPR 72) en fonction du temps pour des scénarios à l'équilibre avec plusieurs types de parcs équilibrés. a) : valeurs absolues de la radiotoxicité (en Sv), pour un parc produisant 400 TWhe ; U_{nat} : radiotoxicité du minerai d'uranium nécessaire pour produire cette quantité d'électricité. b) : facteurs de réduction par rapport au cycle ouvert.

les actinides mineurs) et des réacteurs à neutrons rapides RNR pour le multirecyclage du plutonium et de tous les actinides mineurs. Le partage des deux composantes est à optimiser. Il est de l'ordre de 50 %-50 %.

Tous ces parcs peuvent être optimisés pour incinérer aussi les produits de fission à vie longue, généralement sous forme d'assemblages modérés, éventuellement disposés dans des poches modérées, souvent en périphérie du cœur.

La réduction de radiotoxicité que l'on peut espérer dans de tels scénarios optimisés est illustrée sur la figure 16.2, pour des parcs avec multirecyclage infini du plutonium seul ou du plutonium et des actinides mineurs, avec des paramètres (notamment les taux de résidus de séparation du plutonium, 99,9 %, et des actinides mineurs, 99 %) « envisageables ». N'oublions pas que « envisageables » signifie des efforts de R&D et de développement industriel considérables et non acquis encore, les résultats présentés ici étant issus d'études physiques et non d'études de faisabilité. On voit que le gain est, si le plutonium et les actinides mineurs sont multirecyclés, de l'ordre d'un facteur 100, comme pouvait le laisser penser la formule simplifiée du paragraphe 3 du chapitre 13 appliquée avec les valeurs envisageables ci-dessus pour les taux de résidus de séparation x (0,001-0,01) et des valeurs raisonnables pour le taux de combustion B (0,1-0,5).

Ce gain de la centaine apporté par la mise en œuvre de la transmutation des déchets nucléaires de longue durée serait très appréciable. Il ne permettrait toutefois en aucun cas d'éviter le stockage des résidus ultimes, encore trop radiotoxiques pour être assimilés à des produits miniers « naturels » avant longtemps. Cependant, cette réduction pourrait grandement faciliter le stockage, dans des proportions qu'il serait intéressant de bien quantifier.

9. Perspectives

La transmutation en réacteurs des éléments à vie longue présents dans les combustibles irradiés provenant des centrales nucléaires est une solution efficace pour réduire très sensiblement les risques dus à leur radiotoxicité. Elle doit donc continuer d'être explorée activement, tant en ce qui concerne ses performances que les modalités de sa mise en œuvre.

Une plus grande incinération du plutonium, cause principale de la radiotoxicité, peut se faire dans les REP actuels avec du MOX à condition d'augmenter le nombre de réacteurs recevant ce type de combustible ainsi que la proportion de plutonium dans le MOX. La stabilisation de l'inventaire du plutonium dans le cycle du combustible pourrait se faire dans des REP innovants utilisant le plutonium à incinérer mieux que dans le MOX, grâce à des combustibles nouveaux.

Une incinération partielle des actinides mineurs (neptunium et américium) pourrait être menée dans les réacteurs du parc actuel. Elle suppose des adaptations importantes du fonctionnement des réacteurs et du cycle de fabrication du combustible. Le gain en radiotoxicité potentielle pourrait être de l'ordre de 10 à 20. Cette solution ne permettrait pas d'atteindre complètement les objectifs fixés, mais son avantage vient de ce qu'elle pourrait être mise en œuvre en utilisant les réacteurs du parc existant.

Des scénarios de parcs « à l'équilibre » en plutonium ou plutonium + actinides mineurs incluant des réacteurs « omnivores » de type nouveau (réacteurs rapides HTR, par exemple) ou des brûleurs spécialisés d'actinides mineurs, ont été calculés et montrent que l'on pourrait atteindre un équilibre complet (en masses et compositions isotopiques) des isotopes du plutonium et des actinides mineurs. La radiotoxicité des déchets résiduels du cycle serait alors inférieure d'un facteur 100, environ, par rapport au cycle ouvert.

Soulignons que ces scénarios s'inscrivent sur une longue période (2000-2100) et supposent donc que le choix du nucléaire soit maintenu pendant la durée correspondante (« nucléaire durable »).

Des scénarios plus courts de « sortie du nucléaire » sont envisageables avec des parcs thermalisés, mais ils n'ont pas été chiffrés.

Toutes les solutions indiquées demandent une étude théorique approfondie des incidences sur le fonctionnement des réacteurs et leur sûreté, ainsi que des expériences de validation des méthodes proposées. Il est aussi tout à fait essentiel de bien évaluer les problèmes de sécurité posés par l'activité des combustibles dans un cycle industriel de retraitement et de fabrication du combustible. Toutes ces questions font l'objet de programmes en cours en France, en Europe, aux États-Unis et au Japon.

Les réductions de radiotoxicité dans les scénarios « à l'équilibre » sont importantes, mais insuffisantes pour éviter l'enfouissement des déchets résiduels du retraitement des combustibles, qui restera donc nécessaire. Seule une amélioration très significative des performances que l'on pense pouvoir atteindre sur le plan industriel dans la chimie du retraitement (pertes de 0,1 % du plutonium et 1 % des actinides mineurs) pourrait modifier cette conclusion. Mais il faut noter que, même si le stockage profond reste nécessaire, son impact, dans le cas de scénarios à l'équilibre, serait diminué dans des proportions qu'il reste à évaluer précisément.

Bibliographie

[1] H.C. Clairborne, Neutron Induced Transmutation of High-Level Radioactive Waste, report TM-3964, 1972.

[2] *Les déchets nucléaires*, ouvrage collectif, R. Turlay éditeur, Les Éditions de Physique, 1997 (voir l'article « Transmutation : physique et stratégie », par M. Salvatores et A. Zaetta).

17 La filière thorium

L'idée d'utiliser du thorium à la place d'uranium dans un réacteur produisant de l'électricité est venue très tôt à l'esprit des ingénieurs du nucléaire. Elle renaît périodiquement. Il ne faut donc pas s'étonner de la retrouver dans la proposition de Carlo Rubbia *et al.* [1].

Ce qui a suscité l'intérêt pour le thorium pendant si longtemps, c'est la valeur élevée, pour les neutrons lents, du paramètre η de ^{233}U qui est le matériau fissile produit dans un flux intense de neutrons à partir du thorium (comme le ^{239}Pu est produit à partir de ^{238}U). Rappelons que η est le nombre de neutrons de fission produits par neutron absorbé par un noyau fissile (voir chapitre 6). Pour ^{233}U, $\eta = 2{,}28$ pour des neutrons thermiques, ce qui signifie que si un neutron sur ces 2,28 est requis pour entretenir la réaction en chaîne, un autre neutron peut être utilisé dans une capture par ^{232}Th pour régénérer le noyau de ^{233}U détruit, à condition que 0,28 neutron seulement, en moyenne, soit perdu par absorption dans les matériaux de structure ou par fuite hors du réacteur. Cette condition est difficile à remplir : elle exige une géométrie très économe en neutrons et l'emploi d'eau lourde comme modérateur, par exemple. Pour le ^{235}U et le ^{239}Pu, η vaut respectivement 2,07 et 2,11 et la marge est trop faible. Seul le ^{233}U pouvait permettre de réaliser ce rêve des ingénieurs à une certaine époque : un réacteur qui produit de l'électricité et en même temps régénère son combustible. C'était le « surgénérateur thermique ».

1. Le réacteur CANDU au thorium

Ainsi, dans les années 1970, le Canada et l'Inde, pays ayant adopté la filière eau lourde/uranium naturel, ont étudié le remplacement de l'uranium par du thorium dans leurs réacteurs CANDU. C'était un projet important pour ces pays qui pouvaient espérer de cette façon éviter les lourdes dépenses d'un réacteur à neutrons rapides surgénérateur.

D'après un rapport canadien [2], en supposant des pertes au retraitement et à la fabrication du combustible inférieures à 1 % et une géométrie très économe en neutrons, le taux de conversion peut atteindre 1 pour un prix du kWh seulement 20 % plus élevé. Une version plutonium du réacteur est étudiée, un CANDU normal lui étant associé pour fournir ce plutonium. Avec un prix du kWh 12 % plus élevé, on peut déplacer le point d'équilibre du cycle jusqu'à annuler le complément plutonium, le réacteur ne consommant plus que du thorium. En Inde, cette option plutonium a été approfondie. Le rapport [3] conclut que des modifications facilement réalisables et de coût modeste permettraient de faire d'un CANDU un surgénérateur thermique. Mais des temps de doublement (temps au bout duquel suffisamment de combustible a été généré pour pouvoir lancer un nouveau réacteur) de 20 ans ont été calculés. Ils ont été jugés trop longs en comparaison de ceux des réacteurs rapides et l'idée n'a pas eu de suite. Tout récemment, un projet de réacteur plutonium/thorium à eau lourde a été à nouveau proposé par le Centre de recherche atomique de Bhabha en Inde dans une version passivement sûre avec refroidissement par convection naturelle.

Historiquement, le premier réacteur avec du thorium comme combustible fut un réacteur à sels fondus construit à Oak Ridge en 1965. Dans les années 1970-1990, furent conçus et réalisés des réacteurs au thorium à haute température. Ces options sont décrites dans les deux chapitres suivants.

Malgré ces réalisations et des études approfondies, le cycle thorium manque cruellement des quelque cinq décennies de recherche et développement dont a bénéficié le cycle uranium.

Dans tous ces projets de réacteurs thermiques, l'utilisation du thorium impliquait d'allumer le premier cœur avec un fissile, ^{235}U ou ^{239}Pu, associé au thorium fertile, puis de retraiter le combustible irradié, récupérer le ^{233}U produit et l'introduire dans les éléments du deuxième cœur ; de même pour les cœurs suivants. Cela représente une très lourde sujétion, car la chimie chaude impliquée par le retraitement dans le cycle du thorium n'est pas chose aisée, comme nous allons le voir.

2. Les réacteurs hybrides

L'intérêt des réacteurs hybrides, dans lesquels un accélérateur de protons de 1 GeV crée une source de neutrons de spallation au cœur d'une couverture sous-critique (voir chapitre 20), est justement d'offrir une solution qui permette de contourner cette difficulté. Dans ces réacteurs, en effet, l'apport de neutrons supplémentaires provenant de la source de spallation accroît les possibilités : il y a toujours suffisamment de neutrons disponibles pour assurer que le rapport de conversion (le nombre de noyaux fissiles régénérés par noyau ayant subi la fission) soit égal à 1. Il suffit d'ajuster le courant de l'accélérateur pour que, dans l'assemblage sous-critique associé, on puisse réaliser l'équilibre entre le matériau fissile détruit par fission et celui qui est reconstitué par capture de neutrons dans le fertile. À condition d'éliminer périodiquement les produits de fission qui finiraient, en s'accumulant, par empoisonner le cœur, rien n'empêche d'imaginer qu'une fois cet équilibre production-combustion atteint, on puisse le maintenir pendant un très grand laps de temps, le réacteur hybride ne demandant plus à être alimenté qu'en matériau fertile, c'est-à-dire en thorium.

3. Comparaison des réactions nucléaires induites dans les filières uranium et thorium

3.1. Réactions avec un combustible uranium enrichi (3,5 % ^{235}U, 97 % ^{238}U)

Tandis que ^{235}U subit la fission, ^{238}U, majoritairement présent dans le combustible, est le siège de la réaction de capture (suivie de deux désintégrations β) suivante :

$$^{238}\mathrm{U} \xrightarrow{(n,\gamma)} {}^{239}\mathrm{U}(23\ \mathrm{min}) \xrightarrow{\beta^-} {}^{239}\mathrm{Np}\ (2{,}35\ \mathrm{j}) \xrightarrow{\beta^-} {}^{239}\mathrm{Pu}\ (24\,400\ \mathrm{ans}). \quad (17.1)$$

À cause de sa période longue, le ^{239}Pu s'accumule dans le réacteur, ce qui est une bonne chose puisqu'il est fissile et ainsi contribue notablement à la production d'énergie. Une partie cependant sert de cible pour des réactions (n, γ) successives qui conduisent au ^{240}Pu puis au ^{241}Pu, qui se transforme en ^{241}Am par décroissance β, au ^{242}Pu à vie longue, enfin au ^{243}Pu qui décroît par émission β en ^{243}Am. Des réactions (n, γ) sur ces deux isotopes de l'américium conduisent, après décroissance β, aux deux curium 242 et 244, et toujours par réactions (n, γ) sur ces derniers aux ^{243}Cm et ^{245}Cm. Ces isotopes de l'américium et du curium sont radioactifs α. On trouve là le grand problème du cycle uranium : les actinides présents dans les déchets.

3.2. Les réactions avec un combustible thorium fertile et ^{233}U fissile

Le grand avantage du thorium comme combustible est que les réactions (n, γ) successives sur ^{232}Th conduisent à des isotopes d'uranium pratiquement stables et qu'il faut capturer cinq neutrons avant de former le premier qui soit instable : ^{237}U, de période 6,75 j, qui donne par décroissance ^{237}Np (figure 17.1). On a ainsi un chemin très long pour atteindre un premier actinide à vie longue et la probabilité d'en former d'autres à partir de lui est donc extrêmement faible.

Il existe une réaction de capture sur ^{232}Th analogue à celle écrite ci-dessus pour ^{238}U :

$$^{232}\mathrm{Th} \xrightarrow{(n,\gamma)} {}^{233}\mathrm{Th}\ (22\ \mathrm{min}) \xrightarrow{\beta^-} {}^{233}\mathrm{Pa}\ (27\ \mathrm{j}) \xrightarrow{\beta^-} {}^{233}\mathrm{U}\ (160\,000\ \mathrm{ans}). \quad (17.2)$$

Mais la période relativement longue du ^{233}Pa, comparée à celle du ^{239}Np, crée des problèmes dans le retraitement du combustible : il faut attendre que le ^{233}Pa ait décru en ^{233}U, à cause de la grande radioactivité du ^{233}Pa qui rendrait difficile un retraitement précoce ; de plus, le protactinium étant un corps difficile à séparer chimiquement de l'uranium, il va contaminer l'uranium récupéré au retraitement. Enfin, à cause de la période plus longue, la capture de neutron :

$$^{233}\mathrm{Pa} \xrightarrow{(n,\gamma)} {}^{234}\mathrm{Pa} \xrightarrow{\beta^-} {}^{234}\mathrm{U} \quad (17.3)$$

se fait au détriment de la conversion $^{232}Th \rightarrow {}^{233}U$.

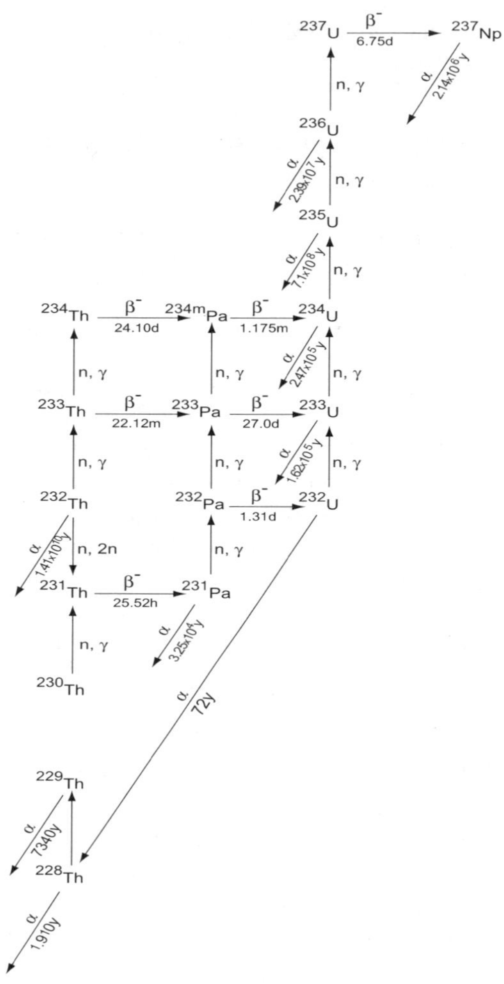

Figure 17.1 : Chaînes de décroissance des actinides formés dans un combustible thorium [6].

De nombreuses réactions conduisent à la production de ^{232}U :

$$^{232}Th \xrightarrow{(n,2n)} {}^{231}Th \xrightarrow{\beta^-} {}^{231}Pa \xrightarrow{(n,\gamma)} {}^{232}Pa \xrightarrow{\beta^-} {}^{232}U \qquad (17.4)$$

$$^{233}U \xrightarrow{(n,2n)} {}^{232}U$$

$$^{235}U \xrightarrow{(n,\gamma)\,(n,\gamma)} {}^{237}U \xrightarrow{\beta^-} {}^{237}Np \xrightarrow{(n,2n)} {}^{236}Np \xrightarrow{\beta^-} {}^{236}Pu \xrightarrow{\alpha} {}^{232}U.$$

En plus, certains minerais de thorium contiennent des traces de ^{230}Th lorsqu'ils sont naturellement mélangés à des minerais d'uranium (certaines monazites contiennent au contraire très peu d'uranium). Ces traces, issues de la désintégration de ^{238}U, peuvent atteindre une concentration de 100 ppm et donnent lieu à :

$$^{230}\mathrm{Th} \xrightarrow{(n,\gamma)} {}^{231}\mathrm{Th} \xrightarrow{\beta^-} {}^{231}\mathrm{Pa} \xrightarrow{(n,\gamma)} {}^{232}\mathrm{Pa} \xrightarrow{\beta^-} {}^{232}\mathrm{U}.$$

Le ^{232}U, de période 72 ans, et surtout ses descendants : le ^{228}Th (1,91 ans) suivi de tout une chaîne de noyaux à vie courte, conduisent par décroissance au ^{208}Pb en passant par ^{212}Bi et ^{208}Tl, deux noyaux qui sont émetteurs de rayons γ de plusieurs MeV. En raison de cette activité γ très forte, un retraitement du combustible n'est possible qu'à l'intérieur de protections importantes. Il faut aussi se protéger contre les neutrons résultant de réactions (α, n) induites par les particules α de désintégration sur les matériaux légers environnants.

Ce ^{232}U va polluer le ^{233}U qu'on veut recycler en lui donnant une activité α importante. Mais c'est surtout parce qu'il crée une activité γ croissante avec le temps que ^{232}U est un problème. En effet, si on stocke trop longtemps l'uranium récupéré au retraitement, le ^{228}Th s'accumule en son sein et, malgré la teneur relativement grande d'uranium fissile dans l'uranium généré à partir du Th (≈65 %) et la faible abondance de ^{232}U (entre 400 et 4 000 ppm), l'uranium issu du procédé THOREX (adaptation au thorium du procédé PUREX de retraitement des combustibles uranium) devient une source γ de plus en plus forte avec le temps. Il doit être rapidement transformé en combustible si on ne veut pas qu'il « crache » un rayonnement de plusieurs dizaines de mSv/h/kg à 1 m au-delà d'une centaine de jours. Conclusion : il faut attendre la décroissance du ^{233}Pa (et de plusieurs produits de fission) avant tout retraitement. Mais, celui-ci fait, il faut se dépêcher d'utiliser le ^{233}U avant qu'il ne s'empoisonne en ^{228}Th. C'est le grand handicap du thorium : l'aval du cycle est difficile. Il faudrait une usine entièrement automatisée (pour protéger le personnel) et qui soit d'une fiabilité de fonctionnement exceptionnelle.

Une remarque : ce rayonnement γ donne de bons traceurs dans un combat contre la prolifération.

4. Caractéristiques générales du thorium et comparaison avec d'autres combustibles

4.1. L'abondance naturelle du thorium

Le thorium est assez répandu dans l'écorce terrestre, trois à quatre fois plus que l'uranium. La forme minérale la plus courante est l'oxyde (thorite) que l'on trouve le plus souvent mélangé avec l'oxyde d'uranium, selon des proportions variables, dans des phosphates de terres rares, les monazites. Celles-ci sont actuellement exploitées pour leurs terres rares, le thorium n'étant qu'un sous-produit. D'autres minerais contenant principalement du thorium ont été inventoriés, qui permettraient de faire face à une demande plus large.

Les principaux pays riches en thorium dans le monde (hormis les pays d'Europe centrale et orientale) étaient en 1992 : en Europe, la Norvège (6 % des ressources mondiales), le Groenland et surtout la Turquie (21 %) ; en Amérique, les États-Unis (10 %), le Canada et surtout le Brésil (32 %) ; en Afrique, l'Égypte (7 %) et l'Afrique du Sud ; en Asie, l'Inde (8 %).

Dans les monazites, le thorium existe avec des teneurs élevées (10 à 15 %), alors que dans un minerai d'uranium actuellement exploité, la teneur en uranium est en général au plus égale à 2 %.

4.2. Les propriétés nucléaires

Le tableau 17.1 donne les valeurs de η pour les quatre noyaux fissiles susceptibles d'être utilisés comme combustible dans un réacteur. Il donne aussi la fraction β_{eff} des neutrons retardés qui jouent un rôle primordial dans le contrôle d'un réacteur.

Tableau 17.1 : Valeurs de η et de la fraction de neutrons retardés β_{eff}.

Noyau fissile	Neutrons lents (0,025 eV)		Neutrons rapides	
	η	β_{eff}	η	β_{eff}
^{233}U	2,28	0,39 %	2,31	0,29 %
^{235}U	2,07	0,74 %	1,93	0,68 %
^{239}Pu	2,11	0,26 %	2,49	0,215 % [a)]
^{241}Pu	2,15	0,48 %	2,72	0,515 %

[a)] Pour le combustible usuel à 15 % de plutonium d'un réacteur rapide.

On retrouve dans ce tableau le grand η de ^{233}U pour les neutrons lents qui fait que la filière $^{232}Th/^{233}U$ présente la meilleure économie des neutrons. Pour les neutrons rapides, ^{233}U, meilleur que ^{235}U, est cependant inférieur à ^{239}Pu, ce qui explique le choix de $UO_2 + PuO_2$ comme combustible dans la grande majorité des surgénérateurs étudiés. Le tableau montre aussi qu'un réacteur thermique est plus facile à piloter avec ^{235}U (β_{eff} plus élevé), tandis qu'en général le contrôle d'un réacteur rapide utilisant ^{239}Pu pose un problème de sûreté.

Un β_{eff} un peu faible est pénalisant car l'augmentation de réactivité résultant d'un retrait donné de barre absorbante fait se rapprocher plus rapidement de la zone de criticité prompte, ce qui oblige à effectuer un tel mouvement de barre plus lentement pour ne pas risquer d'atteindre inopinément cette zone.

Dans le cas de ^{233}U, une difficulté apparaît concernant le contrôle du réacteur, qui provient du protactinium 233. En raison de sa période de décroissance plus longue (27 jours, nous l'avons vu) que celle (2,3 jours) de son homologue ^{239}Np dans la filière uranium, une augmentation de réactivité importante s'observe dans un réacteur au thorium après un arrêt ; il faut donc prévoir davantage de barres absorbantes de

« sécurité » sur un tel réacteur, et probablement, pour un ensemble sous-critique, se fixer une marge suffisante dans la valeur du coefficient *k* de multiplication des neutrons. Il y a là aussi un handicap important.

5. Comparaison des cycles aval et amont du thorium et de l'uranium

5.1. Le cycle aval

La radiotoxicité du combustible irradié lors du déchargement d'un réacteur dépend de « l'inventaire » des radionucléides produits. Les combustibles uranium et thorium donnent, à très peu de chose près, les mêmes produits de fission. La différence en radiotoxicité du combustible brûlé provient surtout de l'inventaire en actinides (le thorium donne beaucoup moins d'actinides que l'uranium). Cette radiotoxicité est calculée pour la production annuelle d'un réacteur de 1 GWe. Elle est exprimée pour chaque noyau radioactif en unités LAI (limite annuelle d'ingestion), fixées par la Commission internationale de protection radiologique (CIPR) en 1991. Ces unités sont susceptibles d'être révisées en raison d'une meilleure connaissance de l'impact biologique de tel noyau particulier sur l'organisme humain (voir chapitre 3).

Pour comparer le thorium à l'uranium dans la nocivité de leurs déchets, on calcule une radiotoxicité « potentielle » en un lieu de stockage et son évolution au cours du temps. Dans la réalité, un stockage profond ne peut pas rester intact indéfiniment, il sera tôt ou tard envahi par des eaux de ruissellement qui feront remonter une partie des matériaux radioactifs à la surface du sol. Dans cette remontée, on doit tenir compte d'un effet de rétention (sorption) dans la roche hôte qui introduit pour certains noyaux un retard dans leur transport vers le sol. Cet effet est important surtout pour les actinides. Des modèles (voir chapitre 14) permettent d'obtenir la radiotoxicité au sol à partir de celle qui est calculée ici.

La figure 17.2 compare un combustible UO_2 standard de réacteur à eau sous pression et celui où le ^{232}Th a été substitué à ^{238}U, tandis que ^{233}U remplace ^{235}U avec une concentration identique (3,5 %). La radiotoxicité potentielle par ingestion a été calculée dans chaque cas [5]. Aucun retraitement n'a été effectué après déchargement.

Avec un combustible UO_2 (voir figure 13.1), la contribution qui domine dans la radiotoxicité par ingestion est celle des ^{239}Pu et ^{241}Pu, de ^{241}Am et ^{244}Cm jusqu'à 10^4 ans, les produits de fission n'étant significatifs que sur les 600 premières années. Entre 10^4 et 10^7 ans, ce sont les contributions de ^{210}Pb, ^{229}Th, ^{226}Ra, ^{227}Ac, ^{231}Pa, ^{237}Np et ^{242}Pu qui l'emportent.

Avec un combustible ^{232}Th/^{233}U substitué à ^{238}U/^{235}U dans le même réacteur à eau sous pression (1 GWe) en concentrations identiques (96,5 % / 3,5 %) et pour la même production annuelle, la radiotoxicité potentielle par ingestion est dominée jusqu'à 1 000 ans par les produits de fission et les ^{228}Th, ^{224}Ra, ^{238}Pu, ^{227}Ac, ^{231}Pa, ^{232}U et ^{233}U

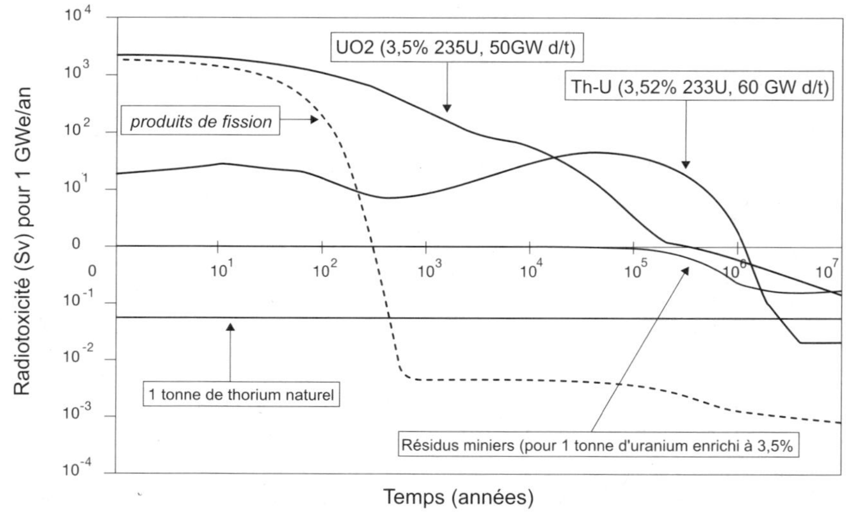

Figure 17.2. Comparaison de la radiotoxicité uranium/thorium par ingestion du combustible irradié (à mêmes taux d'enrichissement et d'irradiation) déchargé d'un réacteur de puissance identique (1 GWe) et de son évolution en fonction du temps dans un stockage profond. En tirets, la radiotoxicité due aux produits de fission. Sont aussi comparées la radiotoxicité des résidus miniers qui résultent de la production d'une tonne d'UO_2 à 3,5 % ^{235}U et d'une tonne de thorium naturel [5].

(et il n'y a pratiquement ni américium ni curium). De 10^3 à 10^7 ans, le ^{229}Th comme descendant de ^{233}U est le principal contributeur à la toxicité.

Alors que la radiotoxicité totale décroît de façon monotone avec le temps pour l'uranium, elle chute brutalement pour le thorium au bout de quelques centaines d'années, puis réaugmente vers 10^5 ans, passe par un maximum et rechute ensuite fortement. Ceci est dû au fait que seul l'isotope ^{229}Th joue un rôle au-delà de 1 000 ans dans le cas du thorium, alors que nombreux sont les isotopes du plutonium, de l'américium et du curium avec l'uranium. Si l'on met à part la contribution des produits de fission (pratiquement égale dans les deux cas et qui domine largement dans les 100 premières années), on voit que la radiotoxicité par ingestion d'un combustible Th/U peut être de deux ordres de grandeur inférieure à celle d'un combustible UO_2 jusqu'à 10^4 ans (figure 17.2). Au-delà et jusqu'à 10^6 ans, le thorium devient moins bon que l'uranium ; plus loin encore dans le temps, c'est l'inverse à nouveau. Si on inclut cette fois les produits de fission, alors, pour les deux types de combustible, on a la même radiotoxicité potentielle pendant les premiers 500 ans.

La radiotoxicité des combustibles contenant du plutonium, MOX ou Th/Pu, a aussi été calculée. D'une façon générale, l'introduction de plutonium accroît fortement la quantité d'actinides dans le combustible irradié et efface les différences précédentes.

Une comparaison des cycles U/Th, avec ou sans plutonium, pour plusieurs filières de réacteurs thermiques (eau sous pression, eau lourde, gaz à haute température, avec et sans retraitement) peut être trouvée dans la référence [6].

Enfin, dans un réacteur rapide ou un hybride utilisant le thorium, la fonction régénération du combustible (qui équilibre en permanence la consommation de combustible productrice d'électricité) permet aussi une incinération partielle des actinides [1], ce qui avantage encore le thorium.

5.2. Le cycle amont

Lors de l'extraction d'un minerai, de très nombreux résidus sont laissés sur le carreau de la mine, dus à la pré-concentration du minerai. D'autres déchets se retrouvent auprès de l'usine de traitement lorsque celui-ci est enrichi en monazite et lorsqu'on extrait la thorite ThO_2 de la monazite. La teneur de celle-ci en thorite est généralement élevée (5 à 10 %, contre 0,5 à 2 % dans le cycle uranium). Joue également la teneur du minerai en monazite. Tous ces facteurs font que, typiquement, la quantité de résidus miniers est de quelque deux ordres de grandeur moindre que celle de l'uranium [7]. Ces résidus contiennent des actinides. Comme le montre la figure 17.2 [5], leur radiotoxicité est inférieure à celle des résidus miniers de l'uranium pour une même quantité de combustible. Cela parce que les descendants du thorium qu'on trouve dans ces déchets ont des périodes plus courtes que les descendants de l'uranium.

Un autre avantage du thorium est l'absence de toxicité due à l'inhalation du radon. En effet, dans la chaîne des descendants du thorium, on trouve un isotope, le ^{220}Rn de période 56 secondes. En majeure partie, lui et ses descendants restent piégés dans les résidus miniers, le temps de migration du ^{220}Rn dans ces résidus étant supérieur à 56 secondes. Ce n'est pas le cas avec l'uranium dont la chaîne de décroissance contient le ^{222}Rn de période 3,8 jours.

Pour conclure, le thorium présente un gros avantage sur l'uranium, parce qu'irradié en réacteur, il donne peu de plutonium et d'actinides mineurs qui constituent la majorité des déchets à vie longue. Dans l'amont du cycle, le thorium génère moins de résidus miniers et moins de radioactivité dans ceux-ci que l'uranium (sauf à long terme si la contamination du minerai d'origine par l'uranium est importante). Par contre, la nécessité d'un retraitement des combustibles usés sans lequel le cycle du thorium n'est pas viable, la difficulté de ce retraitement à cause du rayonnement γ dû aux ^{228}Th et ^{232}U, les manipulations à distance de ^{233}U si on veut en faire un combustible, sont des sujétions qui signifient haute technicité et coûts. La somme d'investissements, d'efforts et de recherche technologique à engager dans cette filière fera longtemps reculer les décideurs à moins qu'une motivation forte, venue du marché de l'uranium, ne vienne faire craindre une pénurie de combustible jusqu'ici en suffisance.

Bibliographie

[1] F. Carminati *et al.*, Rapport CERN/AT/93-47(ET) et C. Rubbia *et al.*, Rapport CERN/AT/95-44(ET).

[2] Rapport AECL 5501 de mars 1976 sur le réacteur SSET (Self Sufficient Equilibrium Thorium) de 1 200 MWe.

[3] S. Banerjee *et al.*, *Transact. Am. Nucl. Soc.*, **27**, 461, novembre 1977; et *Nucl. Tech.* **34**, 58, juin 1977.

[4] J.P. Schapira, Cours de DEA, Université Paris XI, 1995-1996.

[5] Institute for Transuranium Elements, Annual Report 1994, Rapport. EUR 16152 EN.

[6] T.H. Pigford et C.S.Yang, Rapport UCB-NE-3227, novembre 1978.

[7] J.P. Schapira et R.K. Singhal, *Nucl. Tech.*, **128**, 25, octobre 1999.

18 Les sels fondus dans les systèmes nucléaires

La plupart des réacteurs utilisent un combustible nucléaire sous forme solide assemblé en crayons et barreaux. Ceci ne doit pas faire oublier les possibilités offertes par les réacteurs à combustible nucléaire liquide. La fluidité offre en effet un certain nombre d'avantages :

- on peut contrôler et réguler en permanence la composition pour éliminer des produits indésirables, comme les poisons neutroniques, les produits de fission (PF), mais aussi ajouter des composés intéressants (fissiles et/ou fertiles, consommables, etc.) ;
- on peut ajuster la composition en fonction des besoins économiques et politiques (destruction du plutonium militaire, incinération des actinides mineurs (AM), transmutation des produits de fission, production de matière fissile), sans redéfinir complètement le concept du réacteur.

Ces points sont particulièrement importants dans le contexte de l'incinération des déchets à vie longue produits par les réacteurs traditionnels ou dans celui de la consommation du plutonium militaire. Ils le sont aussi pour l'étude de nouvelles filières productrices d'énergie et comportant dès la conception un meilleur contrôle des déchets produits.

Les solutions aqueuses, les mélanges de métaux liquides et les sels fondus ont été examinés dans le passé, mais seuls les sels fondus possèdent les qualités nécessaires pour être utilisables dans un réacteur nucléaire.

Un petit réacteur militaire (*Aircraft Reactor Experiment*) a permis de valider le concept des sels fondus en 1954. Un réacteur expérimental civil plus conséquent (le *Molten Salt Reactor Experiment* ou MSRE de 8 MWth) a fonctionné aux États-Unis à Oak Ridge de 1965 à 1969, permettant d'acquérir une expérience technologique concrète en la matière. Un projet plus ambitieux (le MSBR, *Molten Salt Breeder Reactor*) pourtant bien étudié n'a pas vu le jour pour des raisons budgétaires et politiques plus que technologiques.

L'analyse de sûreté nécessairement très différente de celle des réacteurs plus traditionnels comporte des points forts. Il n'y a pas de pression dans la cuve et la vidange est possible par simple gravité et système passif. Ayant une réactivité très négative, le sel isolé absorbera d'autant plus les neutrons que sa température s'élèvera.

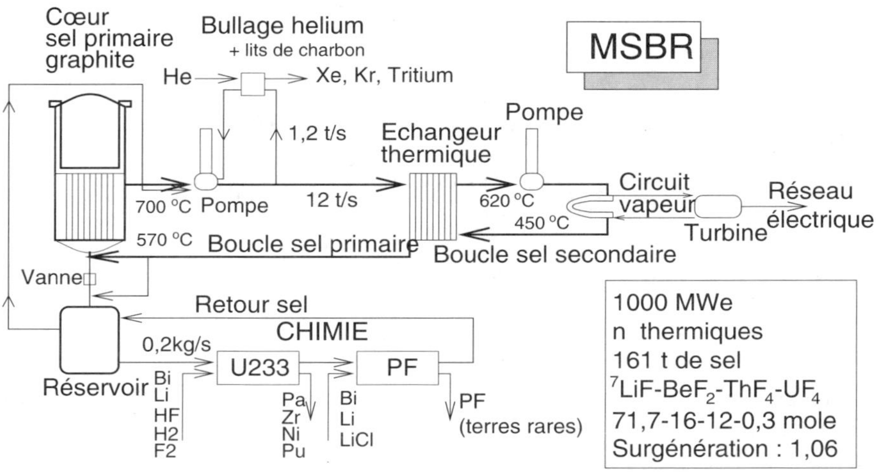

Figure 18.1. Le Molten Salt Breeder Reactor (MSBR).

Il y a donc actuellement un regain d'intérêt pour ce type de réacteurs ou de systèmes (hybrides accélérateur-réacteur) à sels fondus qui sont étudiés entre autres aux États-Unis et au Japon aussi bien qu'en France.

1. Le fonctionnement d'un réacteur à sels fondus

Nous nous baserons sur le projet MSBR (figure 18.1) pour décrire les parties essentielles d'un réacteur à sels fondus.

Les sels fondus utilisés sont des composés simples d'atomes fortement ionisables. Les halogénures (F, Cl...) sont choisis, car ils forment un milieu chimiquement très stable. On peut trouver des compositions eutectiques, par exemple LiF-BeF_2-ThF_4 dans les proportions 72-16-12 mol % avec une température de fusion de 500 °C. La température d'ébullition élevée (environ 1 300 °C) et la faible pression de vapeur (moins de 13 Pa) permettent d'encaisser des surchauffes importantes sans surpression dans la cuve. En phase liquide, les sels sont particulièrement insensibles aux effets des radiations.

Des sels d'uranium sont également possibles. Le MSRE utilisait un composé UF_4-ThF_4. Ce réacteur a démarré avec de l'^{235}U mais, par la suite, il est devenu le premier réacteur à utiliser comme noyau fissile l'^{233}U qu'il avait lui-même produit.

L'utilisation de ^{7}Li à 99,995 % est nécessaire à cause de la forte capture des neutrons par le ^{6}Li. Pour les réacteurs à neutrons rapides, on propose des sels de chlore moins modérateurs que le fluor et de bonne solubilité pour le plutonium et les transuraniens. C'est le cas par exemple du projet Omega du JAERI au Japon. Cependant les sels de chlore présentent un certain nombre d'inconvénients. Ils sont en effet plus corrosifs et moins bien étudiés. Il semble que, même du point de vue neutronique, l'absorption neutronique compense les avantages de la sous-modération. Les sels de fluor ne sont finalement pas incompatibles avec un spectre de neutrons rapides. Les études russes en ce domaine (une centaine de compositions de sels étudiées à l'Institut Kourtchatov de Moscou) commencent à être accessibles.

Le sel est son propre caloporteur. Un pompage à haut débit assure la circulation vers les échangeurs. Deux dérivations permettent par bullage d'hélium d'extraire les gaz nobles et le tritium, et par traitement chimique et mécanique, le protactinium 233, poison neutronique bien connu du cycle thorium. De l'^{233}U fissile sera ainsi séparé, le MSBR étant surgénérateur (taux de 1,06). La chimie permet également d'extraire en ligne la plupart des produits de fission et des actinides. La thermalisation est assurée par des structures de graphite percées de canaux de différents diamètres permettant de moduler localement la dureté du spectre des neutrons et de favoriser ainsi la surgénération. Des barres de contrôle, bien que non indispensables dans un tel système puisque le sel est contrôlé en permanence, sont néanmoins insérées dans certains canaux. Un bouchon de sel qui fond en cas de surchauffe sert de vanne passive pour vidanger le réacteur par gravité vers un réservoir situé sous la cuve.

Le fait que le combustible radioactif circule non seulement dans le cœur, mais aussi dans les échangeurs primaires de chaleur, implique quelques inconvénients, par exemple un volume de combustible nécessairement important, et le risque de contamination des systèmes de refroidissement. Le MSBR prévoyait également un sel comme caloporteur secondaire. Les études récentes proposent plutôt l'hélium plus inerte, moins corrosif, et bien étudié pour d'autres filières.

Le graphite du MSBR devait être changé assez souvent (tous les 4 ans). Des études faites ensuite en France (CEA-EDF-Pechiney) dans les années 1970-1980 ont montré que certaines qualités de graphite permettraient de tenir en fait jusqu'à 30 ans.

La tenue de la cuve et des tuyauteries est un problème qui a bénéficié de l'expérience acquise avec le MSRE. L'alliage utilisé (« Hastelloy N », un alliage de nickel, molybdène, chrome...) a bien résisté au fonctionnement à haute température. Deux problèmes techniques se sont présentés : d'une part, une fragilisation par gonflement sous l'action des particules α produites, et d'autre part, une attaque du nickel par des produits de fission. Le premier problème fut résolu par une modification mineure de l'alliage (principalement, l'addition de 2 % de titane et de niobium), le second en jouant sur les proportions UF_4/UF_3 dans le combustible afin de le maintenir chimiquement du côté de la réduction. Un dernier problème, dû au tritium qui pénètre le métal à haute température, fut résolu en capturant ce tritium dans le réfrigérant intermédiaire.

2. Les recherches actuelles

Dans les années 1970-1980, un certain nombre de pays (Allemagne, Grande-Bretagne, Suisse) ont continué l'étude des réacteurs à sels fondus. En France, un groupe d'étude

CEA-EDF-Pechiney a analysé de façon critique les résultats américains et produit une documentation importante débouchant sur une proposition de réacteur. Des innovations ont porté sur la qualité des graphites, la technologie à base de molybdène pour les tuyauteries, et un réacteur compact grâce à un échange thermique effectué dans la cuve par contact direct entre le sel et du plomb fondu utilisé comme caloporteur.

2.1. Les projets américains d'hybrides à sels fondus

La description et la finalité de ces systèmes hybrides étudiés à Los Alamos National Laboratory sont traités dans le chapitre 20. On ne rappellera ici que quelques points principaux concernant le rôle des sels fondus. Le réacteur est à neutrons thermiques dans des sels fluorés. Le système comporte une couverture de sels fondus autour d'une cible de plomb produisant les neutrons de spallation. Le sel circule dans un cœur de graphite percé de canaux. Les pompes et les échangeurs de chaleur sont situés à l'intérieur de la cuve, ce qui réduit le volume de sel (20 m^3, dont 8 m^3 dans le cœur).

Différentes adaptations du système visant la transmutation des déchets ou la production d'énergie ou l'utilisation et la reconversion du plutonium militaire ont été étudiées, en particulier en ce qui concerne la composition du sel.

2.2. Le projet Omega (Japon)

Parmi les concepts de transmutation retenus dans le programme Omega du JAERI (*Japan Atomic Energy Research Institute*), figure un système à sels fondus et accélérateur. Son objectif est de transmuter les actinides mineurs produits par les réacteurs japonais. Le sel est directement utilisé comme cible de spallation. L'inventaire est limité en mettant les échangeurs primaires dans la cuve où ils sont partiellement protégés des neutrons par un réflecteur interne en Hastelloy N. Les sels fondus sont des chlorures, ce qui permet un spectre de neutrons plus rapides qu'avec les fluorures, et donc un taux de transmutation important. Un acier à petit pourcentage de carbone devrait limiter la forte corrosion de la cuve par les chlorures. Des séparateurs extraient en ligne les produits de fission.

Un autre projet à sels fondus (*Accelerator Molten Salt Breeder*, AMSB) est à l'étude. Il est basé sur la séparation des fonctions de surgénération, assurée par l'hybride AMSB, et de production d'électricité par d'autres types de réacteurs. Une idée originale concernant les sels fondus utilisés aussi comme cible de spallation est de bénéficier de leur faible tension de vapeur pour s'affranchir de la fenêtre d'entrée. Le faisceau de protons est injecté directement dans un tourbillon entretenu dans le sel pour disperser l'échauffement.

2.3. Les recherches en France

Depuis moins de 10 ans, des études conceptuelles motivées en partie par la loi de 1991 sont menées au CEA, au CNRS et à EDF sur des réacteurs et des hybrides entre autres à sels fondus.

Les études menées à Grenoble-Cadarache, reprenant de façon critique les paramètres du projet hybride de Los Alamos, montrent que le passage des déchets en une fois dans le réacteur pour brûler les produits de fission semble impossible avec un sel de thorium et une forte sous-criticité, la consommation de neutrons étant trop importante.

À l'EDF, des réacteurs à sels fondus critiques sont étudiés pour l'élimination des déchets (transuraniens) ou pour simplement produire de l'électricité à partir du combustible existant. On y compare aussi des sels de thorium et d'uranium. Dans ces réacteurs, la masse de noyaux lourds et la criticité sont maintenues constantes par un apport de ^{238}U, ^{232}Th ou de transuraniens dans le cas d'un incinérateur, et de ^{235}U pour la criticité alors qu'une séparation en ligne retire continûment les produits de fission. Il ressort que le sel de thorium est préférable au sel d'uranium pour diminuer les transuraniens, l'avantage étant moins net pour les produits de fission. Par rapport aux REP en cycle ouvert, de tels réacteurs permettraient de réduire les transuraniens sortant du réacteur par des facteurs 100 à 100 000 (ils restent ici dans le réacteur où ils sont brûlés). Avec l'uranium disponible, sept fois plus d'énergie pourrait être produite qu'avec des REP. Enfin, en cas de sortie du nucléaire, le stock de combustible des REP pourrait être éliminé en moins d'un siècle.

La voie hybride est étudiée dans le concept TASSE (Cadarache). C'est un hybride à neutrons rapides et à sel de thorium minimisant le retraitement. Il devrait brûler du plutonium et du ^{99}Tc en même temps qu'il générerait de l'uranium dans le cycle du thorium. Le réacteur est alimenté par un accélérateur linéaire de protons de 1,5 GeV, avec une intensité de 270 mA. L'intérêt particulier de ce système vient du fait qu'il utilise le cycle du thorium, et donc produit moins d'actinides mineurs (voir chapitre 17).

De plus, il transmute le maximum de ses propres déchets parce qu'il les maintient dans le flux de neutrons pendant 50 ans. Comme d'autres systèmes hybrides, il possède un surcroît de neutrons disponibles pour la transmutation.

Il démarre dans un régime profondément sous-critique ($k_{eff} = 0{,}85$), ce qui permet de grands changements de réactivité sans nécessiter d'intervention au niveau du combustible. L'intensité du faisceau doit être simplement ajustée selon l'évolution du k_{eff}. Tous les 10 ans, une fraction de sels frais est ajoutée. Le combustible déchargé après 50 ans d'opération sera 200 fois moins radiotoxique (à long terme) que le combustible déchargé d'un réacteur à eau pressurisée en cycle ouvert.

Ce système rejoint le concept « *ultimate safe* » étudié aux États-Unis et en Russie et visant à l'élimination de toute caractéristique susceptible de provoquer un accident grave ou menant à une possibilité de prolifération. Tous ces concepts proposent un combustible à sels fondus parce que l'absence de pression dans la cuve est séduisante du point de vue de la sûreté, et parce que le combustible liquide permet l'extraction des produits de fission en ligne.

2.4. Les hybrides fusion-fission

Parmi les différents concepts qui visent à la transmutation grâce aux neutrons de 14 MeV provenant de la fusion D-T (voir le chapitre 21), certains utilisent une couverture de sels fondus contenant les actinides déchargés des réacteurs à eau pressurisée. L'énergie produite provient à 99 % de l'incinération des actinides (principalement le ^{239}Pu). La fusion ne fournit que le 1 % manquant. Ce système pourrait générer 1 000 MWe en incinérant une tonne d'actinides par an.

3. Le retraitement en ligne

Le retraitement en ligne des sels fondus représente un avantage à condition de maîtriser un certain nombre de techniques. Certaines ont été expérimentalement testées (avec l'expérience d'Oak Ridge entre autres) ou relativement bien étudiées. D'autres possibilités sont en cours d'étude.

Le retrait continu des composés peu solubles dans les sels permet d'éviter d'éventuels encrassements. Le maintien du caractère réducteur du sel par apport de béryllium (par exemple) évite la corrosion de la cuve et des parties métalliques.

Avec le thorium, l'extraction du ^{233}Pa, en le soustrayant du flux de neutrons, permet une récupération efficace de l'^{233}U fissile et une meilleure économie de neutrons. Cette possibilité est surtout avantageuse pour les systèmes à neutrons thermiques et à haut flux. La technique par fluoration et hydrofluoration du sel permet de précipiter le ^{233}Pa qui décroît ensuite rapidement vers le ^{233}U. Elle a été bien étudiée et testée. Pendant cette étape, divers produits de fission (zirconium, nickel) et actinides (plutonium, protactinium 231) sont également séparés. Une seconde étape de traitement des fluorures permet par transfert métallique d'isoler sélectivement les terres rares divalentes et trivalentes (entre autres samarium, europium, baryum, strontium).

Les problèmes évoqués reposent sur la grande corrosivité dans les étapes de fluorinisation amenant à utiliser une métallurgie à base de molybdène de technologie difficile, notamment au niveau des soudures, et de coût élevé. L'installation très radioactive doit de plus être dans son ensemble maintenue à environ 650 °C.

Le retraitement des chlorures est nettement moins avancé, la solubilité de bon nombre de chlorures de produits de fission n'étant pas toujours connue. Les problèmes de corrosivité sont accrus par rapport au cas des fluorures. Dans le projet japonais Omega, l'étude d'une boucle de cadmium et d'un piégeage froid permettrait la séparation des terres rares en deux groupes.

Une autre voie étudiée autour des systèmes américains vise à alléger le traitement chimique au profit de séparations basées sur l'électrolyse (électrodes Ni-Be) et sur la centrifugation moléculaire. Les effets secondaires tels que réactions chimiques parasites et corrosions restent à étudier, mais ces procédés secs produiraient moins de déchets que la voie chimique pure.

Les réacteurs à sels fondus entraînent inévitablement la formation ou l'utilisation, dans le cadre de l'incinération, de composés chimiques très variés (produits de fission, actinides…) en quantité importante. La conception et le bon contrôle de ces systèmes nécessitent la connaissance des diagrammes de phase, des solubilités, des potentiels d'oxydoréduction pour de nombreux composés chimiques encore assez peu étudiés dans les sels. En France, un groupement de recherche organise maintenant une concertation pour une recherche cohérente sur ces sujets.

4. Les avantages des sels fondus

4.1. Les avantages du combustible liquide

- Les sels fondus peuvent servir à la fois de combustible, de caloporteur, et éventuellement de cible de spallation ;
- le retraitement en ligne évite le transport de quantités importantes de matières radioactives. On peut contrôler la réactivité en ligne, maintenir une criticité faible et disposer d'un réacteur dans lequel la réactivité est dispersée. Ces caractéristiques sont des avantages importants au niveau de la sécurité ;
- les sels fondus sont résistants aux radiations, du fait qu'ils ne subissent pas de dommages mécaniques comme c'est le cas pour les matériaux solides ;
- l'absence de gainage simplifie la conception du cœur ainsi que le retraitement et rend caducs les problèmes de gonflement des matériaux de structure ;
- la chaleur générée dans le combustible peut être redistribuée rapidement, en particulier à l'entrée du faisceau ;
- si on utilise les sels fondus comme cible de spallation, le problème du remplacement de cette cible ne se pose plus ;
- la vidange de la cuve (contrôlée ou en cas d'urgence) est facile ;
- des changements de dimensions sont plus faciles.

4.2. Les avantages chimiques

- Comme les sels sont formés d'atomes ionisés, il n'y a pas de liaisons chimiques fragiles sensibles aux radiations ;
- on peut changer la composition du combustible en fonction des besoins. La corrosion peut être maîtrisée par un contrôle de l'oxydoréduction ;
- les sels fondus possèdent une inertie chimique vis-à-vis de l'air et de l'eau bien supérieure à celle du sodium ;
- la solubilité des produits de fission, des actinides mineurs et du plutonium y est bonne.

4.3. Les avantages physiques

- Comme la pression de vapeur est basse, il n'y a pas de pression importante dans la cuve ;
- le coefficient thermique de réactivité du sel seul est très négatif, gage de sécurité pour les élévations de température ;
- les sels fondus possèdent une grande capacité calorifique et une conductivité moyenne de la chaleur, ce qui réduit les chocs thermiques ;
- comme il n'y a pas de gainage, le coût de fabrication du combustible est réduit, mais cet argument financier est contrebalancé par le prix du ^{7}Li isotopique.

5. Les inconvénients des sels fondus

- L'inconvénient majeur est le manque d'expérience pratique sur la chimie industrielle qu'il faut mettre en jeu ;
- la corrosion à haute température nécessite des matériaux spéciaux et coûteux. De plus, la technologie pour les systèmes à chlorures est peu développée ;
- la radioactivité de l'ensemble du sel est élevée (de l'ordre de 10 000 TBq/L), et nécessite des contrôles et des entretiens à distance des pompes, vannes, circuits primaires, etc. qui seront hautement activés. Les circuits secondaires peuvent être contaminés par la formation de sodium 24 et par le tritium qui pénètre le métal à haute température ;
- la disparition du gainage correspond à la suppression d'une barrière de sécurité ;
- afin d'éviter un inventaire trop important, les échangeurs de chaleur primaires doivent être compacts, et situés tout près du cœur ;
- le système doit être maintenu en température (environ 650 °C) en particulier dans la partie de traitement chimique ;
- la faible conductivité thermique rend moins efficace le transfert au niveau de l'échangeur ;
- les pompes doivent entretenir un flux considérable, mais toutefois comparable à celui des REP ;
- la possibilité de précipitations doit être étudiée et évitée pour tous les corps formés ou ajoutés aux sels.

6. Perspectives

On voit donc que les réacteurs utilisant des sels fondus d'uranium ou de thorium, bien que de technologie très différente des filières actuelles, présentent suffisamment d'avantages pour être à nouveau envisagés, en particulier dans le cadre des systèmes hybrides accélérateur-réacteur et dans la perspective de transmutation des déchets à vie longue. Bien que déjà testés en vraie grandeur, de nombreuses études technologiques restent nécessaires pour les adapter à leurs nouvelles fonctions. Cependant, ces problèmes ne semblent à l'heure actuelle ni rédhibitoires ni insurmontables.

De part le monde, ce regain d'intérêt est effectif à des degrés divers dans les grands organismes du nucléaire civil. La partie chimique qui fait appel à des compétences inhabituelles des milieux concernés et l'existence d'autres voies possibles pour la transmutation dans des réacteurs plus conventionnels et mieux éprouvés (REP existants ou aménagés, réacteurs à neutrons rapides...) restent des freins puissants à une étude d'envergure de ces systèmes innovants.

19 Les réacteurs à haute température (HTR)

Le concept des réacteurs refroidis au gaz [1] a germé dès les premières propositions de réacteurs nucléaires en 1942. La proposition faite à Oak Ridge (États-Unis) [2, 3] contenait déjà tous les éléments caractéristiques d'un HTR, à savoir l'utilisation de l'hélium comme caloporteur dans un cycle direct comprenant une turbine, le choix du graphite à la fois comme modérateur et comme matériau de structure et des céramiques comme combustibles (carbures UC et ThC). Plus tard, des réacteurs expérimentaux puis des prototypes commerciaux ont vu le jour essentiellement en Angleterre (DRAGON), en Allemagne (AVR puis THTR) et aux États-Unis (Peach Bottom, puis Fort St. Vrain).

1. Les premiers réacteurs HTR

Le premier HTR à avoir divergé fut le réacteur DRAGON au Royaume-Uni, soutenu financièrement par l'OCDE. Il a fonctionné sur la période 1964-1977 avec une puissance thermique de 40 MW. La température maximale du combustible pouvait y atteindre 1 250 °C. Beaucoup de problèmes spécifiquement liés aux HTR sont apparus sur ce réacteur expérimental comme le relâchement des produits de fission gazeux, le fluage du graphite sous irradiation à haute température ou encore la corrosion et le transport du carbone dans le gaz caloporteur sous l'effet combiné des impuretés oxydantes et de l'irradiation. Par ailleurs, plusieurs technologies innovantes y ont été essayées, telles que les revêtements de particules enfermant hermétiquement le combustible jusqu'à 1 500 °C ou l'obtention de taux de combustion élevés (> 35 %) d'oxyde de plutonium.

À peu près à la même époque était construit le réacteur allemand AVR à Jülich, de puissance comparable (46 MWth). Il fonctionna presque continûment de 1967 à 1988 couplé au réseau électrique et fournissant plus de 15 MWe avec une disponibilité élevée pour un réacteur expérimental (> 66 %). La température de sortie du gaz hélium était la plus élevée jamais atteinte en fonctionnement dans un réacteur (près de 1 000 °C). Des tests extrêmement intéressants y ont été effectués, notamment la démonstration que ce type de réacteur pouvait supporter une perte totale de refroidissement (accident dit LOCA – *Loss-Of-Coolant Accident*) sans dommages. Ils ont aussi donné des informations importantes sur les périodes transitoires, intrinsèquement lentes vu la grande capacité thermique du système et sur son mode de refroidissement passif. Ces tests en vraie grandeur sont à la base de la grande sûreté intrinsèque qui est attribuée aux réacteurs du type HTR.

Les États-Unis ont été sans conteste les plus entreprenants dans le domaine des HTR. Déjà Peach Bottom, construit par General Atomics (GA) pour la Philadephia Electric Company, était un réacteur expérimental délivrant 115 MWth dès 1966. Il fonctionna pendant huit ans avec un combustible combinant de l'uranium enrichi fissile et du thorium fertile. L'utilisation du graphite à la fois comme matrice de dilution du combustible, modérateur, réflecteur et matériau de structure a permis de réduire les dommages par irradiation en améliorant le transfert thermique. On s'aperçut là en particulier que le revêtement unique en carbone pyrolytique du combustible (initialement simplement destiné à protéger le combustible de l'hydrolyse au contact de l'air durant les phases de fabrication) avait tendance à se fissurer sous l'effet des radiations. L'idée d'un nouveau combustible dit avancé recouvert de différentes couches imperméables en est immédiatement tirée. Peach Bottom préfigurera le réacteur de Fort St. Vrain, qui reste encore actuellement la référence en matière de HTR. En effet, Fort St. Vrain (FSV) est un véritable réacteur prototype industriel construit par GA pour PSC (Public Service Company of Colorado). Délivrant plus de 330 MWe pour une puissance de 842 MW, ce réacteur est entré en service en 1974 et a fonctionné jusqu'en 1990. La cuve en béton précontraint englobe, outre le cœur, tout le système contenant le circuit primaire d'hélium, à savoir les générateurs de vapeur et les circulateurs d'hélium. Ce sont ces circulateurs ou plus précisément les paliers à eau isolant le circuit primaire qui ont causé les plus grands problèmes à FSV. En effet, des fuites continuelles d'eau dans l'hélium à travers les paliers des circulateurs ont obligé les concepteurs à des purifications poussées du gaz et à des modifications locales pas toujours satisfaisantes. D'ailleurs, c'est à la suite de ces mauvaises expériences que les paliers magnétiques ont été fortement développés. D'autres problèmes comme des fissures apparues dans les générateurs de vapeur ou l'incapacité à correctement évacuer la puissance résiduelle ont entraîné la mise à l'arrêt prématurée du réacteur. Par ailleurs, c'est à FSV que le faible taux radiologique des réacteurs HTR a été montré, dû principalement à l'utilisation de l'hélium. En effet, le caloporteur primaire se trouve être nettement moins radioactif que les circuits d'eau primaire d'un REP et, de ce fait, l'impact radiologique sur le personnel de la centrale, notamment lors de la maintenance, est considérablement diminué.

Citons enfin le réacteur prototype industriel THTR-300 allemand d'ABB (750 MWth) aux caractéristiques très similaires à FSV et qui fut mis en service en 1986. En 1989, suite à un arrêt technique où des défauts sur les tubes de gaz chauds allant du réacteur vers les générateurs de vapeur furent constatés, et étant donné le contexte politique en Allemagne après la catastrophe de Tchernobyl, une mise à l'arrêt définitif fut décidée. Signalons également l'intérêt des autres pays nucléaires comme le Japon, la Suisse, la Russie, la Chine et même la France qui, à travers des collaborations ou des accords ont contribué au développement des HTR par des tests expérimentaux ou des boucles de démonstration. Mais tous les différents concepts envisagés sont, à la base, tirés des expériences des Américains pour les uns et des Allemands pour les autres.

2. Les caractéristiques techniques

L'idée première poussant à l'utilisation de hautes températures est de pouvoir augmenter le rendement thermodynamique (principe de Carnot). En effet, le rendement d'un réacteur classique à eau pressurisée (REP) ne dépasse guère 33 % (3 GW thermiques ne fournissent au mieux que 1 GW électrique dans un REP, 2 GW partent donc réchauffer l'eau !). On peut espérer obtenir avec un caloporteur fonctionnant à haute température une conversion de l'énergie thermique en énergie électrique supérieure à 50 %. Les températures visées étant de l'ordre de 1 000 °C, cela impose presque immédiatement l'utilisation d'un gaz comme caloporteur. L'hélium est un gaz inerte n'entraînant pas de corrosion sur les structures. Il est de plus transparent aux neutrons et ne présente pas de transition de phase ou d'effet de vidange[38]. C'est donc le caloporteur le plus adapté pour ce type de réacteur. On peut de plus l'utiliser en cycle direct et des turbines industrielles à gaz hélium existent et fournissent à l'heure actuelle des rendements élevés (supérieurs à 50 %). Soulignons immédiatement que l'utilisation d'un gaz de faible densité comparativement à un liquide implique forcément un faible pouvoir calorifique. Par conséquent, la puissance spécifique ou la quantité de chaleur pouvant être extraite du cœur est nettement inférieure à celle des réacteurs à eau (et encore plus faible comparée à celle des métaux liquides). Typiquement, les HTR vont travailler au mieux à 10 W/cm^3, alors que les REP sont à 100 W/cm^3 (et les RNR, réacteurs à neutrons rapides, à 300 W/cm^3).

Une conséquence importante est la taille des cœurs de HTR. Pour une puissance donnée, il faut disposer de très grandes cuves de réacteur comparées aux réacteurs classiques. Vu les tailles maximales que la technologie actuelle permet (25 m de haut pour une dizaine de mètres en diamètre), la puissance maximale que l'on peut raisonnablement envisager dans un HTR est de l'ordre de 500 MWe. Il en ressort que l'usage des HTR est cantonné à l'utilisation de « petites » unités (typiquement 300 MWe). Cette contrainte (petite puissance) est en général exploitée comme un avantage économique. En effet, en proposant des modules unitaires de taille réduite, les industriels intéressés par la filière HTR se positionnent sur un marché qui demande des puissances intermédiaires arguant de la souplesse et de la modularité. En particulier, des études économiques ont montré que la demande des pays en voie de développement se situe au niveau des puissances unitaires que peuvent fournir les HTR. On peut également espérer bénéficier d'un effet de série plus important que pour les gros réacteurs, ce qui pourrait compenser le surcoût éventuel d'investissement (en général, le coût d'investissement par kWe décroît avec la puissance).

3. Le combustible

Le combustible est un des points forts des réacteurs à haute température. En effet, devant supporter des températures extrêmes, un combustible céramique a été étudié

[38] L'effet de vidange donne la différence de réactivité d'un cœur avec et sans caloporteur. S'il est fortement positif, le réacteur peut devenir critique en cas de perte du caloporteur (exemple : Tchernobyl).

afin de préserver son intégrité structurelle même à de très hautes températures. Vu les problèmes de dilatation thermique importante et de relâchement de produits de fission gazeux en quantité importante, il a été naturel de s'orienter vers une géométrie de combustible de type sphérique (dilatation uniforme et supportant des pressions élevées). Le combustible se présente donc sous la forme de toutes petites billes de céramiques (oxyde ou carbure d'uranium ou de thorium[39]) de diamètre inférieur au millimètre présentant un grand rapport surface/volume, favorable à l'évacuation de la chaleur. Il était initialement revêtu d'une couche protectrice de carbone pyrolytique qui empêchait sa dégradation au contact avec l'air. À haute température, cette couche devenait poreuse et laissait passer les produits de fission gazeux dans le gaz hélium. Il était donc nécessaire de purger en continu le gaz des produits de fission qui s'y trouvaient à l'aide de pièges internes ou externes. Les billes sont ensuite compactées soit dans des blocs cylindriques prismatiques (États-Unis) soit dans des boulets (Allemagne) formés de graphite. Il y a par exemple environ 15 000 petites particules par boulet. Ensuite, l'assemblage final est réalisé dans des matrices également en graphite disposées dans des géométries soit hexagonales soit annulaires. Dans le cas de l'AVR allemand, les boulets étaient directement introduits par le haut du cœur du réacteur et récupérés par le bas.

On constata rapidement que la couche protectrice déposée se détériorait progressivement avec l'irradiation. En effet, une quantité de plus en plus importante de combustible se retrouvait dans l'élément support compacté. Afin d'une part de préserver une intégrité plus grande à la particule et d'autre part d'éliminer les purifications lourdes et difficiles du gaz, on rajouta une barrière supplémentaire en carbure de silicium autour de la particule. On aboutit finalement à un triple revêtement du combustible (dit TRISO, figure 19.1) composé autour du combustible lui-même :

- d'une couche de carbone poreux pouvant contenir les produits de fission,
- d'une couche interne de graphite pyrolytique,
- d'une couche de carbure de silicium,
- d'une couche externe de graphite pyrolytique.

Ce type de particule peut supporter des températures aussi hautes que 2 000 °C sans se fissurer. Au cours de l'irradiation, les produits de fission gazeux restent piégés dans la particule grâce à la couche en carbure de silicium. La pression interne augmente donc au cours de l'irradiation mais reste acceptable grâce au volume d'expansion disponible dans la couche de carbone poreux. Le combustible peut également supporter des taux d'irradiations extrêmement élevés sans dommages (certaines particules ont été testées à des taux de 737 GWj/t, chiffre à comparer aux 33 GWj/t du combustible REP). On pourrait même éventuellement pousser ce type de particule jusqu'à un taux de combustion complète.

[39] L'utilisation d'un combustible contenant du thorium fertile a été envisagée historiquement dans tous les HTR mais la difficulté de retraitement du thorium (voir chapitre 17) a progressivement poussé à l'abandon de cette filière pour se concentrer sur un combustible exclusivement à base d'uranium.

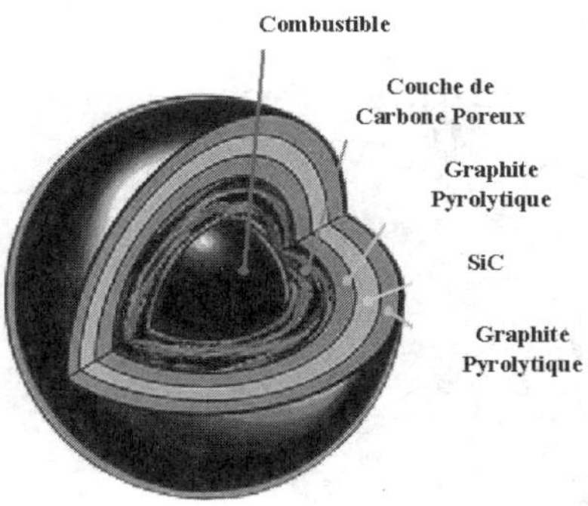

Figure 19.1. La particule de combustible HTR avec ses différentes couches protectrices. Le diamètre total de la particule est d'environ 800 µm.

En réalité, le concept de particules parfaitement étanches et stables fait reposer presque complètement la sûreté du système sur la première barrière, celle du combustible lui-même. Le risque est donc plus fréquent puisqu'il y a environ un milliard de particules dans le cœur mais également plus réparti, chaque bille contenant seulement 10^{-9} fois la masse totale du combustible. On parle alors de probabilité de défauts sur les particules en fonction de l'irradiation ou de la température. Avec les progrès métallurgiques réalisés notamment sur les dépôts et les expériences sur FSV et AVR, les taux de défaillance se sont nettement améliorés (passant de 10^{-2} à moins de 10^{-5} voire 10^{-6}). De plus, le combustible est testé à la température maximale qu'il peut atteindre en cas de perte de refroidissement, c'est-à-dire 1 600 °C. C'est le concept du réacteur dit « intrinsèquement sûr ». Quoi qu'il arrive, même en cas de perte totale du caloporteur (LOCA), la température du combustible reste très inférieure à la limite de rupture de son intégrité. Le relâchement des gaz de fission ne se fait qu'au-delà de 2 200 °C et les billes de combustible gardent leur structure. Dernier avantage du cœur HTR : le coefficient de température y est fortement négatif quel que soit le niveau de puissance, ce qui assure une bonne stabilité. De plus, la grande taille du système fait que sa capacité calorifique est importante. Par conséquent, son inertie thermique est grande. Il est donc peu sensible à de petites perturbations.

4. Le GT-MHR (*Gas Turbine Modular Helium Reactor*)

Compte tenu des différentes expériences sur les réacteurs à haute température, le concept du GTMHR [4] proposé par GA (General Atomics) s'est peu à peu affirmé comme l'évolution naturelle des HTR. Ce concept part des propriétés intrinsèques des particules de combustible recouvertes du revêtement TRISO déjà testé avec succès aux États-Unis et en Allemagne. La seule amélioration consiste à préparer le combustible sous une forme mixte (oxycarbure) dite UCO contenant 85 % d'UO_2 et 15 % d'UC_2. En effet, les carbures purs ont tendance à être attaqués par les produits de fission en terres rares et les oxydes purs à générer de fortes pressions de CO à l'intérieur de la particule et à faire migrer le combustible dans les couches protectrices. Le point le plus important à souligner est l'absence de confinement externe typique d'une installation nucléaire, considérant que le confinement des produits de fission est assuré à la base par le combustible lui-même. Cela fait revêtir une importance cruciale aux performances des particules et au choix du combustible comparativement aux autres types de réacteurs.

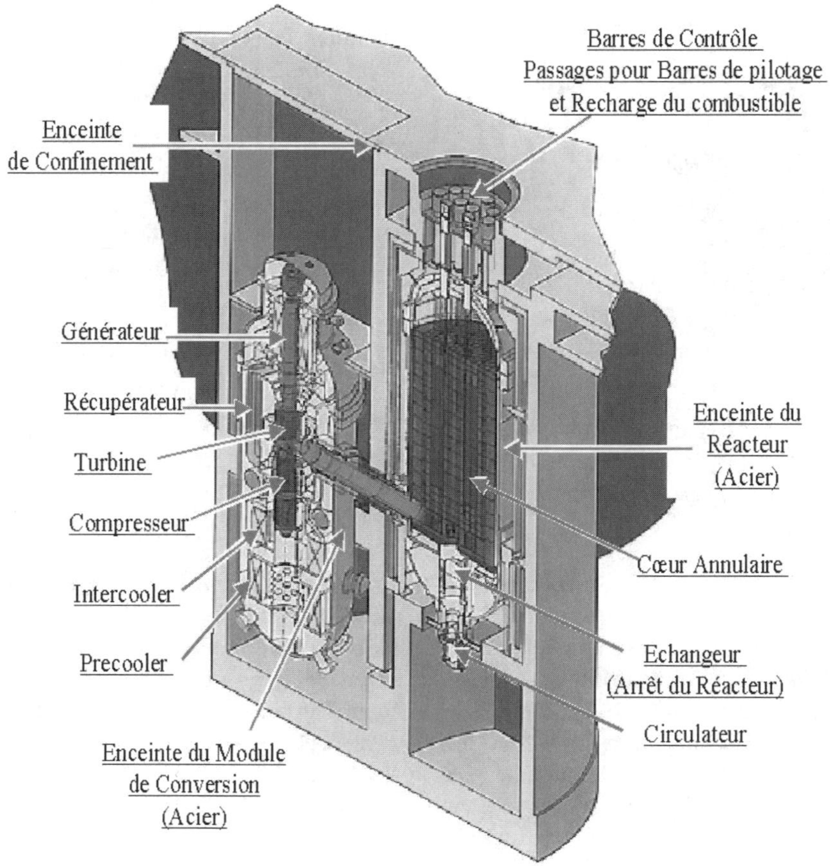

Figure 19.2. Vue d'ensemble en coupe du réacteur GT-MHR (General Atomics).

Le concept du GT-MHR est montré sur la figure 19.2. Le confinement comprend deux enceintes cylindriques verticales en acier spécial (9Cr1MoV) de taille à peu près identiques (8 m de diamètre pour 23 m de long) l'une comprenant le réacteur et l'autre la turbine connectées entre elles par un tube horizontal où circule le caloporteur. Le cœur du réacteur est annulaire (environ 3 m de diamètre interne et 5 m de diamètre externe) afin de pouvoir mieux évacuer la chaleur. Ainsi, la température interne des particules de combustible ne dépasse jamais 1 600 °C, même en cas de perte totale de refroidissement. La sûreté est assurée par un coefficient de réactivité en température très négatif éventuellement capable de maintenir seul la sous-criticité du cœur même en cas de défaillance des barres de contrôle. La chaleur résiduelle à l'arrêt est évacuée par un refroidissement entièrement passif (rayonnement, conduction et convection naturelle).

La conversion de puissance thermique en électricité est faite avec un cycle thermodynamique dit de Brayton. Elle utilise directement le caloporteur primaire sortant du réacteur à 850 °C sous 70 bar. L'hélium est détendu dans une turbine puis passe dans un échangeur compact à plaques (refroidissant le gaz sous 26 bar de 510 °C à 125 °C) avant d'être recompressé. Un arbre unique à paliers magnétiques entraînant le générateur électrique synchrone est solidaire à la fois de la turbine et des deux compresseurs. Le rendement de l'ensemble est estimé à 47,7 % fournissant 286 MWe pour 630 MWth.

5. Avantages et inconvénients

Nous sommes à présent en mesure de dresser un bilan global des avantages et inconvénients des HTR comparativement aux autres types de réacteurs. Tout d'abord c'est un petit réacteur (600 MWth), de concept intrinsèquement sûr. Le combustible assure le confinement des produits de fission et garde son intégrité totale (pas de rupture de la première barrière) en cas d'accidents jusqu'aux températures maximales de 1 600 °C. Son coefficient de réactivité en température est très négatif à tous les niveaux de puissance. Ensuite, l'utilisation de turbines à gaz très performantes permet d'obtenir un rendement global élevé (50 % au lieu des 33 % pour des REP). Il y a donc automatiquement moins de combustible brûlé, deux fois moins de chaleur perdue et moins de déchets radioactifs par kWhe produit. D'autre part, le HTR est un réacteur remarquablement efficace pour la destruction du plutonium (Pu). En effet, grâce en particulier aux taux de combustion très élevés possibles, un passage unique d'un combustible chargé au plutonium dans un HTR peut détruire plus de 90 % de l'isotope fissile ^{239}Pu. Par ailleurs, la géométrie annulaire du cœur du GT-MHR permet une compatibilité totale avec les réacteurs hybrides (couplage avec un accélérateur de particules de forte puissance). La cible fournissant la source externe de neutrons pourrait facilement être en lieu et place du réflecteur central. Un réacteur hybride à haute température serait d'ailleurs idéal pour une réduction significative des déchets nucléaires à haute activité, notamment les actinides mineurs (Pu y compris). À titre d'exemple, le ^{239}Pu pourrait être détruit à plus de 99,9 % dans un HTR hybride. Enfin, un héritage de plus de 35 années d'expériences sur les HTR existe et des prototypes industriels ont fonctionné, notamment aux États-Unis et en Allemagne. Signalons en outre les avantages techniques liés à la possibilité de cogénération comme la production de chaleur industrielle, le dessalement d'eau de mer ou la production d'hydrogène. Il faut également dire que le choix de réacteurs HTR induirait une modification substantielle du cycle du combustible actuel. En effet, un stockage direct en l'état peut être envisagé, les particules de combustible étant parfaitement intègres même en cas de stockage.

Les HTR présentent cependant quelques inconvénients. Tout d'abord, ces petits réacteurs ne fournissent au mieux que 300 MWe. Il faut donc l'équivalent de 4 HTR pour fournir une puissance équivalente à un REP standard (1,3 GWe). L'investissement par kWhe installé y est donc plus élevé qu'un REP même en tenant compte de l'effet de série. D'autre part, la sûreté abandonne le confinement externe (dépressurisation du bâtiment, qui est très coûteux) pour reposer alors principalement sur le concept du combustible formé de billes quasiment indestructibles. Or non seulement cela n'est pas rigoureusement vrai (les couches protectrices se détériorent sérieusement au-delà de 2 300 °C), mais l'on sait qu'il y aura statistiquement un pourcentage non négligeable de billes défectueuses (jusqu'à 10^{-4}) en fonctionnement. Donc la pollution du circuit primaire par du combustible radioactif, bien qu'extrêmement faible, n'est pas complètement nulle. Cependant, celle-ci reste à un niveau parfaitement contrôlé (et qui peut probablement encore s'améliorer à la suite de quelques études technologiques poussées). Le fonctionnement à haute température est lui-même un handicap, tous les matériaux ayant des propriétés mécaniques faiblissant avec la température (fatigue, fracture et corrosion). De plus, la grande capacité thermique du système fait que son refroidissement est forcément très lent, ce qui va à l'encontre de ce qui est recherché en cas d'accident. Finalement, bien que l'expérience accumulée sur les HTR soit importante au niveau mondial, elle a tendance à progressivement disparaître, le dernier réacteur HTR s'étant arrêté en 1990. Cependant, deux petits réacteurs expérimentaux basés sur des concepts de combustibles éprouvés comme ceux décrits précédemment ont récemment vu le jour. L'un au Japon, le HTTR, a divergé en novembre 1998 et fournit actuellement sa pleine puissance de 30 MWth. L'autre en Chine en cours de construction, le HTR10, conçu pour délivrer 10 MWth, a divergé courant 2001. Ces réacteurs affichent des objectifs multiples comme la démonstration d'applications calogènes du nucléaire (hors production électrique, par exemple la fabrication d'hydrogène), l'utilisation comme outil d'irradiation pour de nouveaux matériaux ou encore la maîtrise de la technologie haute température.

6. Perspectives

La filière des réacteurs à haute température paraît très séduisante à plusieurs titres, les atouts cités plus hauts étant nombreux et techniquement attractifs. La sûreté et la modularité de ces réacteurs pourraient en principe ouvrir de nouveaux débouchés aux industriels du nucléaire, notamment dans les pays émergents (par exemple pour des usines de désalinisation). Cependant, le marché économique n'est pas encore parfaitement identifié et la technologie correspondante souffre de la comparaison avec celle bien établie des REP standards. D'importants programmes de R&D sont encore nécessaires afin d'asseoir la faisabilité industrielle. Malgré cela, l'Afrique du Sud (Eskom) s'est lancée dans un vaste programme de construction des HTR sur la base de combustibles à boulets (PBMR ou *Pebble Bed Modular Reactor*). L'idée est de faire des unités de base comprenant 10 HTR fournissant chacun 110 MWe de puissance unitaire. Si le projet est approuvé, une première série prototype (de 10 réacteurs) devrait voir le jour dans les années qui viennent. Quant aux autres pays développés, la plupart sont davantage confrontés à la gestion et au maintien de leur parc actuel qu'à envisager le développement d'une nouvelle filière et seraient plutôt en retrait sur le nucléaire. Seuls les États-Unis et la France sont en phase de réflexion sur les réacteurs du futur dits de quatrième génération pour lesquels des concepts de réacteurs à haute température refroidis au gaz pourraient être sérieusement envisagés.

Bibliographie

[1] « High-temperature Helium gas cooled nuclear reactors : Past experience, current status and future prospects », *Energy, The International Journal*, **16**, 1-2, 1991, et toutes les références incluses.

[2] F. Daniels, report MUC-FD-8, Oak Ridge National Laboratory, 1944.

[3] F. Daniels, *Reactor Science & Technology*, **4** (2), 1954.

[4] « Gas Turbine Modular Helium Reactor (GT-MHR) : A Multipurpose Passively Safe Next Generation Reaction », A. J. Neylan *et al.*, Proceedings 3rd International Conference on Nuclear Engeneering, Avril 1995, Kyoto, Japon, et toutes les références ci-incluses.

20 Les réacteurs assistés par accélérateurs

Un réacteur classique est conçu de façon à ce qu'à tout instant, le nombre de neutrons produit par fission compense exactement le nombre de neutrons absorbés ou s'échappant. Le facteur de multiplication est égal à 1, c'est la criticité (voir chapitre 6). Il est cependant possible de faire fonctionner un réacteur en mode sous-critique à condition de fournir, grâce à une source externe, les neutrons manquant pour entretenir la réaction en chaîne. Cette source externe peut être réalisée à partir d'un faisceau de protons de haute intensité, ayant une énergie de l'ordre de 1 GeV, bombardant une cible constituée par un matériau de masse atomique élevée. Là ont lieu des réactions dites de spallation au cours desquelles sont produits un grand nombre de neutrons. Ces neutrons, après avoir été plus ou moins modérés, diffusent dans le cœur sous-critique entourant la cible où ils sont multipliés par les réactions de fission. Une partie de l'énergie produite dans le réacteur peut servir à alimenter l'accélérateur. Ces réacteurs sous-critiques assistés par accélérateurs sont aussi appelés systèmes hybrides ou hybrides spallation-fission (il existe aussi des hybrides fusion-fission dont il est question au chapitre 21).

Cette idée n'est en fait pas du tout nouvelle : dans les années 1950 aux États-Unis, un programme de recherches (projet MTA [1]) avait été lancé dans le but de produire du plutonium à partir d'uranium appauvri (ou de l'^{233}U à partir de thorium), tout en produisant un peu d'énergie. Il était prévu d'utiliser un accélérateur de deutons de très haute intensité (300 mA, 500 MeV), une cible béryllium/uranium et un assemblage sous-critique. Ce projet, qui visait à assurer l'indépendance des États-Unis en matière d'approvisionnement en matières fissiles, avait été abandonné par la suite lorsque l'on avait découvert d'importants gisements d'uranium sur le sol américain.

1. L'intérêt des systèmes hybrides

L'intérêt des systèmes hybrides tient en deux points principaux :

- la sous-criticité qui permet de s'affranchir de certaines contraintes comme la nécessité d'avoir une fraction de neutrons retardés assez grande pour contrôler le réacteur ou des coefficients de sûreté suffisamment négatifs (voir chapitre 6) : on pourrait donc envisager des proportions importantes d'actinides mineurs ou de

plutonium qui, dans un réacteur critique, seraient inacceptables du fait de la dégradation de ces paramètres que leur présence entraîne ;
- la présence de neutrons supplémentaires par rapport à l'entretien de la réaction en chaîne qui peuvent être utilisés pour générer de la matière fissile à partir de noyaux fertiles (comme dans le cas du MTA) ou transmuter des déchets nucléaires, actinides mineurs ou produits de fission.

C'est essentiellement la question de la transmutation des déchets nucléaires qui a suscité un regain d'intérêt pour les systèmes hybrides au cours des dix dernières années. De nombreux projets ont vu le jour qui diffèrent grandement à la fois dans les choix technologiques concernant la filière du réacteur, le combustible ou le type d'accélérateur et dans les objectifs recherchés, chaque projet privilégiant un ou plusieurs des aspects suivants :

- l'incinération des actinides mineurs, séparés ou non du plutonium ;
- la transmutation des produits de fission à vie longue ;
- la destruction du plutonium d'origine militaire qui s'accumule depuis quelques années du fait du désarmement ;
- la production d'énergie à partir de la filière thorium qui produit moins d'actinides mineurs que la filière uranium (voir chapitre 17).

En fait, une partie de ces objectifs peuvent être réalisés avec des réacteurs critiques. Comme nous l'avons vu au chapitre 16, il est possible de transmuter des actinides mineurs ou du plutonium dans des réacteurs critiques à condition d'adapter les filières et le combustible. Même pour les produits de fission ou les actinides fortement consommateurs de neutrons, la transmutation est possible si on augmente l'enrichissement du combustible. En fait, à concept et puissance identiques, un réacteur critique et un réacteur sous-critique auront les mêmes performances de transmutation des actinides.

Par ailleurs, par rapport à un réacteur classique, la réalisation d'un hybride pose un certain nombre de problèmes technologiques spécifiques :

- la réalisation d'un accélérateur de haute intensité pouvant fonctionner dans des conditions draconiennes de stabilité et de fiabilité ;
- la conception d'une cible de spallation supportant des puissances très élevées (de l'ordre de quelques dizaines de mégawatts) ;
- l'existence d'une interface entre le vide de l'accélérateur et la cible, généralement une fenêtre de quelques millimètres d'épaisseur, qui constitue un point faible pour la sûreté ;
- le concept des trois barrières pour la sûreté à réinventer, car il est difficile d'englober toute la longueur de l'accélérateur (plusieurs centaines de mètres pour un accélérateur linéaire) dans l'enceinte de confinement.

On voit donc qu'il faut des avantages substantiels en terme de performances par rapport à des réacteurs critiques pour justifier la réalisation d'hybrides accélérateur-réacteur et compenser les difficultés technologiques et le surcoût dû à l'accélérateur (construction, exploitation et manque à gagner sur l'énergie produite). C'est pourquoi, pour le moment, on n'envisage pas les hybrides comme future filière remplaçant la génération actuelle de réacteurs électrogènes. Par contre, on a vu au chapitre 16 que la transmutation en réacteurs du plutonium et des actinides mineurs était limitée par les teneurs acceptables que l'on pouvait envisager sans problème de sûreté et donc que les temps nécessaires à une diminution significative des inventaires étaient souvent très longs. C'est dans ce domaine que l'apport des hybrides peut être intéressant car ceux-ci permettent d'imaginer des concepts où la sous-criticité autoriserait des combustibles très exotiques, par exemple combustible sans uranium ou directement déchargé des REP. On pourrait alors espérer gagner des facteurs importants en termes de taux et de vitesse de transmutation.

Les hybrides offrent de plus une grande souplesse d'utilisation : la configuration d'un réacteur critique est conçue pour un combustible particulier du fait qu'il faut assurer l'exacte criticité et son contrôle, et toute modification, même mineure, du combustible entraîne un ré-examen du dossier de sûreté et une nouvelle demande d'autorisation auprès des autorités de sûreté. Dans un réacteur sous-critique, on peut envisager divers combustibles quitte à ajuster le courant de l'accélérateur en fonction de son facteur de multiplication. De même, l'intensité peut être augmentée au fur et à mesure que le taux de combustion s'accroît afin de s'affranchir des problèmes d'empoisonnement par les produits de fission et donc d'augmenter le taux de combustion final et par conséquent le taux de transmutation. Tout ceci à condition, bien évidemment, d'assurer la sous-criticité quelles que soient les circonstances, y compris accidentelles.

Actuellement, en France, on envisage plutôt les hybrides dans des scénarios dits « double strate » dans lesquels, après recyclage du plutonium en réacteurs critiques, les actinides mineurs seraient séparés et transmutés dans un petit nombre d'installations spécifiques dédiées. Aux États-Unis, les concepts étudiés visent par contre la transmutation de l'ensemble plutonium-actinides mineurs extrait des combustibles irradiés dans les REP. Des études sont aussi menées (aux États-Unis et en Russie surtout) sur l'incinération du plutonium d'origine militaire dans des systèmes spécifiques qui permettraient une destruction rapide du plutonium en minimisant les opérations de fabrication du combustible et de retraitement et, donc, en limitant les risques de prolifération.

2. Le fonctionnement d'un système hybride

2.1. Le nombre de neutrons disponibles

Les neutrons provenant de la spallation sont multipliés par les réactions de fission dans un réacteur sous-critique entourant la cible. Le milieu sous-critique est caractérisé par son facteur de multiplication, k, inférieur à 1. Si l'on suppose que, dans le milieu multiplicateur, les spectres en énergie des neutrons de spallation et de fission sont peu différents, le nombre total de neutrons est alors :

$$n_{\text{tot}} = n_{\text{sp}} + kn_{\text{sp}} + k^2 n_{\text{sp}} + \ldots = n_{\text{sp}}\left(\frac{1}{1-k}\right). \tag{20.1}$$

où n_{sp} est le nombre de neutrons produits par spallation.

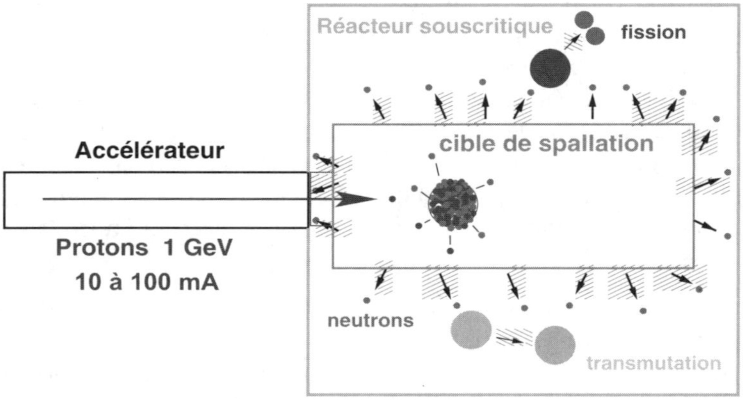

Figure 20.1. Schéma de principe d'un système hybride.

Si ν est le nombre de neutrons produits par fission et N_{fiss} le nombre de fissions, on déduit de (20.1) que le nombre de fissions est donné par :

$$N_{\text{fiss}} = \frac{n_{\text{sp}}}{\nu}\left(\frac{k}{1-k}\right). \tag{20.2}$$

Les neutrons présents dans le milieu sous-critique peuvent soit être capturés, soit induire une fission, soit être disponibles pour un autre usage. Le nombre de neutrons disponibles pour des besoins autres que l'entretien de la réaction en chaîne, n_{d}, est donc le nombre total de neutrons moins le nombre conduisant à une fission ou à une capture.

La probabilité pour un neutron de produire une réaction de fission étant donnée par le rapport :

$$\frac{\sigma_{\text{fis}}}{\sigma_{\text{fis}} + \sigma_{\text{capt}}} = \frac{1}{1+\alpha} \tag{20.3}$$

où σ_{capt} et σ_{fiss} sont respectivement les sections efficaces de capture et de fission, et α leur rapport, on obtient à partir de (2) et de (3) :

$$n_d = n_{\text{tot}} - (N_{\text{fiss}}(1+\alpha)) = \frac{n_{\text{sp}}}{1-k}\left(1 - \frac{k}{\nu}(1+\alpha)\right) \tag{20.4}$$

et le nombre $N_{D/F}$ de neutrons par fission disponibles pour des besoins autres que l'entretien de la réaction en chaîne est donné par :

$$N_{D/F} = \frac{n_d}{N_{\text{fiss}}} = \frac{\nu}{k} - (1+\alpha) - f \tag{20.5}$$

où l'on a tenu compte d'un facteur f supplémentaire qui exprime les pertes par fuites du système.

On voit donc que, dans un système sous-critique, le nombre de neutrons par fission disponibles pour des besoins autres que l'entretien de la réaction en chaîne, par exemple pour la transmutation d'actinides ou de produits de fission, est d'autant plus grand que k est plus éloigné de 1. Le prix à payer est que la fraction de l'énergie produite nécessaire à l'alimentation de l'accélérateur est aussi beaucoup plus importante (voir ci-dessous). À la limite $k = 0$, on pourrait transmuter en utilisant directement les neutrons de spallation (après modération) sans matière fissile. Cela a été un temps envisagé mais rapidement abandonné vu le coût prohibitif. Au contraire, dans le cas d'un système faiblement sous-critique (k très voisin de 1), le nombre de neutrons provenant de la spallation est faible devant celui des neutrons de fission. Le système est alors très proche d'un réacteur classique.

2.2. La puissance thermique du réacteur

La puissance thermique du réacteur, P_{th} (en MW), est donnée par l'énergie $\varepsilon_{\text{fiss}}$ (en MeV) libérée à chaque fission multipliée par le nombre de fissions par seconde. D'après l'équation (20.3) :

$$P_{\text{th}} = \varepsilon_{\text{fiss}} N_{\text{f/p}} I = \varepsilon_{\text{fiss}} I \frac{N_{\text{sp}}}{\nu}\left(\frac{k}{1-k}\right) \tag{20.6}$$

où $N_{\text{f/p}}$ et N_{sp} sont respectivement les nombres de fissions et de neutrons de spallation par proton incident et I est l'intensité du faisceau.

On constate donc que, dans un milieu sous-critique donné (α et k fixés), la puissance thermique du réacteur ne dépend que de l'intensité du faisceau de protons et du nombre de neutrons par proton produits par spallation, qui est une fonction de l'énergie incidente. L'énergie (maximale) du faisceau est en général déterminée par les caractéristiques de l'accélérateur et donc fixée. La puissance dépend alors linéairement de l'intensité du faisceau, qui est un paramètre facile à contrôler, alors que dans un réacteur classique la puissance est gouvernée par des barres de contrôle, qui agissent sur k. Elle varie dans ce cas de façon exponentielle avec $(1 - k)$. Le pilotage d'un réacteur sous-critique sera donc très différent de celui d'un réacteur critique. Cela signifie aussi qu'en cas d'insertion accidentelle de réactivité, la variation de puissance sera linéaire dans un hybride (tant que k reste inférieur à 1) alors qu'elle est exponentielle dans un réacteur classique.

Le rapport entre la puissance dépensée pour alimenter l'accélérateur, P_{acc}, et la puissance fournie est donnée par :

$$R = \frac{P_{\text{acc}}}{\eta_{\text{acc}}\eta_{\text{th}}P_{\text{th}}} = \frac{E_{\text{p}}I}{\eta_{\text{acc}}\eta_{\text{th}}P_{\text{th}}} = \frac{1}{\eta_{\text{acc}}\eta_{\text{th}}}\frac{E_{\text{p}}}{\varepsilon_{\text{fiss}}}\frac{\nu}{N_{\text{sp}}}\left(\frac{1-k}{k}\right) \tag{20.7}$$

si η_{acc} et η_{th} sont respectivement les efficacités d'accélération et de conversion thermique/électrique et E_{p} l'énergie des protons (en MeV).

Pour minimiser le rapport R, à E_{p} donné, il faut donc que k soit le plus proche possible de 1. Un compromis est à trouver entre ces considérations économiques et celles concernant la sûreté et la volonté d'avoir un grand nombre de neutrons disponibles pour transmuter des déchets ou sur-générer du combustible (d'après l'équation (20.5)), qui nécessite au contraire k faible. Le choix peut être différent selon que l'on privilégie la production d'énergie ou la transmutation de déchets. Ces considérations font que dans la plupart des projets proposés k varie entre 0,90 et 0,98.

À titre d'exemple, en prenant $\varepsilon_{fiss} = 200$ MeV, $\nu = 2{,}5$, $\eta_{acc} = 0{,}4$ et $\eta_{th} = 0{,}3$, un hybride fonctionnant avec $k = 0{,}95$, alimenté par un faisceau de protons de 1 GeV, 50 mA, produisant 30 neutrons de spallation par proton incident aura une puissance thermique de 2 280 MW d'après l'équation (20.6) et la fraction de cette puissance consacrée à l'accélérateur sera, d'après l'équation (20.7), de l'ordre de 18 %. La puissance électrique qui pourrait être fournie au réseau est alors : $P_{él} = \eta_{th} P_{th} (1 - R) = 560$ MWe.

3. La source de spallation

3.1. Le processus de spallation

La spallation est une réaction nucléaire mettant en jeu un noyau cible et une particule (le plus souvent un proton) accélérée jusqu'à une énergie de l'ordre de quelques centaines de MeV à quelques GeV. Elle produit de nombreuses particules légères dont une majorité de neutrons. Parmi les nucléons éjectés, certains ont encore une énergie importante, suffisante pour induire de nouvelles réactions de spallation avec des noyaux voisins. De proche en proche, dans une cible épaisse, cela conduit à une multiplication du nombre de neutrons émis qui seuls sortent de la cible. Typiquement, un proton de 1 GeV sur une cible de plomb peut produire 25 à 30 neutrons. Si l'on dispose d'un accélérateur de haute intensité, on peut donc générer des flux intenses de neutrons qui peuvent concurrencer la production de neutrons par des réacteurs (sources de spallation pour la physique des matériaux) ou alimenter un réacteur sous-critique dans un système hybride.

La spallation intervient aussi en astrophysique pour expliquer l'abondance de certains éléments dans le rayonnement cosmique (dont le spectre en énergie est centré autour du GeV/A) et dans le domaine spatial en tant que phénomène potentiellement perturbateur des expériences embarquées.

Le mécanisme élémentaire des réactions de spallation peut être interprété en termes de deux étapes caractérisées par des temps différents : la cascade intranucléaire (succession de collisions entre nucléons) conduisant à l'échauffement du noyau (par transmission d'une partie de l'énergie incidente à l'ensemble des nucléons du noyau) et la désexcitation par émission de particules légères ou la fission (dans le cas de noyaux lourds). Ces deux étapes sont illustrées sur la figure 20.2.

Lorsque l'on conçoit une cible de spallation pour un système hybride ou une autre application, il est nécessaire de faire appel à des codes de simulation numérique décrivant les phénomènes élémentaires ainsi que le transport des produits de réaction

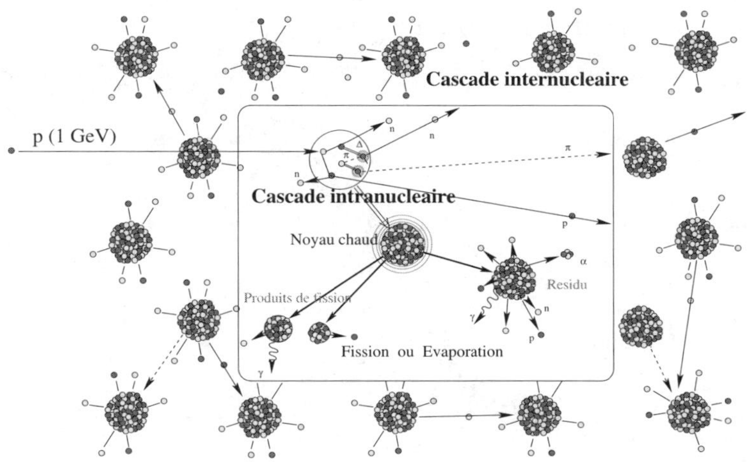

Figure 20.2. Les différents mécanismes élémentaires intervenant dans le processus de spallation.

à travers la matière en prenant en compte les réactions secondaires, le ralentissement, l'absorption, la multiplication et les décroissances radioactives dans le milieu. Ces codes utilisent la méthode de Monte-Carlo. Les probabilités d'émission et les caractéristiques des différents produits d'une réaction élémentaire sont données par les modèles de physique évoqués précédemment, si la réaction considérée a lieu à une énergie supérieure à 20 MeV, tandis qu'à plus basse énergie, elles sont lues dans des bibliothèques de données évaluées.

Les codes de simulation doivent permettre une évaluation précise des performances et problèmes spécifiques d'un module de spallation. En particulier, une modélisation acceptable se doit de prédire de façon fiable :

- le nombre de neutrons de spallation produits par proton incident, qui est directement relié à la rentabilité du système ;
- la distribution en énergie et en angle des neutrons de spallation, nécessaire pour optimiser la géométrie de la cible et estimer les dommages induits dans la cible et les matériaux de structure. En effet, les neutrons provenant de la cible de spallation ne sont pas répartis de façon homogène et ont des énergies très variables, ce dont il faut tenir compte lors de la conception de la couverture sous-critique entourant la cible. D'autre part, ces neutrons, dont certains ont une énergie bien supérieure à ce que l'on trouve dans un réacteur classique ou même un réacteur à fusion, vont occasionner des dommages dans les matériaux du système ou des structures environnantes. Par exemple, il est important de pouvoir évaluer le flux de neutrons rétrodiffusés vers l'interface séparant l'accélérateur qui fonctionne sous vide et le réacteur ;
- la distribution isotopique des résidus de spallation. En effet, au cours des réactions de spallation sont formés un très grand nombre d'isotopes différents,

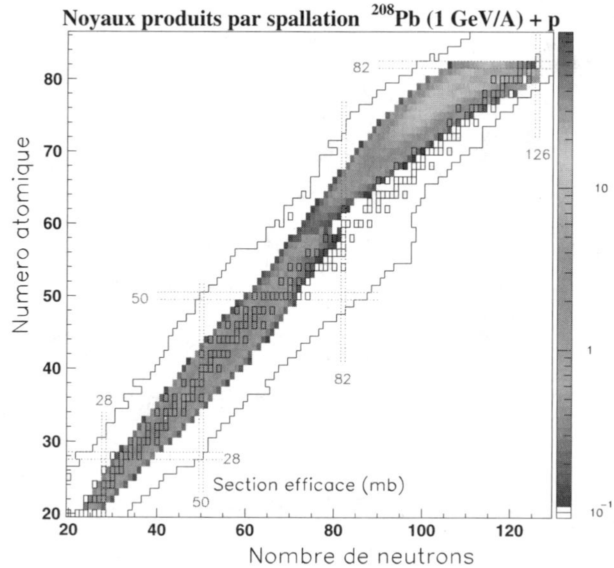

Figure 20.3. Taux de production (dont l'altitude est donnée sur l'échelle de droite) de noyaux résiduels dans la réaction p + Pb à 1 GeV. En fait, l'expérience a été réalisée au laboratoire GSI de Darmstadt (Allemagne) en utilisant un faisceau de plomb bombardant une cible de protons (hydrogène liquide), on parle alors de réactions en cinématique inverse. L'avantage est que, dans ce cas, les produits de la réaction sont fortement focalisés vers l'avant du fait de la vitesse d'entraînement, et il devient alors plus facile de les détecter. La fission et les résidus de spallation sont séparés par un minimum de section efficace autour du numéro atomique Z = 58. Les carrés représentent les noyaux stables et les lignes la région des noyaux connus.

plus ou moins voisins du noyau cible ou carrément très éloignés quand ils sont produits par fission. Certains des noyaux formés sont radioactifs. Ceci peut poser des problèmes d'activité de la cible, qu'il serait alors difficile de manipuler en cas de panne ou de maintenance ou, si les isotopes produits sont de période longue, des problèmes de déchets nucléaires. Enfin, l'apparition d'éléments chimiques différents peut être source de problèmes de corrosion ou de fragilisation des matériaux de la cible ou de la fenêtre séparant le vide de l'accélérateur du module de spallation. À titre d'exemple, la figure 20.3 montre sur une carte des nombres de neutrons et de protons des noyaux, les taux de production des multiples isotopes produits lors de la réaction entre un faisceau de protons et une cible de plomb à 1 GeV ;

- la production de particules légères chargées (p, d, t, He...). Celles-ci conduisent à l'accumulation de gaz (hydrogène et hélium) induisant des phénomènes de gonflement et de fragilisation préjudiciables à la tenue des structures mécaniques, par exemple dans la fenêtre ;

- le dépôt d'énergie dans la cible. Le dimensionnement thermique est l'un des problèmes cruciaux de la cible de spallation, celle-ci devant absorber plusieurs dizaines de MW.

Les premières études ayant montré que les codes de simulation habituellement utilisés n'avaient pas un degré de fiabilité suffisant, un vaste programme d'étude de la spallation a été entrepris ces dernières années. L'objectif est d'accumuler suffisamment de données expérimentales pour pouvoir améliorer puis valider ces codes. On effectue, d'une part, des expériences sur des cibles minces (au cours desquelles le proton incident ne rencontre qu'un seul noyau) pour tester la description des processus physiques élémentaires entrant en jeu. D'autre part, des expériences sur des cibles épaisses permettent de valider la partie des codes de simulation décrivant le transport des particules et de vérifier les prédictions de la simulation complète. De plus des efforts sont actuellement entrepris pour étendre les bibliothèques de données évaluées jusqu'aux environs de 200 MeV où les modèles deviennent plus fiables. Des efforts de coopération entre grands organismes sont en cours pour mettre en commun les connaissances, les outils et la main-d'œuvre afin de définir des codes généraux et de les valider.

3.2. La cible de spallation

Comme nous l'avons vu précédemment, il est important que la source de neutrons externe du système hybride produise le plus de neutrons possible au moindre coût. Cela nécessite une optimisation de la cible de spallation et du faisceau incident. Cependant, de nombreuses autres contingences technologiques, liées le plus souvent à la sûreté ou à la fiabilité du système, doivent aussi être prises en compte : tenue de la fenêtre séparant la cible du vide de l'accélérateur, problèmes de dommages et d'activation des matériaux de structure, blindages nécessaires à cause de la présence de neutrons de haute énergie.

3.2.1. Le choix du faisceau incident

Le nombre de neutrons produits par spallation augmente avec l'énergie incidente mais de façon non linéaire car, au-delà de 1 GeV, on commence à produire de plus en plus de pions et autres particules qui emportent une partie de l'énergie. Le paramètre pertinent est en fait le nombre de neutrons produits par GeV qui est maximal pour une énergie comprise entre 1 et 3 GeV, selon que l'on optimise en même temps la géométrie de la cible ou pas. À titre d'illustration, la figure 20.4 montre une compilation de résultats expérimentaux de production de neutrons dans une cible de plomb de 60 cm de long (environ le parcours des protons de 1 GeV), qui suggère un optimum du rendement de neutrons vers 1,5 GeV.

On choisit généralement un faisceau de protons plutôt que d'autres ions légers. Ceci bien que le nombre de neutrons par GeV soit légèrement supérieur (de l'ordre de 10 à 15 %) pour un faisceau de deutons de même énergie. En effet, le gain est trop faible

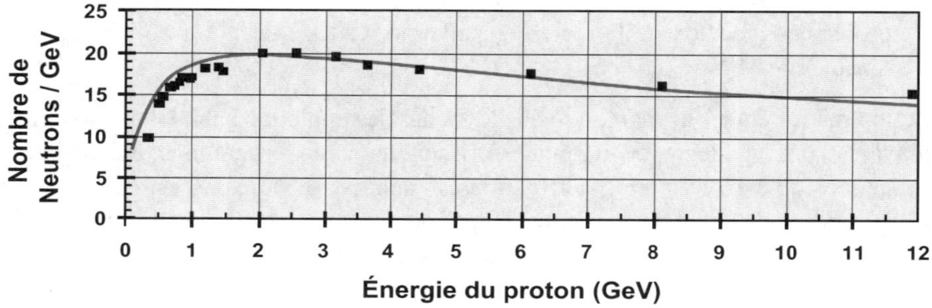

Figure 20.4. Nombre de neutrons produits par spallation par GeV en fonction de l'énergie du proton incident dans une cible de plomb de 20 cm de diamètre et de 60 cm de long.

pour compenser les problèmes spécifiques des accélérateurs de deutons comme la difficulté accrue d'obtenir des faisceaux de très haute intensité et les problèmes d'activation et de radioprotection liés au fait que les deutons se cassent très facilement en émettant des neutrons de haute énergie.

3.2.2. Le choix de la cible

La nature et la géométrie de la cible de spallation doivent être optimisées de façon à ce qu'un maximum de neutrons de basse énergie sortent de la cible, car ce sont ces neutrons qui, après modération éventuelle, alimenteront le milieu multiplicateur. De plus ces neutrons doivent être répartis de la façon la plus homogène possible afin d'éviter une trop grande inhomogénéité du flux dans le réacteur. Sa géométrie doit aussi être telle qu'elle permette de minimiser le flux de neutrons rétrodiffusés vers la fenêtre et les fuites de neutrons de haute énergie.

On choisit généralement un matériau de grande masse atomique (tungstène, tantale, plomb, bismuth, thorium...) car le nombre de neutrons émis par proton incident est une fonction croissante du nombre de neutrons dans le noyau. La section efficace d'absorption des neutrons doit être la plus faible possible afin que le maximum de neutrons produits dans la cible s'en échappe. De ce point de vue, le plomb et le bismuth sont préférables au tungstène et au tantale. Cependant, dans le cas de matériaux à forte section efficace d'absorption, on peut trouver une solution en utilisant des cibles divisées. D'autres critères de choix d'ordre plus technologique entrent en ligne de compte :

- une température de fusion élevée (tungstène, tantale) pour une cible solide ou au contraire basse pour une cible liquide (mercure, eutectique plomb-bismuth plutôt que plomb) ;
- une résistance aux dommages induits par les réactions de spallation dans le cas d'une cible solide ;

- des problèmes de corrosion du conteneur et de la fenêtre dans le cas des métaux liquides ;
- la minimisation de la production par les réactions nucléaires d'éléments chimiques ou d'isotopes indésirables : par exemple le ^{210}Po généré par activation du bismuth est un problème dans le cas de l'eutectique Pb-Bi ;
- la simplicité : dans le cas d'un système à sels fondus, le sel lui-même peut servir de cible de spallation.

3.2.3. La fenêtre

Pour des raisons de sûreté, il est nécessaire d'interposer une barrière étanche entre le vide de l'accélérateur et la cible de spallation, quoique certains projets aient été envisagés sans fenêtre. Directement traversée par le faisceau de protons, cette fenêtre subit des contraintes d'irradiation importantes. Divers matériaux sont envisagés : inconel 718, acier 316L, tungstène, alliages à base d'aluminium ou de cuivre... Pour lui assurer une durée de vie raisonnable, de l'ordre de l'année, il faut limiter la densité de courant à quelques dizaines de $\mu A/cm^2$ tout au plus. Cela impose une surface de fenêtre importante, une épaisseur de 5 à 10 mm pour assurer la tenue mécanique, et une expansion radiale du faisceau incident. La chaleur dissipée par ionisation, importante, nécessite un refroidissement énergique, par circulation forcée d'eau par exemple. Pour éviter les points chauds et les chocs thermiques, la densité du faisceau doit rester le plus homogène possible. Les réactions de spallation dans la fenêtre ne sont pas négligeables et induisent une activation importante des matériaux environnants qui s'ajoute à celle induite par les neutrons rétrodiffusés par la cible à travers la fenêtre. Une protection de la partie aval de l'accélérateur peut s'avérer nécessaire. Dans le cas de cibles liquides, les problèmes de corrosion sont à prendre en considération.

4. L'accélérateur de forte puissance

Les accélérateurs de forte puissance (quelques dizaines de MW) suscitent un grand intérêt comme source de neutrons par spallation [2]. Parmi les multitudes d'applications envisagées, outre les réacteurs hybrides considérés ici, citons :

- la production de matières fissiles (ou fusibles) (tritium, plutonium, uranium...) ;
- les sources de neutrons pour des études de physique fondamentale ;
- citons également l'irradiation des matériaux, les applications médicales (protonthérapie, thérapie par capture neutronique du bore...), les lasers intenses à électrons libres, la recherche fondamentale (collisionneurs, usines à particules...) et les applications militaires.

4.1. Les types d'accélérateurs

On a vu que l'accélérateur demandé devrait fournir des protons d'énergie voisine du GeV avec une intensité de l'ordre de 20 à 50 mA. Il faut tout d'abord remarquer qu'aucun accélérateur de ce type n'existe à l'heure actuelle. La manipulation d'un faisceau d'une telle puissance (50 MW) impose une maîtrise totale du faisceau tout au long de l'accélérateur. En tête de machine, à faible énergie (moins de 5 MeV), c'est la charge d'espace importante qui risque de faire éclater le faisceau, tandis qu'à haute énergie, l'inquiétude concerne surtout le taux d'activation des structures. La fiabilité de l'ensemble est également un point clé, le massif sous-critique ne tolérant pas les arrêts intempestifs de faisceau inhérents à ce type de machine. Quel que soit le type d'accélérateur choisi, la démonstration de la maîtrise de ces points essentiels, directement liés à la forte puissance requise, reste à faire. À partir de là, principalement deux types d'accélérateurs peuvent être envisagés : un cyclotron ou un accélérateur linéaire. On supposera d'emblée que le faisceau est continu car un faisceau pulsé signifierait automatiquement un courant instantané élevé (c'est la puissance moyenne du faisceau qui est déterminante pour la production de neutrons). Comme c'est précisément l'utilisation d'un courant élevé qui pose problème, on voit qu'on a tout intérêt à travailler en courant continu, sans compter les difficultés techniques liées à la stabilisation des structures en courant pulsé.

4.1.1. Le cyclotron

Le cyclotron est l'un des premiers accélérateurs circulaires inventés. Le principe repose sur un mouvement circulaire des particules chargées grâce à un champ magnétique vertical. À chaque tour, les particules sont accélérées dans des structures hyperfréquence (HF) par le champ électromagnétique, pouvant ainsi gagner de l'énergie. Évidemment, le rayon de l'orbite croît avec l'énergie, ce qui limite le nombre de tours possibles à typiquement une centaine. Un cyclotron permet ainsi de multiplier par dix l'énergie des particules injectées. La focalisation transverse est assurée par les champs magnétique et électromagnétique mais il n'y a pas de focalisation longitudinale. Les avantages principaux avancés pour le cyclotron sont sa simplicité et sa compacité. Les structures accélératrices étant réduites, son coût est donc relativement modéré. Cependant, il est nécessaire d'avoir trois cyclotrons successifs en cascade pour atteindre l'énergie finale : un injecteur à 10 MeV, un étage dit intermédiaire à 100 MeV puis le cyclotron principal qui doit monter à 1 GeV. Le principal inconvénient des cyclotrons réside dans l'absence de focalisation longitudinale. De par son concept même, le cyclotron apparaît limité en puissance à environ 5 MW. Au-delà, les problèmes d'activation des structures (à l'injection, dans le cyclotron et surtout à l'extraction) risquent fort d'atteindre un niveau intolérable. L'ensemble a un rendement global $(P_f/P_{elec}) = \eta$ de l'ordre de 34 %.

4.1.2. Le linéaire (LINAC)

Un moyen d'éviter la limitation du cyclotron est d'utiliser un accélérateur linéaire. Le faisceau est accéléré par des structures hyperfréquence mais ne passe qu'une seule fois dans chaque structure, ce qui augmente forcément leur nombre. La focalisation est assurée par des dipôles et des quadrupôles séparés. La maîtrise du faisceau est donc nettement simplifiée, ce qui rejette la limitation en puissance à des niveaux beaucoup

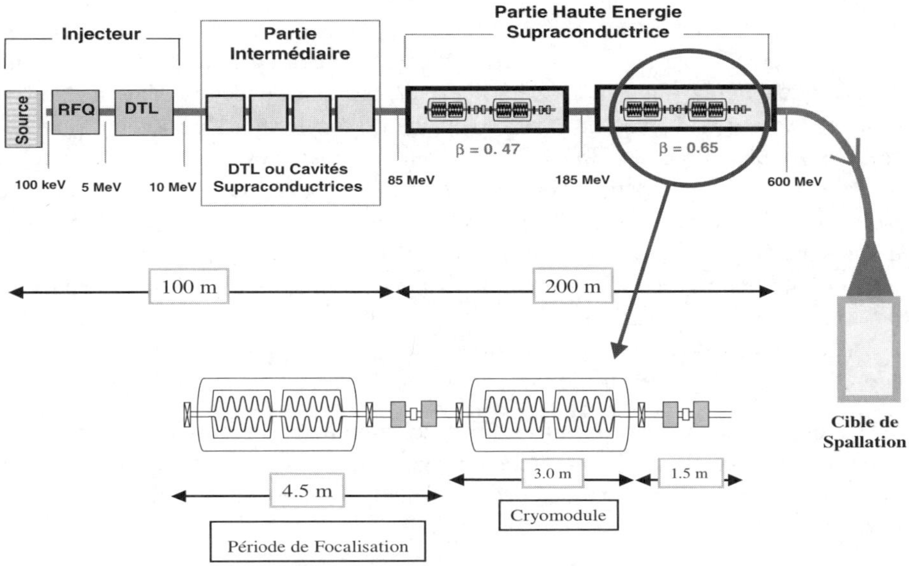

Figure 20.5. Schéma général d'un accélérateur linéaire de protons de forte puissance utilisant des cavités supraconductrices. La longueur totale est d'environ 300 m.

plus élevés (au-delà de 100 MW). Un autre avantage du linéaire est son schéma évolutif. En effet, il suffit de rajouter des structures ou d'augmenter les champs électromagnétiques pour augmenter l'énergie finale. On peut également faire varier la puissance du faisceau en modifiant l'intensité. Son principal désavantage est son encombrement (plus de 300 m de longueur), et son coût relativement élevé, principalement dû aux sources de puissance hyperfréquence. La grande majorité des projets d'accélérateur de forte puissance se base maintenant sur des linéaires utilisant des cavités supraconductrices (figure 20.5).

La partie à basse énergie du linéaire comprend une source de protons intense et continue (plusieurs sources de 100 mA, 100 keV existent d'ores et déjà dans différents laboratoires), un quadrupôle radiofréquence (RFQ) permettant de mettre le faisceau en paquets et de l'accélérer jusqu'à environ 5 à 7 MeV suivi d'une structure classique ayant des cavités avec des espaces de glissement (*Drift Tube Linac*, DTL) portant le faisceau au-delà de 10 MeV où les problèmes de charge d'espace deviennent moins critiques.

La technologie des cavités supraconductrices est désormais considérée comme suffisamment avancée pour être utilisée d'une manière fiable sur des installations de grande envergure (LEP au CERN, CEBAF et SNS aux États-Unis...). La réduction de la consommation électrique qui en résulte et, par voie de conséquence, celle du coût de l'exploitation d'un tel accélérateur la rendent a priori extrêmement attractive.

La partie à haute énergie (au-delà de 85 MeV – voire immédiatement après la partie à basse énergie) qui représente plus de 90 % du LINAC peut se composer de structures à cavités supraconductrices. Le champ accélérateur obtenu y est supérieur à 10 MV/m, ce qui ramènerait la longueur accélératrice à une centaine de mètres. Mais, à cause de l'encombrement des cryostats et des éléments de focalisation, le gain en longueur réelle est moins important (300 m réels). L'utilisation de la supraconductivité induit un gain net en consommation électrique équivalent à la puissance totale du faisceau (soit 50 MW pour un faisceau de 50 MW c'est-à-dire une économie de 20 millions d'euros par an en fonctionnement). De plus, le nombre de sources HF nécessaires est réduit d'un tiers. Or, ces sources représentent avec l'infrastructure l'un des coûts les plus importants en investissement (environ 1,5 millions d'euros par source de 1 MW). L'économie y est donc également substantielle. Elle compense plus que largement le coût d'investissement de l'usine cryogénique nécessaire.

Outre les avantages indéniables de coûts (réduction de la consommation électrique, nombre de sources HF réduit d'un tiers, longueur du LINAC réduite), signalons que la solution supraconductrice apporte également d'autres avantages non moins négligeables :

- l'ouverture importante des iris des cavités supraconductrices rend le problème de la perte de faisceau (et, par voie de conséquence, de l'activation des structures) plus aisé. Grâce au coefficient de surtension très élevé des cavités supraconductrices, un rapport d'ouverture (rapport entre le diamètre des iris et le diamètre du faisceau) supérieur à 20 peut être obtenu ;
- le rendement global de l'accélérateur supraconducteur $\eta_{acc} = 51$ % est supérieur à celui de l'accélérateur classique (ou du cyclotron) où l'on avait $\eta_{acc} = 34$ %. Or ce rendement conditionne directement le bilan global de l'hybride (voir § 1) et fixe en particulier la limite de fonctionnement en auto-alimentation du système. De plus, ce rendement est indépendant de l'intensité du faisceau accéléré. Grâce à la supraconductivité il reste élevé même à courant faible ;
- d'autre part, la solution supraconductrice offre une souplesse de fonctionnement accrue, même comparée à un linéaire en cuivre (qui est déjà beaucoup plus souple qu'un cyclotron). Elle présente une fiabilité accrue due à l'utilisation de structures courtes et indépendamment alimentées. Du coup, le pilotage de l'hybride s'en trouve nettement plus aisé.

4.2. Les accélérateurs en fonctionnement

Dans le monde, les accélérateurs de protons ayant la plus grande puissance faisceau et qui font, de ce fait, figure de référence sont pour chaque type d'accélérateur :

- Le Linéaire en cuivre : LAMPF/LANSCE à Los Alamos (États-Unis). Cet accélérateur, l'un des premiers de ce type, délivre un faisceau ayant une intensité moyenne de 1 mA, à une énergie de 800 MeV. Il fonctionne en impulsions de 16 mA crête, ce qui en fait une démonstration de faisabilité de la partie basse énergie à ce niveau de courant ;

- Le Cyclotron : PSI/SINQ à Zurich (Suisse). Cet accélérateur, initialement conçu pour délivrer 100 µA de courant continu à 590 MeV, a progressivement été amélioré jusqu'à obtenir un courant de 1,5 mA correspondant donc à une puissance de 0,9 MW ;
- Le Synchrotron : ISIS, Rutherford Laboratory, (Grande-Bretagne). C'est la plus puissante source de neutrons pulsée existante à l'heure actuelle. Le faisceau délivre des impulsions de 450 ns avec une fréquence de répétition de 50 Hz. Le courant correspondant est de l'ordre de 200 µA avec une puissance faisceau de 160 kW.

4.3. Les projets d'accélérateurs de forte puissance

Nous ne citerons ici que quelques accélérateurs de forte puissance assez représentatifs, en projet dans le monde. Bien que leurs applications soient très diverses, des similarités apparaissent entre les différents projets.

- SNS (Spallation Neutron Source), Oak Ridge (États-Unis). Décidé en 1997, ce projet d'une source de neutrons pulsée de 2 MW moyens destinée à la physique fondamentale est en cours de construction. Malgré son faible cycle utile (6 %), le choix d'utiliser un linéaire à cavités supraconductrices a été entériné début 2000.
- AAA, Los Alamos (États-Unis). Initialement envisagé pour la production de tritium, le projet évolue vers un démonstrateur hybride pour la transmutation de déchets nucléaires. Fonctionnant en continu, c'est bien naturellement que le choix d'un linéaire supraconducteur s'est imposé. La puissance du faisceau serait la plus puissante jamais établie (> 10 MW).
- *Joint Project*, JAERI (Japon). Les Japonais envisagent de créer un centre scientifique neutronique multi-applications comprenant les irradiations de matériaux, la physique du solide, la transmutation des déchets, la spallation, les applications médicales et la physique du méson et du muon.
- ESS (Europe), AUSTRON (Autriche). Semblables au projet américain SNS, ces sources de neutrons pour la physique sont pulsées pour permettre des mesures par temps de vol. La puissance moyenne du faisceau serait de 5 MW.

On peut insister sur la nécessité de développer des études spécifiques permettant de maîtriser les technologies nécessaires aux accélérateurs à protons de forte puissance. Ce sont de nouveaux types d'accélérateurs qui devront notamment intégrer les concepts de fiabilité extrême et de maintenance très importants pour un fonctionnement de type industriel (les premières estimations conduisent à une exigence sur le nombre d'arrêts permis 100 fois inférieure aux standards actuels). L'activation des structures devra être suffisamment faible pour autoriser une intervention aisée et rapide en cas de panne. Les technologies à promouvoir concernent essentiellement les structures hyperfréquences supraconductrices et la possibilité d'utiliser de nouvelles sources de puissance hyperfréquence plus efficaces et plus économiques. La construction de la partie basse énergie, déjà démontrée à Los Alamos (États-Unis), est en cours de l'être en France (Projet IPHI à Saclay).

Les compétences actuelles dans le domaine des accélérateurs permettent raisonnablement de penser qu'au terme de quelques études techniques de démonstration (injecteur, cavités supraconductrices), un projet réaliste d'un accélérateur de forte puissance pourra être proposé et construit dans les dix prochaines années, ouvrant la voie à un démonstrateur hybride pour la transmutation des déchets nucléaires.

5. Le réacteur sous-critique

Dans un réacteur classique, la nature et la composition isotopique du combustible sont imposées par des contraintes à la fois de neutronique et de sûreté. Par exemple, on ne peut augmenter beaucoup la proportion de plutonium dans le combustible mixte à oxydes d'uranium et de plutonium (MOX) à cause de la plus faible fraction de neutrons retardés dans le ^{239}Pu que dans le ^{235}U et de la dégradation du coefficient de température (négatif) du modérateur (voir chapitre 16). Ceci conduirait à des difficultés de contrôle de la réactivité. Les mêmes problèmes existent avec les actinides mineurs. Dans un hybride, ces contraintes sont beaucoup moins draconiennes, car l'accélérateur fournit le complément de neutrons rendu nécessaire par le fonctionnement en mode sous-critique : le contrôle n'est plus aussi crucial car le réacteur peut s'accommoder d'une insertion de réactivité. Cela permet donc l'utilisation de combustibles « exotiques » adaptés à l'objectif fixé : proportions beaucoup plus grandes de plutonium, si l'objectif fixé est la destruction du plutonium militaire, ou d'actinides mineurs que dans les réacteurs à eau sous pression ou à neutrons rapides classiques, voire combustible sans uranium, thorium ou plutonium lorsque l'on veut optimiser l'incinération des actinides mineurs. Le combustible peut avoir subi un retraitement plus ou moins poussé : combustible irradié, dont on a seulement extrait l'uranium, ou obtenu après un ou plusieurs recyclages en combustible mixte MOX. L'utilisation du cycle ^{232}Th/^{233}U, moins favorable que ^{238}U/^{239}Pu en réacteurs rapides critiques du fait d'un moins bon rapport de conversion, est possible dans un hybride et permettrait de produire de l'énergie en produisant des déchets moins radiotoxiques à moyen terme (voir chapitre 17). Ce dernier cas présente l'avantage de ne nécessiter ni enrichissement ni retraitement poussé.

Comme pour les réacteurs critiques, il existe une grande variété de filières imaginables en combinant les différents choix possibles pour le modérateur, le caloporteur, le type de combustible ou la géométrie du cœur. Les avantages et inconvénients de chacune de ces filières seront les mêmes que dans le cas critique, à ceci près que l'on peut envisager pour des réacteurs sous-critiques certaines configurations non retenues en critique pour des raisons de neutronique trop tendue ou de coefficients de sûreté trop faibles.

En ce qui concerne les performances de transmutation des actinides, les considérations développées au chapitre 16 sur les avantages respectifs des réacteurs rapides et thermiques s'appliquent de la même façon aux systèmes hybrides. Rappelons qu'avec un spectre thermique, le taux de réaction est grand du fait des valeurs élevées des sections efficaces, ce qui permettrait une réduction rapide d'un inventaire donné, par exemple en cas de sortie du nucléaire. La contrepartie est l'apparition et l'accumulation d'isotopes de plus en plus lourds, difficiles à transmuter. Au contraire, dans un flux de neutrons rapides, la neutronique est plus favorable car les sections efficaces de fission deviennent largement dominantes par rapport à la capture et pratiquement tous les isotopes sont fissionnables, mais la diminution de l'inventaire est plus lente.

Si l'on veut en plus transmuter des produits de fission, la seule voie possible est la capture. Les sections efficaces de capture étant très faibles à haute énergie, les spectres thermiques sont mieux adaptés. Certains produits de fission présentent des résonances très fortes dans la zone épithermique. On peut envisager de tirer parti de ce phénomène pour les transmuter.

Dans certains projets, des zones de modération différentes sont aménagées successivement autour de la cible. Chacune est alors affectée à une application spécifique, avec un spectre en énergie des neutrons optimisé : incinération d'actinides mineurs, transmutation de produits de fission, surgénération...

6. Quelques projets de réacteurs hybrides

De nombreux projets, qui diffèrent à la fois par leurs choix techniques et leur finalité, ont vu le jour ces dernières années. Nous en donnons ici quelques exemples parmi les plus caractéristiques.

6.1. Le concept de C.D. Bowman

Le concept proposé par C.D. Bowman de Los Alamos [3], dont il existe plusieurs variantes, est fondé sur l'utilisation de hauts flux de neutrons super-thermiques (obtenus grâce à l'utilisation d'eau lourde ou de graphite comme modérateur) dans un réacteur sous-critique à sels fondus. Le sel choisi, à base de fluorures de lithium et béryllium, est identique à celui qui était utilisé dans le réacteur expérimental à sels fondus d'Oak Ridge (MSRE) (voir chapitre 18). Le flux envisagé est dix fois supérieur à celui d'un réacteur thermique classique. Ceci permet, grâce à une deuxième capture avant décroissance, de faire fissionner une grande partie des actinides mineurs. Ainsi, le ^{237}Np, qui est un poison (c'est-à-dire qui consomme plus de neutrons qu'il n'en produit) dans un flux thermique classique, peut devenir un combustible dans des flux 10 à 100 fois plus élevés. Des combustibles solides classiques ne pourraient supporter de tels flux, du fait des dommages d'irradiation sur les gaines et de l'empoisonnement trop rapide en produit de fission. D'où le choix de la filière à sels fondus. Différentes versions de ce concept ont été proposées et varient essentiellement par la nature et la répartition du combustible selon que l'on met l'accent sur la destruction du plutonium, la transmutation des actinides mineurs ou des produits de fission ou la production d'énergie.

Dans la proposition initiale, le faisceau de protons de 1,6 GeV frappe directement (c'est-à-dire sans fenêtre) une cible de plomb liquide circulant à une vitesse de 1 m/s. Les vapeurs s'échappant de la cible sont recondensées en refroidissant le tuyau de faisceau au-dessus de la cible. La couverture sous-critique autour de la cible est divisée en trois zones concentriques. La première contient du D_2O et des produits de fission qui seront transmutés par la composante épithermique du spectre de neutrons (zone des résonances). La deuxième est composée de sel fondu circulant à travers des canaux percés dans du graphite servant de modérateur et transportant les actinides à transmuter sous forme de fluorures. Enfin la troisième est constituée de D_2O, plus éventuellement du thorium, dans la version axée sur la production d'énergie, afin de produire de l'^{233}U qui sera ensuite utilisé dans la zone 2. La valeur élevée du flux (5×10^{15} n/cm^2·s) permet la transmutation du ^{237}Np grâce au processus de double capture décrit plus haut et les inventaires en actinides mineurs sont faibles. Les produits de fission sont extraits en continu, séparés, et, pour ceux que l'on veut transmuter, essentiellement ^{90}Sr, ^{99}Tc, ^{129}I, ^{137}Cs, réinjectés dans le système.

Dans une variante plus récente, les flux sont plus faibles. Le faisceau est dans ce cas de 800 MeV, 100 mA. Il est proposé d'utiliser ces systèmes (ATW) pour remplacer les réacteurs actuels. En remplaçant, au rythme de trois par an, les réacteurs à eau sous pression par des ATW de même puissance et dans lesquels un quart de la puissance serait fournie par l'incinération des actinides provenant des réacteurs à eau sous pression actuels et le reste par le cycle $^{232}Th/^{233}U$, on pourrait résorber en 30 ans le stock d'actinides généré par les réacteurs à eau sous pression actuels et passer ensuite au cycle $^{232}Th/^{233}U$ pur, et cela pour un surcoût de l'électricité de l'ordre de 15 %. Un scénario d'incinération en cas d'abandon de l'énergie nucléaire est aussi étudié.

6.2. Les projets japonais

Au Japon, deux concepts différents d'hybrides à neutrons rapides [4] dont l'objectif est l'incinération du plutonium et des actinides mineurs ont été étudiés. Les caractéristiques des deux systèmes sont présentées dans le tableau 20.1. Dans le premier cas, le cœur est constitué de combustible métallique, qui permet d'avoir un spectre de neutrons plus dur qu'un combustible oxyde. Celui-ci est refroidi au sodium. La cible est en tungstène. Le deuxième concept utilise des sels fondus à base de chlorures, préférables aux fluorures lorsque l'on veut un spectre rapide. Dans ce cas, le sel sert à la fois de cible de spallation, de combustible et de fluide caloporteur. Ces systèmes seraient capables de transmuter 250 kg/an de transuraniens.

6.3. L'amplificateur d'énergie de C. Rubbia

Les réacteurs sous-critiques assistés par un accélérateur produisent plus d'énergie qu'ils n'en consomment (à travers l'accélérateur) et donc peuvent être considérés comme des « amplificateurs d'énergie ». C'est le concept qui avait été proposé par C. Rubbia [5] comme une alternative à la fusion pour remplacer à terme les réacteurs

Tableau 20.1 : Paramètres principaux des deux projets japonais.

	Cible et cœur solide	Système à sels fondus
Combustible	Nitrure (alliage)	Chlorure de Na, Pu, AM
Cible	Tungstène solide	Chlorure
Caloporteur	Sodium liquide	Chlorure
Inventaire en actinides	3 160 kg	5 430 kg
Facteur de multiplication	0,89	0,92
Faisceau de protons	1,5 GeV – 39 mA	1,5 GeV – 25 mA
Puissance thermique	820 MW	800 MW
Taux de transmutation	250 kg/an (8 %/an)	250 kg/an (4,6 %/an)
Densité de puissance : max/moy	940/400 MW/m^3	1 660/310 MW/m^3
Température du cœur : entrée/sortie	330/430 °C	650/750 °C
Vitesse maximale du caloporteur	8 m/s	3,6 m/s

actuels. En particulier, ils permettraient la génération d'^{233}U à partir du ^{232}Th, ce qui est difficile dans des réacteurs critiques sans apport d'^{235}U ou de ^{239}Pu, à cause du bilan neutronique tendu qui donne un faible nombre de neutrons disponibles pour la surgénération. Ceci autoriserait l'utilisation des ressources importantes en thorium existant dans le monde. Le fonctionnement en régime sous-critique et le fait que le cycle thorium génère moins d'actinides mineurs que le cycle uranium (voir chapitre 17) permettrait la production d'énergie nucléaire « plus sûre et plus propre ».

Dans la première version, le spectre des neutrons était thermique, le flux limité à 10^{14} n/cm^2·s afin de ne pas avoir à extraire le ^{233}Pa pour le laisser décroître en ^{233}U comme dans le cas Los Alamos. L'accélérateur était un cyclotron de 10 mA et la puissance dégagée par l'amplificateur d'énergie était faible ce qui représentait un handicap.

Dans la seconde version l'objectif est de fournir 3 000 MWth. Le principe du système est schématisé sur la figure 20.6. Les neutrons ont un spectre rapide, ce qui permet de s'affranchir de la limitation en flux due au protactinium et d'être moins sensible à l'empoisonnement par les produits de fission. La cible de spallation est en plomb liquide et le cœur est constitué par des aiguilles d'oxyde de thorium. L'originalité de ce concept tient au choix du plomb comme fluide caloporteur qui assure le refroidissement par convection naturelle : cela nécessite une colonne de 30 m de hauteur dans laquelle circulent 10 000 t de plomb. Le k_{eff} est de 0,98 afin de maximiser le rapport entre la puissance fournie et la puissance dépensée pour le faisceau, tout en restant suffisamment sous-critique pour la sûreté. L'amplificateur d'énergie fonctionne avec un cycle fermé : le combustible irradié déchargé est réinjecté, après extraction des produits de fission, dans une unité sous-critique avec du thorium frais. Après plusieurs cycles, un équilibre est atteint. Ce fonctionnement permettrait d'obtenir à partir de

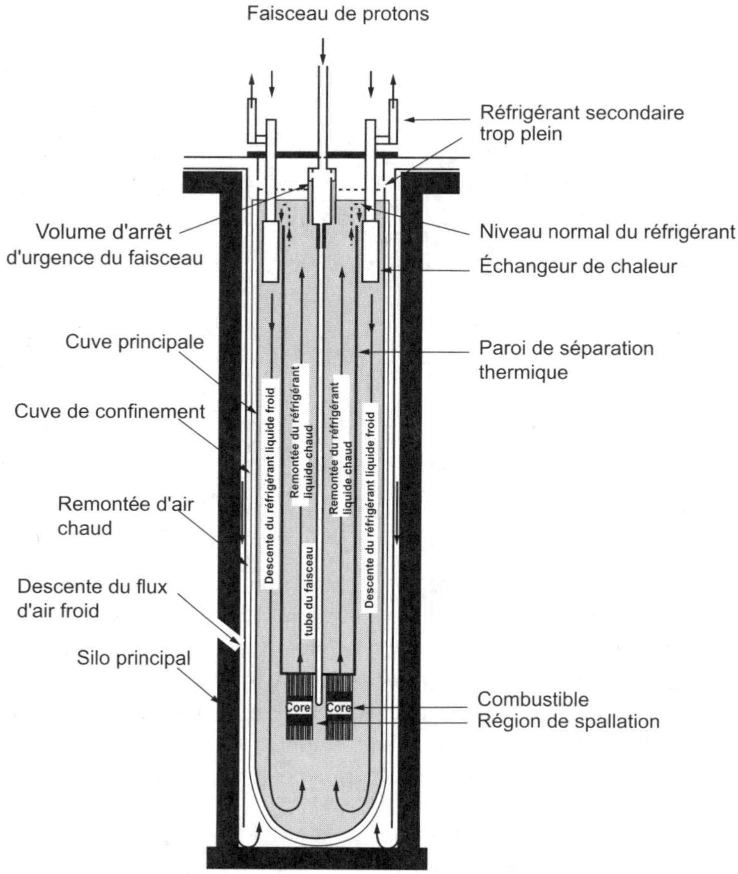

Figure 20.6. L'amplificateur d'énergie de C. Rubbia.

780 kg de thorium la même puissance que celle fournie par 200 t d'uranium naturel dans un réacteur à eau sous pression (avec un taux de combustion de 33 GWj/t).

Plus récemment, le concept de l'amplificateur d'énergie a été étendu à l'incinération de transuraniens et de certains produits de fission (^{99}Tc et ^{129}I).

7. Perspectives

Les réacteurs assistés par accélérateur pourraient être utilisés pour la transmutation des déchets nucléaires à vie longue. Par rapport aux réacteurs classiques, ils présentent les avantages suivants :

- le fonctionnement en mode sous-critique allège les contraintes de sûreté, liées aux excursions de puissance, ce qui permet l'utilisation de combustibles à forte teneur en actinides mineurs et/ou plutonium, inenvisageable dans un réacteur classique à cause de la dégradation des paramètres de sûreté ;

- une plus grande flexibilité dans la composition du combustible permet de pallier les effets d'empoisonnement par les produits de fission ou de s'adapter à différents objectifs au cours du fonctionnement ;
- le surplus de neutrons provenant de la spallation peut-être utilisé pour assurer la transmutation de produits de fission ce qui nécessite un enrichissement accru en isotopes fissiles dans un réacteur classique. Ceci permettrait d'envisager de brûler dans ces systèmes des quantités importantes d'actinides mineurs, et dans certains cas de produits de fission, en des temps raisonnables.

Leurs inconvénients ne sont cependant pas négligeables:

- le surcoût dû à l'accélérateur ;
- la recherche et les développements technologiques importants à réaliser (accélérateurs de haute intensité de haute fiabilité, cible de spallation, nouvelles filières, combustibles à développer...) ;
- la complexité de ces systèmes, même si le fonctionnement en régime sous-critique allège les contraintes de sûreté, est pratiquement celle d'un réacteur plus un accélérateur ;
- la fenêtre séparant l'accélérateur du réacteur est un point faible de ces systèmes et, plus généralement, il est à noter que le concept des trois barrières, fondement de la sûreté, est à réinventer ;
- le problème des dommages aux matériaux induits par les particules de haute énergie, qui limitent la durée de vie des composants.

C'est pourquoi, pour le moment, on n'envisage pas les hybrides comme génération remplaçant la filière REP actuelle, mais uniquement comme systèmes spécifiques dédiés à la transmutation.

Après une période où chacun proposait des concepts différents mais dont aucun n'était étudié sérieusement, on est entré dans une phase plus pragmatique de collaboration internationale visant à démontrer d'abord la faisabilité de principe des systèmes hybrides et leur potentiel de transmutation. En effet, même si la réalisation d'un hybride spallation-fission ne suppose pas de saut technologique important, comme c'est le cas pour la fusion, il faut néanmoins prouver que l'on peut faire fonctionner ensemble et dans des conditions acceptables de fiabilité et de sûreté l'accélérateur, la cible de spallation et le réacteur sous-critique. De plus, il faut aussi pouvoir démontrer que l'on pourra utiliser des combustibles non conventionnels à forte teneur en actinides mineurs et les transmuter plus efficacement ou dans de meilleurs conditions de sûreté que dans des réacteurs critiques.

Il existe actuellement des projets de démonstrateur en Europe, aux États-Unis et au Japon. Dans certains cas, le démonstrateur pourrait être l'une des composantes d'un ensemble d'installations pouvant utiliser un faisceau de protons de haute intensité (source de neutrons pour la physique des matériaux, irradiateur, machine à faisceaux radioactifs). La filière la plus couramment retenue est un accélérateur linéaire couplé à une cible de spallation plomb/bismuth liquide et un réacteur de type HTR (voir chapitre 19) refroidi au gaz. L'objectif est généralement de tester dans un dispositif de faible puissance (inférieure à 100 MW) l'ensemble accélérateur-cible-réacteur sous-critique avec du combustible classique. Il s'agit en particulier :

- de montrer qu'un accélérateur de haute intensité peut atteindre les taux de fiabilité élevés exigés par le couplage avec le réacteur ;
- d'étudier les problèmes de matériaux dans la cible et la fenêtre séparant le vide de l'accélérateur et la cible ;
- de maîtriser le fonctionnement en mode sous-critique ;
- éventuellement de tester différentes solutions technologiques ;
- de coupler l'ensemble et d'étudier les problèmes spécifiques de sûreté.

Ce n'est qu'ensuite, dans une deuxième phase, que l'on prévoit de faire fonctionner un démonstrateur avec des éléments à transmuter pour estimer le potentiel d'incinération. Ce temps d'attente pourra être mis à profit pour résoudre les problèmes délicats de fabrication de combustibles à base d'actinides mineurs.

Bibliographie

[1] C.M. Van Atta, A brief history of the MTA project, report UCRL 79151, 1977.

[2] S. Schriber, *Survey of proposed high intensity accelerators and their applications*, 1995 ; W. Joho, *High intensity problems in cyclotrons*, 9th International Conference on Cyclotrons and their Applications, p. 337.

[3] C. D. Bowman *et al.*, *Nucl. Instr. and Meth.*, A320, 336, 1992 ; C. D. Bowman et F. Venneri, rapport Los Alamos LA-UR-92-3302, 1992.

[4] T. Takizuka, International Conference on Accelerator-Driven Transmutation Technologies and Applications, Las Vegas, NV, 1994.

[5] F. Carminati *et al.*, Rapport CERN/AT/93-47 (ET) et C. Rubbia *et al.*, Rapport CERN/AT/95-44 (ET).

21 La fusion thermonucléaire

Si la population mondiale se stabilisait à 12 milliards d'habitants, et que la consommation moyenne d'énergie convergeait vers la consommation européenne actuelle, soit 80 gigajoules par an et par personne, il faudrait produire par an environ 10^{21} joules, contre 4×10^{20} actuellement. La raréfaction du pétrole et du gaz et l'impact des gaz à effet de serre sur le climat font qu'on ne peut guère envisager que quatre scénarios :

- les énergies renouvelables, à condition d'y consacrer de grandes surfaces ;
- la fission, à condition qu'elle consomme des noyaux fertiles abondants comme l'uranium 238 ou le thorium 232 (d'où la nécessité de neutrons rapides) ;
- la fusion thermonucléaire deutérium-tritium qui, comme on le verra plus tard, consomme principalement du lithium ;
- les hybrides fusion-fission, qui permettraient de brûler des noyaux fertiles abondants tout en minimisant les déchets radioactifs à long terme.

1. L'intérêt de la fusion

C'est dans cette optique à long terme que sont développées les études sur la fusion : source d'énergie des étoiles, la fusion présente des avantages significatifs :

- il y a des ressources abondantes ;
- elle ne produit pas de gaz à effet de serre ;
- elle présente un potentiel important d'acceptabilité.

Dans le cas de la fusion deutérium/tritium, on consomme du deutérium (33 g/t d'eau de mer) et du lithium (ressources mondiales très importantes). Pour produire 80 gigajoules (GJ) avec un rendement de 30 %, il faut 1,1 mg de lithium et 0,32 mg de deutérium. Les perspectives se comptent en milliers d'années. Il existe d'autres schémas plus avancés comme la fusion deutérium/deutérium ou mieux encore les réactions deutérium/hélium 3 et lithium/proton qui peuvent être qualifiées d'inépuisables sur la durée de vie du système solaire ; les deux dernières réactions ont en outre l'avantage de ne produire que très peu de neutrons, ce qui diminue l'activation des structures.

La radiotoxicité générée par la fusion ne provient que de l'activation des structures du réacteur. Elle est plus faible que celle produite par la fission, et surtout, si on optimise les structures, les isotopes produits ont des durées de vies à l'échelle de la décennie, ce qui évite l'impression d'irréversibilité produite par les isotopes multicentenaires.

La fusion présente des avantages intrinsèques du point de vue de la sûreté (absence de réaction en chaîne, peu de combustible en jeu – le plasma pèse quelques milligrammes). Dans les schémas de réacteurs actuels, on vise une installation telle que, même en cas d'accident majeur (perte de confinement de la machine et du bâtiment), aucune évacuation du public ne soit nécessaire.

Il n'y a pas de risque de détournement de matières fissiles, les matériaux fertiles ne rentrant pas dans le cycle du combustible. D'autre part, ce qui tient lieu de « cycle du combustible » (transformation de lithium en tritium) est intégré à la machine, et il n'y a donc pratiquement pas de transport de combustible en dehors du site.

Le tritium mérite une mention séparée. L'inventaire dans un réacteur sera de l'ordre de quelques kilogrammes (la plupart dans le cycle du combustible). Cet isotope radioactif présente des risques limités (durée de vie de 12,6 ans, radiotoxicité faible). Il est cependant extrêmement mobile (diffusion, saut d'une molécule à l'autre en s'échangeant avec des hydrogènes).

La fusion présente aussi des inconvénients.

La complexité est le premier. Dans l'état actuel des connaissances, un réacteur à fusion est plus complexe qu'un réacteur à fission et à plus forte raison qu'une centrale thermique. Cette complexité tient à deux raisons :

- le milieu réactif est un plasma dont la production et le maintien nécessitent une machinerie lourde : aimants, chauffages pour la fusion magnétique, laser ou faisceau d'ions pour la fusion inertielle ;
- tout se passe comme si réacteur et cycle du combustible étaient imbriqués, le tritium étant produit et consommé sur place.

Ensuite, un effet de seuil (volume pour le confinement magnétique, énergie à déposer pour imploser une cible en inertiel) fait qu'il semble difficile, sauf percée conceptuelle importante, d'envisager de petites unités de production. Les puissances seuil dépassent le gigawatt thermique.

Les recherches sur la domestication de l'énergie de fusion se sont développées à partir des années 1950. Les progrès ont été considérables, mais les caractéristiques de la fusion font que ces recherches sont très spécifiques et ressemblent à un programme qui aurait été mis en place au début du XXe siècle si on avait voulu développer le Concorde ou l'Airbus, sans passer par l'Éole d'Ader ou l'avion de Blériot. Tout d'abord, l'effet de taille empêche de réaliser un développement progressif, c'est-à-dire de prouver la faisabilité du réacteur électrogène pour un faible coût et de développer une filière tout en exploitant un parc de réacteurs déjà rentables : la physique impose (dans l'état actuel des connaissances) que le premier réacteur électrogène ait une puissance supérieure au gigawatt thermique. D'autre part, une grande partie des dispositifs à réaliser pour le réacteur à fusion (aimants, première paroi, chauffages du plasma) a peu d'usage en dehors de la fusion. Malgré ces handicaps, le développement a été considérable, en grande partie parce que ces recherches ont bénéficié d'une collaboration internationale forte qui ne s'est pas interrompue entre l'Est et l'Ouest, même au plus fort de la Guerre froide.

2. Le principe de la fusion

La réaction de fusion la plus facile à réaliser est la fusion deutérium/tritium :

$$D + T \rightarrow {}^4He\ (3{,}5\ MeV) + n\ (14{,}1\ MeV).$$

Cette réaction ne se produit que si la vitesse des noyaux est suffisante pour que la barrière coulombienne soit franchie (quelques centaines de keV). En fait, l'effet tunnel permet que la réaction se produise à des taux acceptables même pour des énergies de projectile dans la gamme 10 à 20 keV : les sections efficaces sont du même ordre de grandeur que la surface du noyau (10^{-30} m^2). Une conséquence est qu'il est exclu de travailler à partir d'atomes neutres, par exemple en envoyant un faisceau de deutons sur une cible de tritium, les collisions inélastiques ion-électron étant infiniment plus probables que les réactions de fusion (c'est la surface de l'atome qui compte, soit plutôt 10^{-20} m^2). De même, la faible section efficace de fusion interdit les collisions entre faisceaux d'ions. On arrive ainsi au schéma suivant : les atomes sont complètement ionisés, c'est-à-dire que le milieu réactionnel est un plasma chaud mélange de deutérium (concentration n_D), de tritium (concentration n_T), et d'électrons (concentration n_e). L'optimum est pour des concentrations égales de deutérium et de tritium. La quasi-neutralité impose : $n_D = n_T = n_e/2$. La température doit être telle que les collisions entre ions suffisent à déclencher les réactions.

En ce qui concerne les matières premières, le deutérium est facilement obtenu à partir de l'eau. Par contre le tritium est un isotope de l'hydrogène à vie courte (12,6 ans), ce qui fait qu'il n'existe pas à l'état naturel (hormis celui qui est fabriqué par les rayons cosmiques qui cassent les noyaux d'azote de l'air).

On réalise qu'un réacteur à fusion ne peut être viable que si les deux conditions suivantes sont remplies :

- il produit plus d'énergie qu'il n'en faut pour maintenir le plasma ;
- on trouve un moyen de produire le tritium nécessaire.

2.1. Le bilan en énergie du plasma

On suppose qu'on a réalisé un plasma stationnaire dans lequel des réactions de fusion ont lieu. On doit comparer l'énergie de fusion produite à l'énergie investie pour maintenir le plasma. Dès que des réactions de fusion ont lieu, les particules α produites chauffent le plasma par collision avec les électrons, leur énergie (E_α = 3,5 MeV) étant largement supérieure à l'énergie des particules qui composent le plasma. Dans la plupart des cas envisagés, les particules α se thermalisent complètement dans le plasma et la puissance ainsi fournie s'exprime :

$$P_\alpha = n_D\, n_T \langle\sigma v\rangle\, E_\alpha = n_e^2 \langle\sigma v\rangle\, E_\alpha/4.$$

On suppose qu'il y a une deuxième source de puissance externe P_{add}. La puissance totale $P_\alpha + P_{add}$ maintient le plasma. Il y a des pertes : elles sont intégrées dans le temps de confinement τ, temps que met le plasma à se « vider » de son énergie, donné par la loi du gaz parfait (en fait trois gaz qui coexistent avec les pressions partielles $n_e kT$, $n_D kT$ et $n_T kT$). Le bilan d'énergie est bouclé si :

$$P_{\alpha} + P_{add} = 3n_e kT/\tau.$$

La puissance fusion produite est : $P_{fusion} = n_e^2 <\sigma v> E_{fusion}/4$, produit qui contient les deux densités de deutérium et de tritium, la section efficace multipliée par la vitesse pondérée par la distribution de vitesse maxwellienne des ions (c'est une fonction uniquement de la température), l'énergie libérée (17,6 MeV somme des énergies du neutron et de la particule α).

Un nombre qu'on utilise souvent pour caractériser ce bilan en énergie dans un plasma stationnaire est le nombre Q, rapport de la puissance fusion à la puissance injectée de l'extérieur :

$$Q = P_{fusion} / P_{add} = (E_{fusion} / E_{\alpha})/((12kT / \tau n_e <\sigma v> E_{\alpha}) - 1).$$

On peut définir deux quantités importantes :

- la fraction de chauffage plasma due aux particules α :

$$P_{\alpha}/(P_{\alpha}+P_{add}) = Q/(Q + (E_{fusion}/ E_{\alpha})) \approx Q/(Q +5)$$

- le triple produit $n_e\ \tau\ k$T qui est une mesure des performances du plasma à atteindre pour que le bilan soit équilibré.

Ce paramètre s'est introduit naturellement parce qu'il a une expression simple. En effet, on vise un fonctionnement avec une température plasma d'environ 10 à 20 keV, gamme de paramètres où $<\sigma v> \approx 4{,}5 \times 10^7 (kT)^2$. On en déduit :

$$n_e \tau kT = 12(kT)^2 Q / (<\sigma v> E_{\alpha} (Q + E_{fusion} / E_{\alpha}) \approx 4{,}8 \times 10^5 Q / (Q + 5) \text{ m}^{-3} \text{ s·J}.$$

En pratique, il faut atteindre des performances de l'ordre du double parce que, pour simplifier le calcul, on a négligé la présence d'impuretés dont l'inévitable hélium qui résulte de la thermalisation des particules α, ainsi que le fait que le plasma est inhomogène. Pour fixer les idées on se réfère souvent aux trois cas suivants :

- $Q = 1$. On produit autant de puissance fusion qu'il faut en injecter de l'extérieur pour maintenir le plasma ($P_{fusion} = P_{add}$). La puissance α représente 16 % du chauffage. C'est l'ordre de grandeur des performances qui ont été atteintes dans la machine JET.
- $Q = 10$. Le plasma est chauffé de façon dominante par les particules α (66 %). On peut concevoir que, compte tenu des rendements de conversion puissance fusion et du rendement des auxiliaires du réacteur, la machine produise un peu plus d'électricité que ce dont elle aura besoin. C'est l'ordre de grandeur de l'objectif des machines envisagées pour l'étape suivante.

- Q infini. On appelle cette situation l'ignition : les particules α suffisent à chauffer le plasma. Compte tenu de la marge d'un facteur 2 discutée ci-dessus, elle correspond à un triple produit :

$$n_e\ \tau\ kT = 2 \times 4{,}8 \times 10^5\ \mathrm{m^{-3}\ s \cdot J} \rightarrow 6 \times 10^{21}\ \mathrm{m^{-3} \cdot s \cdot keV}.$$

Les considérations ci-dessus concernaient un plasma stationnaire pour lequel il était aisé de parler en terme de gain en puissance. Comme on le verra ci-dessous, dans certains schémas, le plasma est loin d'être stationnaire et son existence est brève. Alors, au lieu de raisonner sur les puissances, on raisonne sur l'énergie additionnelle W_{add} qu'il a fallu investir pour créer le plasma et l'énergie W_{fusion} produite par les réactions de fusion. Les considérations ci-dessus restent valables, en particulier celles qui mènent au triple produit $n\tau T$, mais au lieu du paramètre Q, on parle plutôt du gain G du plasma :

$$G = W_{\mathrm{fusion}} / W_{\mathrm{add}}.$$

En pratique un réacteur fonctionnerait avec un Q ou un G entre ces deux dernières valeurs, 10 et l'infini. En effet, la présence d'une puissance extérieure semble indispensable afin :

- de contrôler le plasma par exemple en asservissant sa température ;
- d'injecter de la puissance pour générer le courant comme on le verra plus tard, si c'est la configuration Tokamak qui est retenue ;
- de chauffer le plasma au moins au démarrage pour l'amener aux conditions thermonucléaires.

Deux routes existent :

- la voie par confinement magnétique, où l'on maintient par un champ magnétique des plasmas chauds. On vise des plasmas de 10^{20} particules par m^3 (250 000 fois moins que dans l'air ambiant) à 150 millions de degrés, soit une pression de 0,2 MPa. Le temps de confinement de l'énergie est de quelques secondes. La puissance fusion est de l'ordre de quelques $\mathrm{MW/m^3}$. Compte tenu de la valeur de la section efficace et de la densité, il faut à un ion deutérium environ 50 s pour subir une réaction de fusion pendant lesquelles il parcourt environ 50 000 km ;
- la voie par confinement inertiel. On comprime un plasma de quelques milligrammes à des densités de l'ordre de $10^4\ \mathrm{kg/m^3}$ (6×10^{30} particules par m^3), les réactions de fusion le portant à des températures de 150 millions de degrés, soit une pression de 10^{16} Pa. Il n'y a pas de confinement, la cible explosant à la vitesse des ions en moins d'une nanoseconde. Pour comparer avec la fusion magnétique, le libre parcours moyen d'un ion pour une réaction de fusion est inférieur au millimètre. L'énergie de fusion dégagée par l'explosion d'une cible est de quelques centaines de MJ.

Comparons ces conditions à celles qui règnent à l'intérieur du Soleil : la masse du Soleil est de 2×10^{30} kg, son rayon de 696 000 km, la puissance fusion de 4×10^{26} W, puissance qui est rayonnée par la surface avec un flux de 70 $\mathrm{MW/m^2}$; celle-ci provient principalement d'une sphère intérieure de 200 000 km de rayon, la température moyenne y est de 5 millions de degrés, la densité de 10^5 kg/m^3 et le temps de confinement est de l'ordre de 3 millions d'années. Malgré ces chiffres impressionnants, la puissance fusion reste (heureusement) modeste, 8 MW/m^3. En effet, le Soleil brûle de l'hydrogène, ce qui est bien plus difficile que la réaction deutérium/tritium.

2.2. Le bilan en tritium

Le tritium doit être produit. On le produit actuellement (volontairement ou non) par capture neutronique dans les réacteurs à eau lourde, comme c'est le cas par exemple dans les réacteurs CANDU au Canada. Ce schéma de production n'est pas suffisant pour un réacteur à fusion qui en consommera au rythme de 56 kg par GWth/an. Le schéma qui est envisagé consiste à produire le tritium dans une couverture au lithium 6 qui entourerait le réacteur à fusion (le lithium naturel est composé de deux isotopes le ^{7}Li (93 %) et le ^{6}Li (7 %)). Les neutrons de 14 MeV produits par les réactions de fusion induiraient alors la réaction suivante :

$$^6\text{Li} + \text{n} \rightarrow {}^4\text{He} + \text{T} + 4{,}8\ \text{MeV}.$$

Le ^{7}Li réagit également avec les neutrons mais la réaction est endothermique, donc n'a lieu qu'à partir d'un seuil sur l'énergie du neutron.

Il faut noter que ce cycle produit au plus un tritium pour un neutron. D'autres facteurs sont à prendre en compte comme la capture des neutrons dans les matériaux autres que le lithium, le fait que la couverture ne peut recouvrir entièrement le plasma, des accès étant nécessaires. On arrive cependant à boucler le bilan en ajoutant des matériaux multiplicateurs de neutrons (par réactions n, 2n) comme le plomb ou le béryllium.

En fait, la couverture a une triple fonction :

- génération du tritium ;
- transformation de l'énergie de fusion en énergie thermique ;
- arrêt des neutrons. À ce sujet, il faut mentionner que le matériau de structure de la couverture est un élément clé : il doit résister à une fluence neutronique élevée (plus de 70 déplacements par atome) et à long terme s'activer le moins possible.

À l'image des réacteurs à fission, il existe de nombreux concepts de couverture en fonction du milieu fertile choisi (eutectique lithium plomb, céramique), du fluide qui transporte le tritium (hélium, lithium, lithium/plomb), du caloporteur (hélium, eau, lithium/plomb) et du matériau de structure. Actuellement, deux concepts se détachent :

- l'un où le tritium est produit et transporté dans un alliage lithium/plomb liquide, le caloporteur étant de l'eau sous pression ;
- l'autre où le lithium est sous forme de céramique, le tritium extrait étant transporté par un flot d'hélium basse pression. Le multiplicateur de neutrons est du béryllium sous forme de billes. Le refroidissement de l'ensemble est assuré par une circulation d'hélium haute pression.

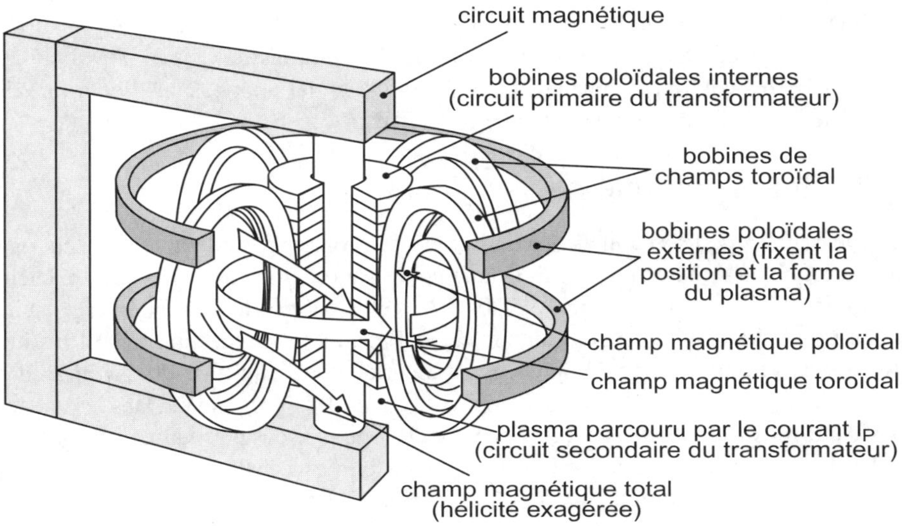

Figure 21.1. Configuration Tokamak.

Dans tous les cas, le schéma est le suivant : un fluide transporte le tritium vers une installation où il est extrait. En parallèle, les gaz pompés de l'enceinte à plasma sont traités. Il s'agit d'un mélange d'imbrûlés (deutérium, tritium) et de « cendres » (hélium). Les imbrûlés sont recyclés, l'extraction des cendres étant compensée par un mélange de deutérium et de tritium produit par la couverture. Il faut noter qu'une telle installation (sans la couverture) a déjà fonctionné sur le JET et a déjà manipulé 100 g de tritium.

3. Le confinement magnétique et la filière Tokamak

3.1. Le principe du confinement magnétique

Une particule chargée dans un champ magnétique a un mouvement essentiellement parallèle aux lignes de champs plus une dérive lorsque le champ est inhomogène ou courbé. Le but est de trouver des configurations magnétiques garantissant que les trajectoires des particules restent confinées sur plusieurs milliers de kilomètres. De nombreuses configurations ont été étudiées dès les années 1950 et, actuellement, les meilleurs résultats sont donnés par la configuration Tokamak inventée par les Soviétiques (figure 21.1). Le champ magnétique a deux composantes :

- le champ toroïdal qui est celui d'un solénoïde torique. Dans la plupart des expériences, il a une valeur d'environ 4 Teslas ;
- le champ poloïdal créé par un courant qui circule dans le plasma. Dans les expériences récentes, ce courant se mesure en MA (mégaampères). Il est généré dans le plasma par effet transformateur : des bobines externes font varier le flux

magnétique dans le trou central, ce qui induit un courant dans le plasma qui joue le rôle de secondaire. Il sert aussi à chauffer le plasma et c'est ainsi qu'on atteint facilement des températures de l'ordre de dix millions de degrés. Des bobines extérieures contribuent également au champ poloïdal pour assurer l'équilibre de cette boucle de courant qui a tendance à l'expansion.

3.2. Bref historique

En quarante ans, le Tokamak a fait l'objet de progrès considérables qui en font aujourd'hui la filière de prédilection pour aborder le domaine du réacteur thermonucléaire : dans les années 1960-1970, cette filière a lentement émergé, suite notamment aux résultats extraordinaires pour l'époque de la machine T3 à l'institut Kurchatov et à une bonne compréhension théorique de l'équilibre du champ et des trajectoires. Le triple produit était alors de l'ordre de 10^{18} $m^{-3}\cdot s\cdot keV$. Dans les années 1970 à 1985, de nombreuses machines ont vu le jour avec des plasmas dans la gamme 0,1 à 1 m^3 et le sujet est arrivé à maturité (TFR en France, PLT aux États-Unis par exemple). C'est à cette époque qu'on a développé des chauffages additionnels qui permettaient d'aller au-delà du chauffage ohmique dans la gamme de quelques mégawatts, la physique du confinement de l'énergie, de la stabilité magnétohydrodynamique, de l'interaction plasma-paroi. Entre 1985 et 2000, les études se sont focalisées vers la possibilité de construire une machine travaillant avec un Q significatif : les machines contenaient des volumes de plasma de 10 à 100 m^3 avec des chauffages dépassant 10 MW. Les faits marquants de cette période sont l'obtention de triples produits de l'ordre de 10^{21} $m^{-3}\cdot s\cdot keV$, des essais en tritium sur deux machines (JET en Europe et TFTR aux États-Unis), l'obtention de jusqu'à 17 MW de puissance fusion ($Q = 0{,}4$) et une préoccupation croissante pour le contrôle du plasma en continu, comme ce sera le cas dans un réacteur (Tore Supra en France). Les progrès des performances au cours du temps sont indiqués sur la figure 21.2.

En parallèle subsistent des études sur d'autres filières qui permettraient de gagner par rapport au Tokamak, notamment en évitant la nécessité de générer du courant de l'extérieur ou au moins en minimisant son intensité. Ces travaux sont prometteurs mais en sont au stade où en étaient les Tokamak à la fin des années 1970.

Les recherches sur la fusion magnétique contrôlée sont coordonnées en Europe depuis 40 ans dans le cadre du traité Euratom.

3.3. Le point sur l'état des connaissances

On peut faire le point sur les principaux acquis de ces quarante ans de recherche sur les Tokamak en considérant le triple produit $n\tau T$ qui permet de prédire le Q atteint dans les machines à venir.

3.3.1. La pression du plasma

Le produit nT est égal à environ la moitié de la pression du plasma, pression qui est contenue par le champ magnétique. L'ensemble est limité par la stabilité

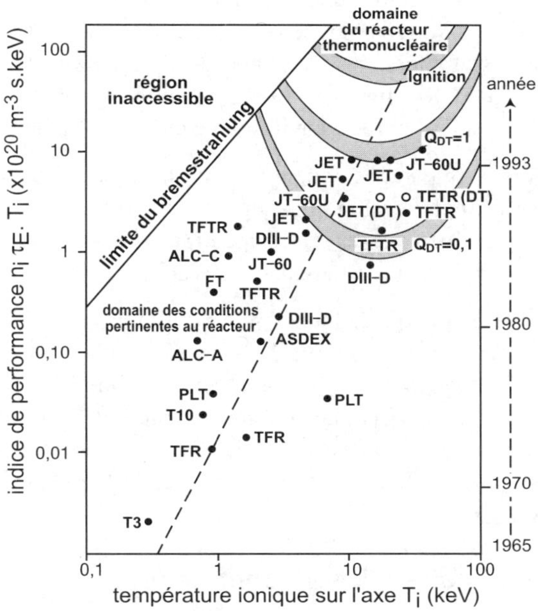

Figure 21.2. Progrès des performances depuis 1965.

magnétohydrodynamique suivant des lois qui sont bien comprises du point de vue théorique et vérifiées par l'expérience. Les pressions de travail du réacteur sont d'ailleurs déjà atteintes dans les machines d'aujourd'hui. Cette limite fixe la pression du plasma à des valeurs de quelques pour cent de la pression magnétique ($B^2/2\mu_0$) soit quelques atmosphères, ce qui implique des temps de confinement qui se mesurent en secondes. Il faut noter que la puissance fusion (donc le flux de neutrons émis par unité de volume de plasma) est proportionnelle au carré de la pression. Il y a donc également une limite en pression due au fait qu'on ne veut pas avoir trop de réactions de fusion pour ne pas endommager les matériaux. Elle est du même ordre de grandeur que celle due à la stabilité.

3.3.2. Le temps de confinement

Le plasma perd son énergie et sa matière par transport turbulent. Même si on comprend les mécanismes de base impliqués, il n'existe pas de théorie *ab initio* ayant un pouvoir prédictif suffisant. Des progrès importants ont cependant été faits :

- tout d'abord, le temps de confinement a gagné en quarante ans un facteur supérieur à 100, principalement grâce à l'augmentation de la taille des machines. D'autre part, souvent de façon fortuite, on a découvert des méthodes pour améliorer le confinement, et l'un de ces modes dit « mode H » est la base des schémas de réacteur ;

- une approche par loi de similitude (à l'image de l'usage du nombre de Reynolds qui est fait en hydrodynamique) a permis d'acquérir le pouvoir prédictif nécessaire pour extrapoler le présent. On a ainsi produit une loi d'échelle qui rend compte des temps de confinement observés entre 20 ms et 1 s soit sur près de deux ordres de grandeur. Il reste environ un facteur 4 à gagner pour un réacteur.

Des travaux de grande ampleur se poursuivent sur la compréhension des mécanismes de transport. Une compréhension plus poussée permet en particulier de mieux optimiser les machines, bien que les efforts théoriques aient été un peu négligés depuis quelques années au profit de la recherche technologique.

La conséquence de ces lois d'échelle est que le triple produit, donc Q, atteindra des valeurs suffisantes que dans une machine assez grosse, pour que la diffusion thermique soit assez lente. En gros l'ignition demande que l'on dépasse 1 000 m^3 de plasma, donc des valeurs de puissance thermonucléaire de l'ordre du gigawatt. C'est cet effet de seuil qui fait qu'on ne peut réaliser de démonstrateur de petite taille produisant quelques mégawatts d'électricité comme c'est le cas pour toutes les autres sources d'énergie.

3.3.3. Quelques points liés au confinement

Le transport de matière et de chaleur intervient dans d'autres aspects du fonctionnement du réacteur. Les expériences montrent en particulier que les conditions suivantes devraient êtres remplies sans trop de problèmes :

- le chauffage par les particules α est « normal », et le passage d'un chauffage additionnel à l'ignition devrait se passer sans mauvaise surprise ;
- les impuretés ne s'accumulent pas au centre de la décharge (la turbulence assure une fonction de mélange qui est favorable) ;
- dans le passé, une limitation sérieuse de τ était due aux atomes d'impuretés qui pénétraient dans le plasma et convertissaient l'énergie des électrons en rayonnement par collisions inélastiques (rayonnement de raies, rayonnement de freinage). Ce phénomène est maîtrisé dans les machines actuelles, notamment en n'utilisant pour les éléments face au plasma que des matériaux à bas Z beaucoup moins nocifs pour le plasma (surtout carbone, parfois bore, béryllium).

3.3.4. La première paroi

Les études sur ITER ont permis de poser le problème de façon précise. À l'état stationnaire, il faudra évacuer hors du plasma une quantité de chaleur égale à la puissance du chauffage α et pomper l'hélium produit par la combustion thermonucléaire (en fait on pompe le gaz au bord du plasma qui contient de l'hélium à une concentration que l'on veut limiter à 10 %). En gros pour 1 000 MW de puissance fusion, 800 MW de neutrons traversent la paroi et vont dans la couverture tritigène, et 200 MW de particules α chauffent le plasma. Cette puissance est ensuite rayonnée ou convectée à la paroi. D'autre part, les α représentent $3{,}3 \times 10^{20}$ nouveaux atomes d'hélium par seconde (environ 0,3 % du contenu total du plasma). On veut limiter leur concentration à 10 % dans le plasma pour ne pas perdre trop de réactivité, donc il faut pomper chaque seconde $3,3 \times 10^{21}$ atomes de gaz.

On peut résumer les acquis de la façon suivante :

- depuis les années 1980, on a développé un concept permettant de gérer les flux en provenance du plasma, le « divertor ». Il s'agit d'une perturbation de la configuration magnétique qui guide deux nappes de plasma vers des zones où la chaleur est absorbée et la matière pompée. De tels dispositifs ont été testés sur plusieurs machines dont le JET, et on connaît les phénomènes physiques qui régissent leur fonctionnement ;
- d'autre part de gros progrès ont été faits sur la réalisation de composants en composite carbone-carbone activement refroidis. On sait réaliser des composants capables d'absorber en routine 10 MW/m^2 ;
- on a réalisé des expériences de pompage de gaz sur le plasma dans des conditions satisfaisantes.

On est à ce jour capable de dessiner la génération de divertor correspondant à une machine thermonucléaire. Toutefois, il faut considérer que cela restera un objet d'étude dans la machine à venir, notamment parce que les machines actuelles ne simulent pas entièrement une machine de la génération suivante. Pour ces raisons, on s'oriente vers une conception modulaire.

3.4. Le chauffage et la génération de courant

Dans toutes les configurations magnétiques envisagées, il faut chauffer le plasma pour l'amener à des températures telles que les réactions de fusion puissent prendre le relais. Dans la configuration Tokamak, le courant qui circule dans le plasma assure un chauffage intense. Malheureusement, comme la résistance du plasma décroît avec la température, cette méthode ne permet pas de dépasser quelques dizaines de millions de degrés. Des chauffages additionnels sont donc nécessaires. Compte tenu de ce qu'on connaît sur le confinement et la taille de la machine, on sait que la puissance requise sera dans la gamme 50 à 100 MW.

On sait déjà atteindre des températures élevées – le record de température ionique est de l'ordre de 40 keV – et on a bien compris la physique associée aux mécanismes de chauffage. Les gammes de puissances manipulées sont de 10 à 20 MW dans les grosses machines. Trois techniques sont utilisées :

- l'injection dans le plasma de particules neutres dans la gamme 500 keV à 1 MeV ;
- des ondes électromagnétiques qui se couplent aux particules *via* des résonances cyclotron (de quelques dizaines de MHz pour se coupler aux ions et environ 100 GHz pour les électrons) ;
- des ondes progressives de quelques GHz qui accélèrent les électrons en phase avec elles.

En résumé, il n'y pas de blocage sur les chauffages qu'il faudrait installer sur une expérience à Q élevé pour porter le plasma à haute température. Pour un réacteur, la situation est moins claire. Tout d'abord, on ne sait pas quel(s) chauffage(s) il faudra retenir. Pour l'instant, les recherches se poursuivent avec les trois procédés car chacun a des avantages et des inconvénients si on prend en compte tous les critères pertinents (efficacité, souplesse opérationnelle, risque technologique, taille des éléments en zone nucléaire, coût). Cela ne sera connu qu'après des expériences sur des machines à fort Q.

Un autre problème non résolu est celui du fonctionnement en continu : on a vu que, pour maintenir la configuration Tokamak, il faut induire du courant dans le plasma. Comme on connaît la taille des machines à venir (grâce aux considérations sur le confinement ci-dessus), on connaît le courant à entretenir : il varie entre 15 et 25 MA suivant le Q que l'on vise. Le courant est produit dans le cas standard en faisant varier le flux dans le trou central. Cette particularité limite la durée de la décharge à quelques secondes dans les machines actuelles. Dans une machine plus grosse, elle sera cependant beaucoup moins pénalisante, des durées de l'ordre de quelques minutes étant aisément à portée.

Pour un gros réacteur, on peut envisager quelques heures mais diverses considérations font que ça n'est pas entièrement satisfaisant : problèmes de fatigue occasionnée par les cyclages fréquents de la machine et nécessité d'avoir un stockage thermique tampon. Pour ces raisons, on a envisagé de générer le courant par des méthodes « non inductives » en accélérant des particules chargées dans le plasma. Il s'agit en fait d'une utilisation astucieuse des méthodes de chauffage ci-dessus que l'on rend directionnel pour créer une asymétrie dans les vitesses des particules chargées, donc du courant. On est arrivé aux conclusions suivantes :

- le rendement de ces méthodes est trop faible pour que les puissances qui pourront être raisonnablement installées permettent de générer tout le courant ;
- il existe des solutions pour envisager un fonctionnement en continu mais elles ne sont pas prêtes à l'heure actuelle.

Les deux pistes principales sont :

- le « Tokamak avancé », mode de fonctionnement de la configuration Tokamak qui serait beaucoup moins exigeante en terme de génération de courant, d'abord parce que le courant total est plus faible, ensuite parce qu'une partie de ce courant se générerait tout seul ;
- le stellarator, configuration magnétique proche du Tokamak mais ne nécessitant pas de courant en interne.

3.5. La recherche technologique

La construction d'un réacteur à fusion utilisant le confinement magnétique nécessite des développements technologiques variés. Comme pour le point précédent, il faut séparer les connaissances requises pour réaliser une expérience à Q élevé de celles nécessaires pour concevoir un réacteur industriel. Pour une machine expérimentale à Q élevé, on peut considérer que l'on dispose d'un savoir suffisant pour se lancer dans la construction. Cela est dû à une activité intense de conception d'une telle machine au cours des dix dernières années (voir ci-dessous). On est arrivé au dessin et à des composants testés pour tous les éléments critiques. De plus, dans certaines machines on commence à acquérir des connaissances opérationnelles (tritium, composants activement refroidis, chauffages).

Quant au réacteur, des points restent encore à optimiser :

- la couverture au lithium. La fabrication du tritium devient indispensable lorsqu'on passe au réacteur ;
- la fiabilité des composants. Cela concerne en particulier les éléments face au plasma qui doivent être changés le moins souvent possible ;
- la tenue au rayonnement. Les matériaux situés entre le plasma et le lithium vont être soumis à des flux intenses de neutrons notamment à cause du fonctionnement en continu (1 à 2 $MW{\cdot}an/m^2$) ;
- tout ce qui peut contribuer à rendre la fusion plus attractive. Cela concerne en particulier la mise au point de matériaux qui s'activent peu.

3.6. La prochaine étape

La stratégie européenne dans le domaine de la fusion s'articule autour de deux étapes :

- une machine visant à démonter la faisabilité physique de la production de fusion ;
- une autre machine plus proche d'un réacteur permettant d'intégrer toutes les technologies du réacteur.

En 1988, un accord quadripartite (États-Unis, Russie, Japon, Europe) a été conclu pour concevoir une machine destinée à atteindre l'ignition : ITER. Après plusieurs étapes, on est arrivé en 1998 au dessin d'un Tokamak contenant environ 1 500 m^3 de plasma. Le contexte ayant changé, les quatre partenaires font preuve d'un enthousiasme réduit pour un tel projet (5,5 milliards d'euros) n'ayant des retombées qu'à long terme et les États-Unis se sont retirés. L'accord ITER a été prolongé à trois jusqu'en 2002 avec comme objectif une réduction du projet tout en conservant une ambition suffisante pour que la stratégie en deux étapes ait toujours un sens. C'est ainsi qu'est en train de naître ITER FEAT, machine dont le coût est divisé par deux et dont l'objectif n'est plus que d'atteindre $Q = 10$, domaine de paramètre suffisant pour que les réactions de fusion dominent le fonctionnement.

Le tableau 21.1 en donne quelques caractéristiques ainsi que celles du JET, l'une des plus grosses machines en fonctionnement.

4. La fusion inertielle

Le principe de la fusion inertielle a été énoncé ci-dessus : il n'y a pas véritablement de confinement, mais une compression-chauffage, et les réactions se produisent tant que

Tableau 21.1 : Caractéristiques de l'ITER FEAT et du JET.

	ITER FEAT	JET
Grand rayon du tore (m)	8,1	6,2
Petit rayon (plan équatorial en m)	2,8	2
Courant (MA)	21	15
Champ magnétique (T)	5,7	5,3
Q	10	0,4

le milieu reste assez dense. Pour obtenir ces conditions, on comprimerait une cible avec des faisceaux intenses de particules.

4.1. Les différents faisceaux possibles

Ces faisceaux peuvent être des faisceaux de photons, d'électrons, d'ions légers ou d'ions lourds. En pratique, on a pu montrer que ni les électrons ni les ions légers ne permettraient de construire une filière réacteur. Restent donc les photons, avec l'emploi de lasers intenses, et les ions lourds.

4.2. Les cibles

Quelle que soit la nature des faisceaux, il est clair que les cibles doivent avoir une géométrie complexe, les faisceaux pénétrant dans une microcavité où ils vaporisent des matériaux lourds et génèrent un champ uniforme de radiations qui vont comprimer une microbille fusible. La physique de l'implosion est très proche de celle des bombes à hydrogène.

4.3. Le cas des lasers

Ce n'est pas un hasard, et c'est bien cette ressemblance qui a favorisé les recherches sur la fusion inertielle : dans la crainte d'un moratoire sur les essais nucléaires, un vaste programme de simulations numériques a été mené depuis des décennies, largement épaulé par des validations expérimentales faisant interagir des faisceaux lasers intenses sur des cibles variées. La réalisation dans un futur prévisible d'un réacteur civil de fusion inertielle par faisceaux lasers paraît peu probable, compte tenu des limitations en rendement et en cadence de tir de ces faisceaux.

4.4. Le réacteur à faisceaux d'ions lourds

Les faisceaux d'ions lourds offrent une perspective plus réaliste : les calculs montrent qu'il est envisageable de concevoir un réacteur économiquement viable, à condition de surmonter de très hautes haies technologiques (technologie des accélérateurs à très hautes densité de puissance, fenêtre de sortie du faisceau, chambre de réaction, où des explosions correspondant à la puissance d'une forte grenade devront se faire plusieurs fois par secondes, un vide très poussé étant reconstitué entre chaque explosion, etc.).

5. Les réacteurs hybrides fusion-fission

Le concept d'hybride fusion-fission, où les neutrons de fusion sont utilisés dans une couche extérieure fissile est très ancien, et les Soviétiques ont examiné cette possibilité sérieusement dès les années 1960. L'intérêt mis en avant était double : d'une part améliorer le bilan énergétique des futurs réacteurs à fusion, d'autre part générer du combustible (plutonium avec une couverture fertile en ^{238}U, ou bien une couverture basée sur le cycle du thorium). Ces attraits étaient contrebalancés par le cumul de deux technologies complexes et à risques radiologiques importants, si bien que la majorité des physiciens des plasmas préféraient viser un réacteur à fusion pure. Néanmoins une grande partie des efforts chinois actuels sur la fusion est tournée vers les hybrides fusion-fission. La situation a quelque peu changé car on a pris conscience que s'ajoutait aux attraits précédents la possibilité de transmuter les actinides mineurs (neptunium, américium, curium), voire de brûler une partie du plutonium aujourd'hui surabondant.

5.1. La partie fusion

La voie la plus prometteuse actuellement, tant pour la fusion pure que pour des hybrides, est celle de la fusion magnétique dans les Tokamak. La réaction serait la réaction deutérium-tritium explicitée plus haut (§ 2).

Ce sont les neutrons de 14 MeV qui pourraient être utilisés par une couverture fissile.

Des calculs ont montré l'intérêt d'un réacteur thermonucléaire comme source de neutrons pour un réacteur à fission sub-critique dès que Q atteint 2 à 3. À titre de comparaison, il faut un Q d'au moins 30 pour qu'un réacteur à fusion pure soit économiquement envisageable. Les lois d'échelle obtenues sur les expériences actuelles permettent de penser qu'un Q de 3 à 5 peut être obtenu avec une machine à peine plus grande que le JET (Joint European Torus – le grand Tokamak européen), et plus petite que ITER (International Tokamak Experimental Reactor – le projet mondial à l'étude), soit typiquement : grand rayon de 6,5 m, petit rayon de 2,5 m, champ de 5 T, courant plasma de 18 MA, puissance de chauffage de 100 MW.

5.2. La partie fission

Pour optimiser la génération de tritium, un multiplicateur de neutrons est nécessaire : ce peut être du béryllium, ou de l'uranium 238 qui est en outre un matériau fertile, et améliore le bilan énergétique. L'idée de réacteurs hybrides fusion-fission découle de cette constatation. On peut aussi envisager d'utiliser les neutrons de fusion pour faire fonctionner un cycle fission basé sur le thorium. On se rapproche alors des concepts défendus par C. Rubbia, qui propose d'utiliser des neutrons de spallation produits par des accélérateurs pour faire fonctionner des réacteurs à sels fondus sous-critiques ($k \sim 0{,}95$) basés sur le cycle thorium. Il existe plusieurs géométries possibles.

Dans les premières études sur les hybrides, les assemblages fissiles étaient distincts de la couverture tritigène, et se présentaient sous forme d'assemblages fissiles traditionnels. La partie fusion peut être plus ou moins sophistiquée, une proposition minimum étant le « Tokamak jetable » – entendons par là un Tokamak dont la structure elle-même serait considérée comme un consommable, recyclable au bout de quelques décennies. Certaines propositions actuelles tendent à rassembler les deux fonctions : en particulier P.H. Rebut suggère d'utiliser des billes d'uranium 238 dans un bain de lithium liquide comme couverture tritigène. Cet « assemblage » aurait une double fonction : à la fois milieu fertile et exoénergétique par fission de l'uranium appauvri, et caloporteur de premier circuit. On obtiendrait ainsi un cycle hybride fusion-fission avec un taux de combustion élevé qui remplacerait le cycle fissile actuel. Une autre possibilité serait de considérer les hybrides comme un complément du parc de REP, permettant de brûler le plutonium et les actinides mineurs ; on se retrouve alors proche des incinérateurs utilisant des neutrons de spallation, et des couvertures fissiles à sels fondus sont envisageables.

5.3. L'évaluation du cycle

Une réévaluation des propositions sur la transmutation à l'aide de neutrons produits par spallation est nécessaire. Il faudrait aussi faire l'étude d'une configuration où les neutrons seraient des neutrons de fusion à 14 MeV au lieu d'être des neutrons de spallation : si les résultats sont convaincants, il faudra examiner en détail la faisabilité d'un cycle où les déchets à longue période d'un parc de REP (réacteurs à eau pressurisée, aussi appelés PWR en franglais courant) seraient incinérés dans des hybrides fusion-fission, où le Q fusion serait de l'ordre de 3 à 5, et où le paramètre k de la partie fissile serait compris entre 0,5 et 0,9.

6. Perspectives

La fusion est une réponse possible aux besoins d'énergie à long terme, qui affranchirait l'humanité des problèmes de déchets à longue période, surtout si l'on parvenait à utiliser les combustibles avancés donnant des réactions quasi aneutroniques. La fusion inertielle ne paraît pas dans l'état actuel des connaissances comme une option sérieuse. Enfin, on peut voir les hybrides fusion-fission comme un plus pour la fission (en incinérant les actinides mineurs et/ou en brûlant l'uranium 238 ou le thorium 232), et une étape vers la fusion pure, dont la faisabilité est démontrée, mais pas encore la rentabilité.

Postface

Et maintenant ? Le lecteur courageux qui aura achevé une lecture intégrale de ce livre a droit à notre admiration… Si certains chapitres sont moins difficiles d'accès, d'autres sont restés plus ardus, malgré tous nos efforts. Il est bien vrai que le nucléaire est plus difficile à expliquer et à comprendre que le fonctionnement de ce bon vieux moteur à explosion qui fait avancer nos voitures.

Au cours de notre périple, nous avons vu les noyaux se former dans les étoiles, nous avons découvert dans notre environnement ceux qui sont encore radioactifs et le rayonnement qu'ils produisent, anodin ou non suivant la dose ou l'exposition. Enfin nous avons vu comment l'homme a domestiqué cette source nouvelle d'énergie, pour le meilleur et aussi pour le pire.

En ce qui concerne le nucléaire civil et plus particulièrement la production d'électricité, l'examen des principes de fonctionnement d'un réacteur selon les diverses filières nous a permis d'aborder la question fondamentale de la sûreté : quels sont les accidents possibles, quelles en sont les conséquences et comment les éviter ?

Le nucléaire civil a eu sa pierre noire : Tchernobyl, une catastrophe industrielle majeure au point que le nom même en est devenu synonyme pour beaucoup. Nous avons vu les leçons qui en ont été tirées, ainsi que celles de l'accident américain de Three Mile Island, tant pour la sûreté des réacteurs eux-mêmes que pour la sécurité des populations.

Un réacteur n'est pas une entité isolée dans l'environnement : il fait partie d'un cycle qui l'alimente en combustible et prend en charge le combustible usé (les cendres). De l'analyse de ce cycle sont ressorties deux nouvelles questions, qui ne sont d'ailleurs pas propres au nucléaire : « à quelle vitesse consommons-nous les ressources naturelles ? » et « que faisons-nous des déchets ? ».

À la question des ressources en noyaux fissiles répondent deux possibilités : soit la filière rapide où l'on brûle non seulement l'uranium 235 mais aussi l'uranium 238 (140 fois plus abondant dans la nature, soit quelques confortables millénaires de ressources), soit le développement d'une filière au thorium, avec là encore quelques millénaires de ressources.

Du côté des déchets, la problématique est double là encore : choix de retraiter ou non et devenir des déchets ultimes. Le retraitement, option choisie en France, permet d'économiser les ressources en recyclant des noyaux fissiles, tout en réduisant la radiotoxicité des déchets finaux. En ce qui concerne les déchets à vie longue, plusieurs voies de recherche sont ouvertes : transmutation, entreposage, stockage. Aucune décision ne devant être prise avant le terme du moratoire imposé par voie législative.

Voilà où nous en sommes en 2002. Un bilan provisoire pourrait être : le nucléaire doit être sérieusement considéré parmi les solutions à long terme. Ses atouts (l'absence de production de gaz à effet de serre n'étant pas le moindre) font qu'on ne peut l'écarter d'un simple revers de main à cause de la nature particulière des déchets qu'il produit ou d'impératifs de sûreté qui seraient *a priori* irréalistes.

Peut-on concevoir un nucléaire encore plus sûr, plus sobre et plus propre ? La quatrième partie du livre fait le tour des idées actuelles. Le paysage est extrêmement riche et varié. Allant de la simple adaptation d'équipements existants au développement de nouveaux concepts de réacteur, les idées foisonnent : optimisation différente du spectre de neutrons, nouvelles filières de combustible, nouveau milieu de réaction, nouveau principe de fonctionnement faisant appel à des sources de neutrons externes (spallation) couplées à un cœur sous-critique (réacteurs hybrides)...

Le parcours a été parfois une simple promenade, parfois une escalade plus difficile, mais le jeu en valait la chandelle, tant pour notre information que pour mesurer l'enjeu des décisions à prendre au sujet du nucléaire dans les décennies à venir.

Celles-ci seront lourdes de conséquences pour nos enfants et les générations futures : déchets maîtrisés ou à maîtriser, répercussions dramatiques ou non sur le climat (effet de serre), ressources énergétiques fossiles épuisées en quelques générations... Quel jugement nos arrière-petits-enfants porteraient-ils sur nous si nous leur laissions un monde plus difficile à vivre, avec l'une ou l'autre de nos ressources actuelles épuisée ? Devront-ils apprendre dans un manuel scolaire ce qu'étaient le pétrole, le gaz naturel ou l'uranium ? Et aussi ce qu'était le monde avant les dérèglements climatiques produits par nos rejets inconsidérés de CO_2 dans l'atmosphère ?

En débattre est crucial. Nous sommes la première génération confrontée à de tels choix, dont les répercussions dépassent les frontières d'un pays et pèseront longtemps sur nos descendants.

Qu'il s'agisse de continuer le nucléaire, d'y renoncer ou de l'amplifier, nous avons besoin pour choisir de voir loin dans l'espace et dans le temps – dans l'espace : à l'échelle planétaire, au-delà d'un provincialisme étroit ; dans le temps : à l'échelle du siècle, sinon plus, de toute façon au-delà de la durée d'un mandat, électoral ou autre. Nous avons besoin de décideurs qui soient tout simplement des hommes du genre de ceux que cherchait, il y a longtemps déjà, un dénommé Diogène, en plein jour, une lampe allumée à la main au milieu de la foule. Et si cette largeur de vue était aussi celle demandée à tout citoyen responsable ? Après tout, directement ou indirectement, ce sont nous qui choisissons nos décideurs...

Paul Bonche.

Glossaire

Actinide Atome lourd, de numéro atomique compris entre 90 et 103. Exemples d'actinides : l'uranium, le plutonium, le thorium, le neptunium, le curium, l'américium. Tous ces gros atomes sont radioactifs et sont émetteurs alpha. La plupart des actinides ont une toxicité radiologique et chimique importante.

Becquerel Unité de mesure de la radioactivité, le becquerel vaut une désintégration par seconde en moyenne, quels que soient le nombre, la nature et l'énergie des particules émises. On le note Bq. Le becquerel est une unité très petite et l'on utilise le plus souvent ses multiples : gigabecquerel ($GBq = 10^9$ Bq), térabecquerel ($GBq = 10^{12}$ Bq).

L'ancienne unité, le curie (Ci), valait $3,7 \times 10^{10}$ désintégrations par seconde, soit 37 GBq.

BWR *Boiling Water Reactor.* Réacteur à eau bouillante.

Criticité Dans un milieu contenant de la matière fissile, les neutrons issus d'une fission donnée peuvent induire d'autres réactions de fission. Lorsque exactement un neutron par fission induit une autre fission, le milieu est dit critique : c'est le cas du réacteur idéal dans lequel les réactions de fission sont auto-entretenues et qui fonctionne à puissance constante. Si moins d'un neutron par fission induit une autre fission, le milieu est sous-critique et les réactions s'arrêtent d'elles-mêmes. Si plus d'un neutron par fission induit une autre fission, le milieu est sur-critique, et les réactions de fission se développent de façon exponentielle ; c'est cette propriété qui est recherchée pour le fonctionnement de la bombe atomique.

Demi-vie Durée au cours de laquelle un atome radioactif donné a une chance sur deux de se désintégrer. C'est aussi le temps nécessaire pour qu'une population de noyaux radioactifs soit divisée par deux, la moitié des atomes s'étant désintégrés. La demi-vie de l'iode 131 est de 8 jours, celle de l'uranium 238 est de 4,5 milliards d'années. On dit aussi « temps de vie » ou période radioactive (voir ce terme).

Deutérium Isotope d'hydrogène contenant deux nucléons : soit un proton et un neutron.

Enrichissement Opération par laquelle on accroît la proportion de l'un des isotopes d'un élément dans un mélange. Dans le cas des combustibles nucléaires destinés aux réacteurs à eau pressurisée par exemple, on augmente la proportion d'uranium 235 de 0,7 % (teneur dans l'uranium naturel) à 3 ou 5 %. Cet enrichissement est nécessaire pour entretenir la réaction en chaîne dans le cœur de ce type de réacteur.

EPR *European Pressurized Reactor*. Projet franco-allemand de réacteur à eau pressurisée. D'une sûreté accrue, l'EPR remplacera peut-être un jour les réacteurs du parc existant, si un gouvernement l'autorise.

Électronvolt Unité naturelle de mesure d'énergie dans le domaine des particules. Noté eV, un électronvolt correspond à $1{,}6 \times 10^{-19}$ joule. 1 MeV = 10^6 eV ; 1 GeV = 10^9 eV.

Fermi Unité de mesure des tailles et des distances dans le domaine des noyaux atomiques. Un fermi (fm) correspond à 10^{-15} mètre.

Fertile Un noyau atomique est dit fertile s'il peut se transformer en noyau fissile après capture d'un neutron. Par exemple, l'uranium 238, qui se transforme en plutonium 239, est fertile.

Fissile Se dit d'un noyau atomique capable de fissionner après capture d'un neutron thermique. Par exemple, l'uranium 235 et le plutonium 239 sont fissiles. Les noyaux non fissiles ne peuvent fissionner qu'après capture d'un neutron rapide, d'énergie supérieure à un seuil qui dépend du noyau considéré.

Fission Séparation en deux fragments d'un noyau de masse atomique très élevée (au moins 230 nucléons). Outre deux fragments de taille inégale, la fission libère aussi quelques neutrons. La fission d'un noyau dégage une énergie considérable, environ 200 millions d'électronvolts (MeV). La fission peut être spontanée – pour les noyaux les plus lourds –, ou induite par la capture d'un neutron sur un noyau fissile comme par exemple l'uranium 235.

Fusion Réaction nucléaire résultant du rapprochement de deux noyaux légers, et aboutissant à la formation d'un noyau unique, plus lourd et plus stable. La fusion du deutérium et du tritium dégage une énergie importante.

Gray Notée Gy, c'est l'unité légale de mesure de la dose absorbée, c'est-à-dire de l'énergie déposée dans la matière par des rayonnements ionisants. Le gray correspond au dépôt d'un joule par kilogramme de matière. L'ancienne unité est le rad (1 Gy = 100 rad).

Hybrides Réacteurs sous-critiques assistés par accélérateur appelés aussi hybrides spallation-fission (voir chapitre 20). Il existe aussi des hybrides fusion-fission (voir chapitre 21).

HTR Réacteur à haute température, refroidi à l'hélium. Le combustible est constitué de particules enrobées de couches de graphite et d'une couche très résistante de carbure de silicium. Ces réacteurs peuvent supporter de très hautes températures et ne craignent pas une perte de circulation du caloporteur, car ils continuent de se refroidir par rayonnement (très efficace à haute température). Du fait de la haute température, leur rendement thermodynamique est excellent (~ 50 %). Enfin, un cycle de transfert de puissance directement sur une turbine à gaz bénéficiant de la technologie des centrales à gaz assure une grande simplicité de conception et une grande efficacité énergétique. Tous ces avantages en font un concept extrêmement attractif pour l'avenir.

Ionisant Se dit d'un rayonnement capable d'ioniser la matière qu'il traverse, c'est-à-dire de lui arracher des électrons. Les rayonnements alpha, bêta, gamma ou neutronique sont ionisants.

Isotope Tous les atomes correspondant à un même élément chimique (même nombre de protons, même nombre d'électrons) ne contiennent pas nécessairement le même nombre total de neutrons. Prenons l'exemple de l'hydrogène, constitué d'atomes ayant un seul proton. Ils peuvent contenir 0, 1 ou 2 neutrons. Puisqu'ils partagent la même place dans la classification périodique des éléments (celle correspondant au numéro atomique égal à l'unité), on dit qu'ils sont les isotopes de l'hydrogène (du grec *isos*, qui veut dire même, et *topos*, qui signifie lieu). L'uranium 235 et l'uranium 238 sont les deux isotopes présents dans l'uranium naturel. La plupart des quelque 100 éléments de la classification périodique possèdent plusieurs isotopes. Tous les isotopes d'un même élément ont le même comportement chimique, et ne peuvent être distingués que par de légères différences de propriétés physiques. Ces différences sont exploitées pour l'enrichissement de l'uranium en isotope 235 (voir chapitre 1).

MOX *Mixed Oxides*. Mélange d'oxydes d'uranium et de plutonium destiné à la fabrication de certains combustibles nucléaires. Par extension, dénomination de ces combustibles.

Nucléon Constituant du noyau, c'est-à-dire proton ou neutron. Les nucléons ne sont pas des particules élémentaires au sens propre du terme, car les protons aussi bien que les neutrons sont constitués de particules plus petites : les quarks. Dans les conditions qui nous intéressent ici, cette sous-structure ne se manifeste pas.

Nucléosynthèse Ensemble des processus physiques qui, dans l'univers primordial, puis au sein des étoiles, conduisent à la formation des noyaux atomiques.

Oklo : un réacteur nucléaire naturel Du fait de sa période radioactive plus courte, l'isotope 235 de l'uranium décroît en proportion plus rapidement que l'isotope 238. Or, des mesures de routine de lots d'uranium naturel provenant du gisement d'uranium d'Oklo, au Gabon, ont montré un appauvrissement anormal en uranium 235. C'est ainsi qu'il y a 25 ans, à Pierrelatte, dans un laboratoire du CEA, on a découvert « le phénomène d'Oklo ». Il fallut toute une enquête pour aboutir à la conclusion que l'anomalie résultait de réactions nucléaires spontanément déclenchées en une douzaine de foyers dans le gisement, peu après sa formation voici 2 milliards d'années.

Les réactions nucléaires se sont produites dans les portions du gisement où la teneur en uranium dépassait 10 %. Dans le filon, la présence d'eau (jouant le rôle de ralentisseur de neutrons) était nécessaire pour que la masse critique soit atteinte.

Les conditions de température et de pression dans les réacteurs naturels d'Oklo ont pu être reconstituées : elles étaient proches de celles rencontrées aujourd'hui dans les réacteurs EDF ! Même la composition isotopique de l'uranium était voisine de celle utilisée dans les réacteurs actuels, puisqu'à l'époque des réactions, la teneur de l'uranium naturel en isotope fissile 235 était de 3,7 %. Seules différences, mais de taille, les flux de neutrons étaient très faibles à Oklo, et les réactions nucléaires ont duré beaucoup plus longtemps (de 20 000 à 350 000 ans). La connaissance de l'âge des réactions nucléaires et de l'appauvrissement en ^{235}U d'un échantillon mesuré aujourd'hui a permis de calculer localement les quantités de produits de fission formées ainsi que l'énergie totale libérée dans les réacteurs naturels d'Oklo.

Dès la découverte du phénomène, la communauté scientifique a réalisé qu'elle avait la possibilité d'en tirer des enseignements inédits sur le comportement géochimique d'éléments rares. Ces réacteurs fossiles ont été étudiés comme des analogues naturels d'un stockage géologique de déchets radioactifs. Les résultats obtenus confirment pour l'essentiel les bonnes capacités de confinement des barrières géologiques : après tout, l'uranium est bien resté piégé dans le filon depuis 2 milliards d'années. On a également découvert que certains minéraux comme les apatites possèdent d'exceptionnelles capacités de piégeage des cations métalliques, qui pourraient être utilisées pour immobiliser les déchets nucléaires. Malheureusement, tous les résultats ne sont pas aussi clairs. Depuis 2 milliards d'années, la plupart des radionucléides produits par les réacteurs nucléaires d'Oklo ont décru. Si on ne retrouve pas trace de certains d'entre eux, il est difficile de dire si c'est du fait de leur mobilité propre ou de celle de leurs descendants. Les nombreux changement hydrogéochimiques subis par le site pendant cette longue période ne facilitent pas l'interprétation.

Ainsi donc, la fission nucléaire en chaîne s'est produite spontanément sur Terre voici 1,97 milliards d'années, au seul moment où cela était possible. Antérieurement à 2,2 milliards d'années, la vie végétale n'avait pas encore libéré assez d'oxygène pour qu'une géochimie de l'uranium basée sur son degré d'oxydation se développe et permette la reconcentration en gisements suffisamment riches pour que la criticité y soit atteinte. Après 1,7 milliards d'années au contraire, l'appauvrissement en ^{235}U par décroissance naturelle n'a plus permis le déclenchement spontané de réactions en chaîne. La possibilité même de réactions de fission nucléaire en chaîne dans le sous-sol est donc la conséquence de l'apparition de la vie, d'une façon comparable à l'industrie nucléaire actuelle, qui est une conséquence de la présence de l'homme.

Plasma En plus des trois états usuels (solide, liquide, gazeux), la matière, portée à très haute température, prend un quatrième état, l'état « plasma », dans lequel les atomes sont ionisés, soit partiellement (cas des plasmas « froids », de quelques eV) soit quasi totalement dans les plasmas chauds. Les plasmas de fusion sont typiquement à quelques dizaines de keV (1 keV ~ 10^7 K).

Période radioactive Durée au cours de laquelle une population d'atomes radioactifs est diminuée d'un facteur $e = 2{,}718$ (base de l'exponentielle naturelle) par suite de la désintégration radioactive. La période radioactive est égale à la demi-vie divisée par le logarithme népérien de 2, soit 0,69.

Plutonium Atome de numéro atomique 94, le plutonium n'existe pratiquement pas sur Terre à l'état naturel. En revanche, il est produit en quantité par capture de neutrons sur l'uranium 238 dans les réacteurs nucléaires. L'isotope 239 du plutonium est fissile.

Produit de fission Lors de la fission, le noyau lourd qui fissionne se casse en deux morceaux de taille inégale : les produits de fission. Ces nouveaux noyaux contiennent trop de neutrons pour être stables et sont donc en général radioactifs, émetteurs de rayons gamma, bêta, et parfois de neutrons.

PWR *Pressurized Water Reactor.* Réacteurs à neutrons thermiques et uranium légèrement enrichi, refroidis et modérés à l'eau ordinaire sous pression (sigle français REP).

Radioactivité alpha Émission de rayons alpha, c'est-à-dire de noyaux d'hélium 4, par des noyaux lourds.

Radioactivité bêta Émission de rayons bêta, c'est-à-dire d'électrons, par des noyaux atomiques dont la proportion de neutrons et de protons est hors d'équilibre.

Radioactivité gamma Émission de rayons gamma, c'est-à-dire de photons, par des noyaux possédant un excédent d'énergie. La radioactivité gamma accompagne le plus souvent une radioactivité alpha ou bêta.

Radioactivité naturelle Part de la radioactivité qui n'est pas due aux activités humaines (voir chapitre 1).

Radionucléide Noyau radioactif.

Radiotoxicité Terme générique utilisé pour désigner le pouvoir de nuisance des radionucléides (noyaux radioactifs) du fait de leur radioactivité. Tous les radionucléides ne sont pas également toxiques pour les êtres vivants. Les rayonnements qu'ils émettent peuvent être de nature et d'énergie différentes. S'ils sont ingérés, ils pourront se loger dans des endroits différents de l'organisme, pour y faire des dégâts particuliers. Par exemple, le tritium émet un rayonnement bêta de très faible énergie, qui fera peu de dégâts dans l'organisme. De plus, il est généralement ingéré ou inhalé sous forme d'eau, rapidement éliminée par l'organisme. Pour toutes ces raisons, la radiotoxicité du tritium est très faible. Par contraste, le plutonium émet un rayonnement alpha beaucoup plus énergétique, et son ingestion est pratiquement irréversible, puisqu'il tend à se fixer durablement dans les os. Sa radiotoxicité est donc très forte.

Radon Gaz radioactif naturel émis notamment lors de la désintégration de l'uranium contenu dans le sol. Il peut se concentrer dans les habitations, surtout si celles-ci sont mal ventilées. Le radon est responsable de la majeure partie de l'exposition du public en France à la radioactivité. En fait, ce sont les descendants du radon qui créent la toxicité, le radon ayant créé la mobilité.

Rayonnement alpha Rayonnement formé de noyaux d'hélium. Très peu pénétrants, les rayons alpha sont fortement ionisants, car ils cèdent leur énergie sur un très faible parcours dans la matière. Pour les radionucléides qui émettent des alpha, le risque est donc celui d'une exposition interne, suite à une inhalation ou une ingestion.

Rayonnement bêta Rayonnement formé d'électrons. Faiblement ionisants, ils sont arrêtés par quelques mètres d'air, ou quelques millimètres de tissus biologiques.

Rayonnement X et gamma Rayonnement composé de photons. Leur énergie moins élevée différencie les rayons X des rayons gamma. Les rayons X sont émis par les électrons des atomes alors que les rayons gamma sont émis par les noyaux eux-mêmes. Ils sont peu ionisants mais très pénétrants ; d'épais écrans de béton ou de plomb sont nécessaires pour se protéger des uns comme des autres.

Retraitement Opération consistant à séparer les déchets des réactions nucléaires dans les combustibles usés afin de recycler l'uranium et le plutonium résiduels.

REP *Réacteur à Eau sous Pression.* Réacteurs à neutrons thermiques et uranium légèrement enrichi, refroidis et modérés à l'eau ordinaire sous pression (sigle international PWR).

RNR Réacteurs à neutrons rapides (sigle international LMFBR).

Section efficace Quantité qui a la dimension d'une surface et qui, multipliée par le nombre de noyaux par unité de surface, donne la probabilité qu'une particule incidente induise une réaction nucléaire donnée dans une cible. Cette section efficace est en général différente de la surface géométrique apparente d'un noyau de la cible, à cause du caractère quantique de l'interaction. Elle dépend du noyau cible, de la réaction considérée et de l'énergie de la particule incidente. Elle s'exprime en barns : 1 barn = 10^{-24} cm^2.

Sievert Unité de mesure de la dose efficace, qui permet de rendre compte de l'effet biologique produit par une dose absorbée donnée. On la note Sv. À partir de l'énergie reçue par unité de masse, la dose efficace se calcule par application de coefficients dépendant de la nature du rayonnement et des organes ou tissus irradiés. Son sous-multiple le plus fréquemment utilisé est le millisievert (noté mSv). En France, la dose moyenne d'exposition annuelle aux rayonnements d'origine naturelle est de 2,4 mSv. Elle varie de quelques millisieverts à plusieurs dizaines de millisieverts suivant les pays.

Spallation La spallation est une réaction nucléaire mettant en jeu un noyau cible et une particule (le plus souvent un proton) accélérée jusqu'à une énergie de l'ordre de quelques centaines de MeV à quelques GeV.

Transmutation Transformation d'un atome en un autre, par modification du nombre de neutrons ou de protons de son noyau. La modification du nombre de protons correspond au changement d'élément chimique, c'est la transmutation des alchimistes !

Tritium Isotope d'hydrogène contenant trois nucléons, soit un proton et deux neutrons.

Uranium Le plus lourd des éléments radioactifs naturels. L'uranium disponible sur Terre aujourd'hui est composé à 99,2 % de l'isotope 238 (fertile) de période 4,5 milliards d'années, et à 0,7 % de l'isotope 235 (fissile) de période 710 millions d'années. La proportion jadis plus importante d'uranium 235 a alors permis le fonctionnement du réacteur naturel d'Oklo, ce qui ne serait plus possible aujourd'hui. L'uranium 235 est le combustible principal des réacteurs nucléaires actuels. L'uranium 235 est le seul isotope fissile naturel.

Windscale (accident de) Le 8 octobre 1957, un réacteur de production de plutonium prit feu à Windscale, au nord-ouest de l'Angleterrre. Ce fut le premier accident de réacteur conduisant à un rejet notable sur l'environnement. Le cumul des défauts d'irradiation (effet Wigner) a entraîné une perte de contrôle de la température lors de la libération programmée (recuit) de l'énergie accumulée dans le graphite modérateur. En se vaporisant, l'eau utilisée pour l'extinction de l'incendie a entraîné, par les cheminées d'évacuation, de 700 à 1 200 TBq d'iode 131.

Table des matières

Relecture : Marguerite-France Brun-Cottan
Composition : e-press, angle 197 bd Zerktouni et rue d'Avignon, Casablanca, Maroc

Achevé d'imprimer sur les presses de l'Imprimerie BARNÉOUD
B.P. 44 - 53960 BONCHAMP-LÈS-LAVAL
Dépôt légal : Octobre 2002 - N° d'imprimeur : 13490